作物节水抗旱栽培实用技术

杨 宁 李开宇 冀宏杰 王志丹 主编

辽宁科学技术出版社

沈 阳

图书在版编目（CIP）数据

作物节水抗旱栽培实用技术 / 杨宁等主编. —沈阳：辽宁科学技术出版社，2019.2（2021.11 重印）
ISBN 978-7-5591-0674-2

Ⅰ. ①作… Ⅱ. ①杨… Ⅲ. ①作物—抗旱—栽培技术 ②作物—节水栽培—栽培技术 Ⅳ. ①S318

中国版本图书馆 CIP 数据核字（2018）第058639 号

出版发行：辽宁科学技术出版社
（地址：沈阳市和平区十一纬路 25 号 邮编：110003）
印 刷 者：辽宁鼎籍数码科技有限公司
经 销 者：各地新华书店
幅面尺寸：170mm × 240mm
印 张：13
字 数：210千字
出版时间：2019 年 2 月第 1 版
印刷时间：2021 年 11 月第 5 次印刷
责任编辑：陈广鹏
封面设计：嵘 嵘
版式设计：于 浪
责任校对：栗 勇

书 号：ISBN 978-7-5591-0674-2
定 价：38.00元

联系电话：024-23280036
邮购热线：024-23284502
http://www.lnkj.com.cn

本书编委会

主　编：杨　宁　李开宇　冀宏杰　王志丹

副主编：肖继兵　李亚男　马　跃

编　委：孙永生　李谢昕　于秀琴　于凤泉　王　迪

于景春　周　攀　董　伟　孙　楠　李　韬

弓克人　王国飞　刘　艳　董　俊　辛宗绪

肖万欣　王　春　王开玺　孟繁东

前　言

辽宁省是北方严重缺水省份之一，水资源总量多年平均为342亿m^3，人均占有水资源总量仅为全国的1/3，而且全年降雨分布不均，春旱严重，伏旱、秋吊频发，水资源高效利用与作物稳产一直以来都是我省农业生产面临的严峻问题。因此，大力推广应用农业节水抗旱栽培技术，对提高作物综合生产能力，推进农业现代化进程，增加农民收入，促进我省农业和农村经济健康发展具有重要战略意义。

作物节水抗旱栽培技术，是指在农作物稳产增产的前提下，探求最大限度地利用天然降水和土壤蓄水，减少灌溉需水量的稳产栽培技术措施。主要在了解作物需水规律的基础上，因地制宜地采取筛选品种、耕整地蓄水、覆盖保水、水肥耦合、病虫害防治、补充灌溉、农机农艺融合等配套技术，充分开发作物高产潜力，提高水分利用效率、肥料利用率，显著增加作物产量。

为了加快辽宁现代节水农业发展步伐，提高农民的科技种植水平，本课题组组织有关专家编写了《作物节水抗旱栽培实用技术》一书。本书本着科学性、实用性的原则，用通俗易懂的语言，重点从作物需水规律、节水种植、高产栽培等技术角度，全面介绍了我省玉米、花生、高粱、谷子、小豆、绿豆、马铃薯、甘薯、苜蓿及大田蔬菜的节水抗旱栽培实用技术，力求符合我省农业生产实际。本书的出版，期望为技术推广者和农民朋友提供科学参考，为我省现代节水农业发展提供有力保障，进一步为全省农业增产、农民增收和农村经济社会发展提供技术支撑。

本书各章节的编写凝聚了十余位专家多年的心血，他们分别是辽宁省农业科学院杨宁、李开宇、肖继兵、李韬、孙永生、周攀、肖万欣、孙楠、王志丹，中国农业科学院农业资源与农业区划研究所冀宏杰，辽宁省农业技术推广总站李亚男，在此，向各位专家学者表示诚挚的感谢！受编者水平所限，书中不妥与疏漏之处在所难免，敬请广大读者批评指正。

本书编委会

2018年8月

目 录

第一章 玉米节水与高产栽培技术

玉米起源于美洲低纬度地区，喜高温、高湿条件，属于C4作物。C4作物光合作用光饱和点高，CO_2的补偿点较低，在光热资源禀赋好、水肥供应充足的地区，玉米亩产可达到1 000kg以上。通过密植高产全程机械化和水肥一体化技术，充分挖掘光温水肥资源下良种配良法的增产潜力，在新疆地区示范田玉米平均亩产量可达到1 400kg，最高单产达到1 517.11kg。

玉米是辽宁省的第一大粮食作物，2009年全省粮食产量1 591万t，玉米产量963万t，占全省粮食作物产量的60.53%。2004年以后辽宁省的玉米播种面积也相对稳定，一直保持在2 700万亩（1亩=0.667hm^2）以上。2004—2008年辽宁省玉米产量连续5年超过1 000万t。2010年以后玉米种植面积在3 000万亩以上，2015年，省内玉米播种面积达到3 624万亩，面积达历史最高值。由于省内辽西、辽南地区不同程度出现旱灾情况，但旱情较2014年相对弱（2014年辽宁大旱，总量年减少392.7万t），2015年总产量增加233万t。

从“强基础、调结构、转方式”的角度出发，在保障国家粮食安全的前提下重点推进玉米结构调整，2016年辽宁省已调减玉米种植面积200万亩，其中辽西北地区调减比重占全省种植面积的70%以上，调减的玉米种植面积主要用于发展花生、大豆、蔬菜、杂粮、薯类、食用菌、中药材、优质牧草等作物。玉米种植重点是增加青贮玉米、优质加工玉米和鲜食玉米面积。

第一节　玉米需水规律

一、玉米需水影响因素

玉米需水量，是整个生育期进行各种生理活动消耗的水分和叶片蒸腾所散失的水分之和，是生物学特性和环境因素动态变化过程的综合反映。玉米需水量的影响因素包括气象因素和非气象因素，在非充分供水条件下，玉米植株生长状况、土壤水分状况及环境条件都影响对需水量的变化，而在充分供水条件下，气象因素与生物学因素是影响需水量的主要因素。

1. 气象因素

气象因素影响玉米需水量阶段性变化，太阳总辐射量和日照时数是影响需水量的重要因素（表1-1）。

表1-1 东北地区玉米生育期气象因子及需水量

辐射量（kJ/m²）	日照时数（h）	积温（℃）	需水量（mm）
220～258	1 000～1 250	2 000～3 300	440～480

2. 非气象因素

非气象因素主要指影响玉米需水量的土壤条件（土壤质地、水肥差异）、灌水（不同灌溉方式）、耕作、施肥、中耕除草、地表覆盖（地膜与秸秆覆盖）、施用化学保水药剂等栽培措施及生物学因素（品种、种植密度等）。高产栽培过程中，各生育期都要控制适宜的叶面积指数，才能保证作物光合与蒸腾的正常进行。

二、玉米需水规律

1. 阶段需水模系数

模系数指各生育阶段需水量占全生育期需水量的百分比，它可以反映玉米需水量在各生育阶段的分配状况。凡同需水量有关的所有因素，包括气候、土壤、降雨、灌水、品种、产量水平等，对需水模系数都有影响。生育阶段的划分及上述因素的阶段性变化，是制约需水量分配的关键。辽宁省春玉米多年的试验资料统计分析得出，按需水量略分为4种类型区，其中东部最低，为382.2 mm；西部最高，达483.3 mm（表1-2）。

表1-2 辽宁省春玉米多年平均阶段需水模系数

地区	阶段	播种—拔节	拔节—抽雄	抽雄—灌浆	灌浆—成熟	生育期
中部	天数（d）	48	42	22	36	148
	需水量（mm）	111.3	156.8	84.3	106.6	459.0
南部	天数（d）	48	37	18	39	142
	需水量（mm）	101.1	134.4	85.9	112.3	433.7
东部	天数（d）	48	37	18	37	140
	需水量（mm）	92.6	131.7	62.6	95.3	382.2
西部	天数（d）	50	39	18	37	144
	需水量（mm）	118.4	165.5	82.0	117.4	483.3

2. 日需水量变化

日需水量为单位面积上一昼夜植株蒸腾和棵间蒸发的总量，是反映作物需水特点和需水规律的重要指标。在生态气候类型相近的地区，玉米日需水量变化相似。辽宁省汇总13年的玉米灌溉试验资料，算出不同区域内春玉米各生育阶段日均需水量如表1–3所示。

表1–3　辽宁省不同地区春玉米各阶段的日需水量（mm/d）

地区	苗 期	拔节期	抽雄期	灌浆期	生育期平均
西部	3.56	6.36	6.90	4.76	5.04
中部	3.26	5.60	5.76	4.44	4.65
南部	3.17	5.45	5.49	5.09	4.58

玉米种子萌发时，是靠吸胀和渗透吸水来满足发芽的水分需要；玉米苗期至成熟期主要靠根系来吸收水分。通常玉米萌发时的需水量，仅为种子本身重量的50%。幼苗期间，由于植株矮小，生长比较缓慢，叶面蒸腾量较少，需水量是比较少的。从播种到拔节，春玉米每日每亩需水量为1.2 ~ 1.6m^3。这一阶段土壤表层干燥，根系要去吸收比较深层的水分，有利于玉米根系生长；相反，如这时土壤表层水分过多，则不利于根系发育。

玉米拔节以后，随着植株迅速生长，需水量也逐渐增加。从拔节、抽穗到籽粒灌浆期间的需水量，占到整个生育期间总需水量的50%以上。其中玉米抽雄前后，是需水量最多和对水分最敏感的时期，称为玉米需水的“临界期”。如果这一时期水分不足，不仅影响雄穗正常开花，也影响雌穗花丝抽出，造成授粉结实不良，而使产量大幅度降低。因此，在这个阶段，要尽可能满足玉米对水分的需要，土壤水分应保持田间持水量的70% ~ 80%。在玉米籽粒乳熟期和蜡熟期，是产量形成的重要时期，这时植株不仅要进行正常的光合作用，制造营养物质，同时还要把积累的营养物质转移到籽粒中去，所以保持这一时期的水分供应是很重要的。特别是近年来育成了一批持绿时间长的玉米杂交种，在籽粒近于成熟时尚能保持茎叶青绿，这时的水分和养分供应，是增加籽粒粒重，从而提高玉米产量的重要时期。

玉米是一种高产作物，而且水的生产效率比较高。辽宁省玉米生长期与气候变化相适应，可以说雨热同步，有利于玉米的生长发育。正因为如此，有些地方往往忽视对玉米的适时适量灌溉，易造成减产，或有的地方盲目灌溉造成水资源浪费和损失。因此，掌握玉米需水规律是合理灌溉的基础。

3. 玉米灌溉制度

在实际生产中，玉米生育期内均需灌溉，主要由于：①各年型不同，年际间降雨分配变化较大。②玉米生育期内降水分布不均。③玉米为日耗水强度较大的作物，供水不足，生长发育会受到胁迫，进而影响产量，因此为满足高产玉米各生育阶段对水分的要求，需及时进行补充灌溉。不同阶段适宜土层范围和对应的适宜的水分状况如表1–4所示。

表1–4 春玉米各阶段的适宜土壤含水量

生育阶段	土层范围（cm）	适宜土壤含水量（占田间持水量，%）
播种－出苗	0～40	75～80
苗　　期	0～40	65～75
拔 节 期	0～60	70～80
抽雄－灌浆	0～80	75～85
灌浆－成熟	0～80	65～75

玉米苗期根系分布相对较浅，在0 ~ 40 cm以内土层水分状况同苗期生长关系最为密切。随着玉米生长发育，根系逐渐下扎，计划湿润深度逐渐下移，拔节期为0 ~ 60 cm，抽雄以后为0 ~ 80 cm。高产玉米各阶段要求的适宜土壤含水量不尽相同，只有满足其每个阶段要求的适宜水分状况，玉米才能获得高产。

根据春玉米各阶段的适宜土壤含水量及气象统计资料确定玉米高产灌溉制度，如表1–5所示。辽宁玉米生育期平均为145d，偏旱至一般年型有效降水量为289 ~ 373 mm，其50%的频率年型，多数地区在拔节和抽雄补充灌溉2次，西部相对较旱，可在灌浆期加灌1次，而95%频率的干旱年型，各地区灌水次数增加，除东部地区补灌3次，其他地区则根据具体缺水状况决定灌水次数，最多灌5 ~ 6次，一次灌水定额前期为25 ~ 30 m^3，后期需水强度大，每次灌水40 ~ 50 m^3为宜。

表1–5 辽宁省春玉米各典型年的丰产灌溉制度

频率（%）	分区	灌溉次数	灌水时间	灌溉定额（m^3/亩）
50	中部	2	拔节、抽雄	75 ~ 80
	西部	3	拔节、抽雄、灌浆	140 ~ 150
	南部	2	拔节、抽雄	75 ~ 80
	东部	1	抽雄	40
75	中部	4	拔节、抽雄、灌浆（2）	180 ~ 220
	西部	5	苗期、拔节、抽雄、灌浆（2）	225 ~ 280
	南部	3	拔节、抽雄、灌浆	105 ~ 125
	东部	2	抽雄、灌浆	75 ~ 80

续表

频率（%）	分区	灌溉次数	灌水时间	灌溉定额（m^3/亩）
95	中部	5	苗期、拔节、抽雄、灌浆（2）	250～285
	西部	6	苗期、拔节、孕穗、抽雄、灌浆（2）	290～330
	南部	4	拔节、抽雄、灌浆（2）	130～150
	东部	3	拔节、抽雄、灌浆	100～120

第二节　玉米节水种植技术

一、耕整地技术

由于辽宁主要玉米种植区春季少雨多风，春旱严重，采用节水种植技术具有积极的现实意义。春播时土壤的墒情主要靠保蓄上年秋、冬季节自然降水来获得。特别是干旱年份，若春季耕作措施不当，会使含水量本来就少的土壤水分大量散失，播种不能获得全苗。因此，必须将传统的春整地提前到前茬作物收获后立即进行，即秋季通过深耕整地创造深厚的耕作层，经过秋、冬季节熟化，加深活土层，增强土壤耕层蓄水保墒的能力。播种当年春季采用“顶凌耙地”，在土壤中形成上虚下实的隔离层，切断土壤毛细管，以减少水分蒸发，保持土壤良好墒情，为播种保全苗创造适宜的土壤条件。

研究表明，“秋翻、秋耙压、秋做垄、秋镇压”的效果明显优于“春翻、春耙压、春做垄、春镇压”，可使玉米出苗率提高15.5%，产量提高14.3%。因此，“秋翻、春压”是干旱地区适宜的整地蓄水技术措施。耕整地通常有以下几种方式。

（一）深松

深松是疏松土层而不翻转土层，保持原土层的一种土壤耕作方法。深松可以加深耕层，增强雨水入渗速度和数量；深松不翻转土层，使残茬、秸秆、杂草大部分覆盖于地表，既有利于保墒，减少风蚀，又可以吸纳更多的雨水，还可以延缓径流的产生，削弱径流强度，缓解地表径流对土壤的冲刷，减少水土流失，有效地保护土壤。深松不能翻埋肥料、杂草、秸秆，否则不利于减少病虫害。

1. 技术实施要点

深松可分全面深松和局部深松。全面深松是用深松机在工作幅宽上全面松土，局部深松是用凿形铲进行间隔的局部松土。深松既可以作为秋后主要耕作措施，也可以用于春播前的耕地、休闲地松土，草场更新等。深松深度视耕作层的厚度而定，一般中耕深松深度为25～30 cm。

2. 注意事项

农用动力要与作业机具配套；保持耕层土壤适宜的松紧度和创造合理的耕层构造为目标，合理采用深松方式方法；三漏田不适宜深松，如若深松，可根据地块条件选择合理深度，一般深度控制在30 cm以内。

（二）深翻

土壤深翻的作用一是能有效地打破犁底层，增加耕层厚度；二是能有效地疏松土壤，降低土壤容重，改善土壤通透性，提高土壤保水保肥能力；三是能有效降低病虫草害基数，减轻病虫草危害；四是作为秸秆还田和施用有机肥的配套措施，提高秸秆还田和有机肥的应用效果，是实现粮食作物持续高产稳产的一项有效措施。

近几年，一些地方粮田耕作层变浅，犁底层变厚，土壤容重增加，病虫草害加重，尽管原因是多方面的，但多年没有进行土壤深翻是一个重要因素。秸秆还田是增加土壤有机质、提高土壤肥力和改善土壤质地的一项非常有效的措施。但一些田块出苗后出现叶片发黄、吊根、死苗现象，病虫害也有加重，地力衰退趋势，其中一个重要原因是深翻这一配套措施没有得到有效落实，整地粗放。

深翻后要进行旋耕、耙耱、碾压、踏实土壤、精细整地，以保证播种质量；深翻尽量和秸秆还田相结合，和施有机肥相结合，增加深翻效应；深翻不一定每年进行，可三年深翻一次，以降低生产成本，保证几年内大部分田块都能深翻一次。

适用机具：深翻一般使用铧式犁，常用的有 1L-330悬挂中型三铧犁，1LQ-425轻型悬挂四铧犁、液压翻转四铧犁和五铧犁等。

（三）旋耕

旋耕是使用旋耕机具松碎耕层土壤的耕作方法。通过旋耕机刀片的高速旋转，达到切削土壤、平整地面的目的。具有耕作深度较浅，碎土性能较强，土块细碎，耕后地面平整等特点。由于旋耕一次就可收到翻、耙、平等几种作业的效果，也有利于减少工序、降低成本和保证作业及时。旋耕的缺点是深度偏浅，碎土过甚，犁底层升高、耕层变浅，作业时土壤中石块容易损坏刀片，因此，对地块要求较为严格。生产中常交替应用铧式犁深翻和旋耕作业，以避免上述缺点。旋耕的深度标准为12 ~ 16 cm。

（四）耙压

耙压是中国传统的旱作保墒技术，能够改善耕层结构，达到地平、土碎、灭草、保墒的一项整地措施，既能使土壤上实下虚，减少土壤水分蒸发，又可使下层水分上升，起到提墒引墒作用。耙压的优点是保墒效果好，缺点是耙深有限，需要往复作业，不能打破犁底层。春季顶凌耙压就是利用土壤的冬春冻融交替的理化作用，达到保墒目的。冻融交替是利用北方温度对土壤水势的影响。一般来说，当土温增高时，水势下降；反之，使水势增高。当地面温度下降到0℃时，表土层孔隙内的水分由液态水转变为固态的冰，扩大了上下层间的水势差，使水分向上层运动。随着冻土加深，在冻土和非冻土界面上一直进行着自下而上的水分运转规律，并依次结成冰晶。这种上升的水分，即称为“返浆水”。早春顶凌耙压就是要保住“返浆水”的蒸发。

在早春土壤水分较充足、土地尚未完全解冻时，对春播地及时顶凌耙压，是早春抗旱保墒的有效措施。这是因为春播地经过漫长冬季的风化作用，地表结上一薄层硬皮，蒸发水分的土壤毛细管较多，早春耙地不仅可切断毛细管，还可使经过冬冻和早春一冻一化变得疏松的坷垃易压碎，形成一薄层细碎干土层覆盖于地表，对减少土壤水分蒸发有良好的效果。试验表明，早春顶凌耙地比不耙的土地可增加土壤水分2%～3%。耙地需要掌握适宜的时间，过早，土壤解冻太浅，仅能耙松表土，保墒效果不好；过晚，土壤解冻很深，耙松的土层过厚，土壤孔隙增加很多，加强了近地层空气与土壤空气的对流，土壤失墒较多，容易产生深厚的干土层，对保墒不利。一般应掌握在土壤化冻深度3 cm左右时耙地最为适宜。压地一般应在地表解冻7～10 cm深时为宜。耙地、压地复式作业，以土壤化冻4～6 cm为宜。务求把土地耙透、耙平、压实，形成上虚下实的耕作层。

早春顶凌耙地深度为8～10 cm，耙深误差不超过1 cm。耙压后表土应细碎（每平方米面积内直径超过3 cm以上的地表土块不超过5个）。地表应平坦，不拖堆、不出沟，没有明显凸凹处。以少重不漏为宜（漏耙漏压面积每公顷不超过75 m^2，每个漏耙漏压处面积不超过1 m^2）。耙压速度一般以6～7 km/h为宜。垄后镇压，在垄高标准内，以垄顶平展紧实为宜。

（五）镇压

镇压工具有两种：一种是V形镇压器，它的压力较大，碎土能力较强；另一种是环形镇压器，其特点是下透力大，能压实心土，并保持地表疏松，采用这种镇压工具，可减少水分蒸发，并防止地表板结。各地可因地制宜地选用。

整地机械应选用80马力（1马力≈735W）以上的大型拖拉机和配套机具，作业效率高，单位油耗低，整地质量好。

辽西地区冬季、春季有效降水很少，保存和利用土壤中有限的水分，是春播成功的关键。所以，秋季整地之后，可以不进行镇压，以接纳冬春的降水。翌年3

月中旬，地表融化10 cm深时，再进行顶凌镇压，这样保墒效果较好。

二、秸秆还田技术

玉米秸秆除了当作燃料和饲料外，每年大约有5亿t的玉米秸秆被焚烧掉，户外焚烧秸秆既污染环境又有安全隐患，而当地农家肥料不足，土壤有机质含量低一直是困扰农业生产的老大难问题。因此，研究玉米秸秆还田对培肥地力的效果，对于合理利用玉米秸秆，维持土壤养分平衡，改良土壤，培肥地力，具有十分重要的作用。秸秆还田对增加土壤有机质，改良土壤结构，使土壤疏松，孔隙度增加，容重降低，促进微生物活力和作物根系的发育，提高土壤肥力水平具有重要意义。

1. 操作方法

（1）收获的同时，由玉米收割机自带的秸秆粉碎机械直接还田。采用联合收割机和秸秆粉碎机具，在玉米植株上部还有2～3片绿叶（完熟期）时收割，将秸秆一次性粉碎直接抛撒于地表，再进行机械耕翻，整平土地。

（2）人工收获后，用秸秆还田机粉碎还田。可在玉米收割后，用秸秆还田机进行一次秸秆还田作业。

（3）将秸秆集中后切碎，就地与其他农肥混合沤制，作为基肥一起翻耕入土。

（4）用青贮机将玉米秸秆制成青贮饲料，冬季饲养草食动物牛、羊等，饲料经草食动物过腹后，成为优质农肥，还田效果最好。

2. 技术要求

秸秆还田数量要适中，秸秆施用要均匀。如果不匀，则厚处很难耕翻入土，使田面高低不平，易造成作物生长不齐、出苗不匀等现象；适量深施速效氮肥以调节适宜的碳氮比。玉米秸秆含纤维素较高，达30%～40%，还田后土壤中碳素物质会陡增，一般要增加1倍左右。因为微生物的增长是以碳素为能源、以氮素为营养的，而有机物对微生物的分解适宜的碳氮比为25：1，多数秸秆的碳氮比高达75：1，这样秸秆腐解时由于碳多氮少失衡，微生物就必须从土壤中吸取氮素以补不足，也就造成了与作物共同争氮的现象，因而秸秆还田时增施氮肥显得尤为重要，它可以起到加速秸秆快速腐解及保证作物苗期生长旺盛的双重功效。

3. 注意事项

玉米秸秆收割粉碎后，结合秋整地（整地方法最好是深翻或深松），最好将秸秆立即耕翻入土，以避免水分损失而不易腐解。

三、保护性耕作技术

由于玉米根茬较大，并且不能在一个冬休闲期内腐烂，这对第二年的作物种植产生较大影响，尤其是轮作改种其他窄行作物时影响更为明显。传统的种植方式是秋季收获后将秸秆搬运出田地，春季翻耕、耙地、整地、播种，整个作业过程中，多次搅动土壤，土壤水分散失严重，土壤风蚀沙化，肥力下降，机器进地次数多，能耗大，土壤被压实。近年来在研究和实践中，探索出了一系列适用的保护性耕作技术模式。

（一）少耕留高茬覆盖技术

气温低、干旱少雨，秸秆还田后不易腐烂，故宜采用留高茬覆盖。在克服以上问题的同时，减少冬、春季的风蚀。根据完成作业所采用的不同方法和机具系统，少耕留高茬覆盖技术体系可分为以下4种模式。

（1）模式一：收割时留高茬→冬休闲→破茬免耕施肥播种→化学除草(辅助苗间机械除草)→田间管理→收割。

工艺要点如下：第一年作物收割后留茬越冬，起防风积雪保土作用，第二年在原垄上直接开沟播种，侧深施底肥，播种后合垄覆土、镇压，待苗出齐后，适时中耕。隔年进行一次土壤深松，可以是全方位深松，也可以是局部的带状深松，即只深松垄台或只深松垄沟，使土壤结构形成虚实并存的状态，达到作物生长供需水平衡。经辽宁省农业科学院试验结果表明，深松深度25 cm，可使耕层土壤含水量提高1.31%，可以多储水176.25 m^3/hm^2，粮食单产提高12.5%，该模式适宜于辽宁西部和内蒙古东部风沙半干旱地区。

（2）模式二：收割时留高茬→冬休闲→春季灭茬→施肥播种→化学除草→苗期深松、起垄→田间管理→收割。

工艺要点如下：秋季作物收割后，不进行灭茬、整地，翌年春季先灭茬，为播种创造良好的种床，随即进行施肥、播种、镇压；苗期中耕、起垄，隔年进行全方位深松。这种耕作法适宜春季墒情好的平作起垄地区。

（3）模式三：收割时留高茬→秋季深松灭茬分层施肥起垄仿形镇压→冬休闲→免耕播种→化学除草→田间管理→收割。

工艺要点如下：作物收割后立即整地，应用整地机一次完成深松、灭茬、深施底肥、仿形镇压等。这种耕作法有充足的时间，使土壤中水、肥、气、热各环境因素得以协调，可明显地提高肥效。仿形镇压可与整地同时进行，镇压后在土壤表层形成一个坚实层，防止冬春耕地表土风蚀，同时使土壤结构形成下虚上实，有利于保墒和翌年播种；配以精量播种技术，增产效果较好。按此模式耕作

3～4年后要对耕地进行一次全方位的土壤深松。该模式适宜冬季风蚀较少、土壤墒情较好的地区。

（4）模式四：收割时留高茬→冬休闲→贴茬免耕播种→化学除草→田间管理→收割。

工艺要点如下：作物收获后留高茬，播种时在原播种行中间进行免耕播种，按此模式耕作3～4年后要对耕地进行一次全方位的土壤深松。该模式适宜于风沙干旱、半干旱地区。

主要工艺规程：

（1）收割。可采用人工或割秆机将穗、秆一起割倒，运出田间，收割后玉米留茬20～30 cm。

（2）根茬处理。玉米根茬处理要依据选择的具体模式和结合当地农艺要求而定，一种是收割后立即进行，通过1LH-280型整地机一次完成深松、灭茬、深施底肥、仿形镇压等作业；另一种是等春季再进行灭茬、播种。

（3）施肥播种。当5 cm地温稳定在8～10℃、土壤墒情满足种子生长要求时即可播种。待播的种子纯度和发芽率应在95%以上，播前必须对种子进行包衣或药剂处理。一般采用精量免耕播种机械进行精播。实施垄上等距穴播，穴粒数为2±1，株距30～38 cm；播后覆土4～5 cm，镇压强度一般不小于0.5 kg/cm^2，天旱时要加重镇压强度。

施肥深度视地温和土壤类型而定，需做到分层施肥，特别是播种施肥一机作业时，要求种肥与种子间有3～5 cm土壤分隔，施用的底肥距离种子8～10 cm。种肥与底肥施量分配比例1：2。底肥最好在秋季起垄时施入土壤，若在春季施底肥可与播种一起进行联合作业。施用肥料种类及用量依当地农艺要求而定。

（4）深松。依深松机具和深松时间可分为如下几种方式。

①种床深松。一是要满足分层施肥深度的要求，应深于肥下5～8 cm；二是要打破犁底层3～5 cm，种床深松深度一般为18～25 cm，在干旱和坡岗地上最好在秋季进行。

②垄沟深松。根据土壤类型定松土的深浅，黑土以垄沟下25 cm为宜，草甸土、盐碱土在动力允许的情况下可适当深些，深松到30 cm为好。深松时间掌握在出苗后提早进行，春季较旱，可与蹚地同时进行，前松后蹚。

③全方位深松。在秋季进行，以利于蓄水保墒，深松深度30～40 cm。

（5）喷除草剂。为了防止杂草滋生，在播种后出苗前，用40%阿特拉津胶悬剂3 000～3 750 mL/hm^2和43%拉索乳油2 250 ～3 750 mL/hm^2，或50%乙草胺乳油2 250～3 750 mL/hm^2，或乙阿合剂（阿特拉津和乙草胺混合剂）2 250～3 000 mL/hm^2，或90%禾耐斯1 275～1 425 mL/hm²，兑水750 kg均匀喷洒在土壤表面。如苗前除草效果不佳，可在出苗后用玉农乐等除草剂进行杂草茎叶处理。

（二）少耕碎秆覆盖技术

该技术体系是根据辽宁省农机局在推广保护性耕作中提出的适合冷凉风沙区玉米模式综合而成的。由于全部玉米秸秆粉碎还田，覆盖保水、保土效果较好；耙地或浅旋作业能使粉碎后的秸秆与土壤混合，减少冬、春季大风刮走秸秆和集堆；配合深松（非必要作业），能打破原有犁底层，有利于雪水入渗和作物根系下扎；还田秸秆量大，土壤肥料改善快；适合于秸秆无其他用途，年积温3 100 ℃以上、玉米平作的冷凉风沙区。

主要工艺流程为：收割→秸秆粉碎还田→少耕（深松或耙地或浅旋）→冬休闲→免（少）耕播种→杂草控制→田间管理→收割。

其工艺规程如下：

（1）收割。玉米收割应用人工或联合收割机进行摘穗收割，采用联合收割机收割时，可采用带秸秆粉碎装置的联合收割机一次完成玉米摘穗收割和秸秆粉碎，减少一次秸秆粉碎作业，减少压实和作业成本。

（2）秸秆粉碎还田。玉米收割时未同时粉碎的秸秆应及时进行玉米秸秆粉碎作业。要求粉碎后的碎秸秆长度不小于10 cm，秸秆粉碎率大于90%，粉碎后的秸秆应均匀抛撒覆盖地表，根茬高度小于20 cm。

（3）表土处理。为了防止大风将秸秆刮走或集堆而影响覆盖效果及播种，在秸秆粉碎后可通过圆盘耙等进行处理作业，将部分秸秆与土壤混合，减少秸秆被风刮走的可能性。

（4）免（少）耕播种。当5 cm土壤温度稳定在8℃以上、土壤含水量达到15%～22%时，为播种适宜期。春季干旱时应抢墒早播或坐水播种，水分较大宜散墒晚播。

（5）田间管理（同前）。

（三）深耕碎秆覆盖技术

碎秆深耕适合于土壤比较容易板结的地区，土壤较黏重（壤质土壤容重在1.3 g/cm³以上，黏质土壤容重在1.4 g/cm³以上的地区），或刚开始实行保护性耕作且土壤中有犁底层存在的地块。用秸秆粉碎机将秸秆粉碎后均匀地被盖在地表。这种方式覆盖效果好，保水能力强，但粉碎后的秸秆易被风刮走或在田间集堆，所以秸秆覆盖后应立即进行深松。在春季温度较低的地区，也可以通过增加耙地或浅耕作业来提高地温。

其技术流程一般为：秋天收获→秸秆粉碎→深耕耙地→冬休闲→春季免耕施

肥播种→杂草控制→田间管理→收割。

秸秆粉碎应在收获后立即进行，秸秆粉碎的质量要求与秸秆覆盖量的多少及所采取的免耕播种机的通过能力有关。一般情况下，要求粉碎后的秸秆长度不大于10 cm。

深松时，建议选用高地隙的单柱式双梁深松机。深松后出现的沟垄能增加地表的粗糙度，有利于保土，故在休闲期可不进行诸如平地等作业。深松后能否多吸纳降水，主要取决于冬季降雨（雪）的多少，故该技术不适于冬季降水较少及冬季风较大的地区。

四、节水灌溉技术

（一）传统灌溉

传统灌溉模式是水从地表面进入田间并借重力和毛细管作用浸润土壤，所以也称为重力灌水法。这种办法是最古老的也是目前应用最广泛、最主要的一种灌水方法。按其湿润土壤方式的不同，可分为畦灌、沟灌、淹灌和漫灌。

1. 畦灌

畦灌是用田埂将灌溉土地分割成一系列长方形小畦。灌水时将水引入畦田后，在畦田上形成很薄的水层，沿畦长方向移动，在流动过程中主要借重力作用逐渐湿润土壤。

2. 沟灌

沟灌是在作物行间开挖灌水沟，水从输水沟进入灌水沟后，在流动的过程中，主要借毛细管作用湿润土壤。

3. 淹灌

淹灌又称格田灌溉，是用田埂将灌溉土地划分成许多格田，灌水时格田内保持一定深度的水层，借重力作用湿润土壤，主要适用于水稻灌溉。

4. 漫灌

漫灌是在田间不做任何沟埂，灌水时任其在地面漫流，借重力渗入土壤，是一种比较粗放的灌水方法，灌水均匀性差，水量浪费较大。

（二）工程节水灌溉

目前，随着农业生产技术不断进步和投入增加，工程节水灌溉已替代传统灌溉方式。凡是以工程形式达到节水目的灌溉措施都称作工程节水措施，如渠道衬砌、管道输水灌溉、低压管道灌溉、喷灌、微喷灌等。

低压管道输水灌溉是指在井灌区，通过抽水设备（水泵）给灌溉水体施加少量压力，并通过管道直接将水送到田间的一种灌溉技术。

1. 喷灌

喷灌是利用专门设备将有压水送到灌溉农田，并喷射到空中散成细小的水滴，像天然降雨一样进行灌溉。其突出优点是对地形的适应性强，机械化程度高，灌水均匀，灌溉水利用系数较高，尤其是适合于透水性强的土壤，并可调节空气湿度和温度。但基础建设投资较高，而且受风的影响大。

喷灌的优点很多，如节约用水、少占耕地、节省劳力、保持水土等，这种方式适应性强，能有效地提高作物产量。由于喷灌不同于其他传统的地面灌溉方式，它是将压力水通过喷头，像降雨一样喷洒向地面，因此可以严格控制喷洒水量，不会造成因土壤含水量过大而产生深层渗漏和大量的棵间蒸发。所以喷灌能够节水，而且由于喷灌可以保证作物根系层土壤水分含量适宜，不致过湿过干，且可以改变田间小气候，还能使作物增产。但喷灌有一个明显的缺点，就是其喷洒均匀度受风的影响较大。当刮大风时，如果进行喷灌作业，则其灌溉质量没有保证。另外风大时喷灌水滴在空中的飘移蒸发损失也会大大增加。因此，当刮大风时，必须停止喷灌作业。为了减少风的不利影响，在设计时应采用抗风性较好的低仰角喷头。

喷灌是一种先进的灌溉技术，其建设投资和运行费用都较昂贵，技术要求高。

2. 微喷灌

微喷灌的优点与一般喷灌相比有压力低、动力小、适应性强、雾化程度好、喷灌强度小等。一般情况下适用于蔬菜、果树、苗圃、花卉、环境草坪等场合。

3. 滴灌

滴灌是通过安装在毛管上的滴头、孔口或滴灌带等灌水器将水一滴一滴地、均匀而又缓慢地滴入作物根区附近土壤中的灌水形式。由于滴水量小，水滴缓慢入土，因而在滴灌条件下除仅靠滴头下面的土壤水分处于饱和状态外，其他部位的土壤水分均处于非饱和状态，土壤水分主要借助毛管张力作用入渗和扩散。具有以下优点：

（1）省水。滴灌系统全部由管道输水，很少有沿程渗漏和蒸发损失；滴灌属局部灌溉，灌水时一般只湿润作物根部附近的部分土壤，灌水流量小，不易发生地表径流和深层渗漏；另外，滴灌能适时适量地按作物生长需要供水，较其他灌水方法，水的利用率更高。

（2）节能。滴灌的灌水器在低压条件下运行，工作压力比喷灌低；又因滴灌比地面灌溉省水，灌溉水利用率高，对提水灌溉来说这意味着减少了能耗。

（3）灌水均匀。滴灌系统能够做到有效地控制每个灌水器的出水量，灌水均匀度高，一般高达80%～90%。

（4）适应性强。滴灌系统的灌水速度可快可慢，对于入渗率很低的黏性土壤，灌水速度可以放慢，使其不产生地表径流；对于入渗率很高的沙质土，灌水速度可以提高，灌水时间可以缩短或进行间歇灌水，这样做既能使作物根系层经常保持适宜的土壤水分，又不至于产生深层渗漏。由于滴灌是压力管道输水，不一定要求对地面整平。

滴灌存在以下缺点：

（1）易于引起堵塞。灌水器的堵塞是当前滴灌应用中最主要的问题，严重时会使整个系统无法正常工作，甚至报废。引起堵塞的原因可以是物理因素、生物因素或化学因素。如水中的泥沙、有机物质或是微生物以及化学沉凝物等。因此，滴灌对水质要求较严，一般均应经过过滤，必要时还需经过沉淀和化学处理。

（2）可能引起盐分积累。当在含盐量高的土壤上进行滴灌或是利用咸水滴灌时，盐分会积累在湿润区的边缘，若遇到小雨，这些盐分可能会被冲到作物根区而引起盐害，这时应继续进行滴灌。在没有充分冲洗条件的地方或是秋季无充足降雨的地方，则不要在高含盐量的土壤上进行滴灌或利用咸水滴灌。

（3）可能限制根系的发展。由于滴灌只湿润部分土壤，加之作物的根系有向水性，这样就会引起作物根系集中向湿润区生长。

总之，滴灌的适应性较强，使用范围较广，各地应根据当地自然条件、作物种类等因地制宜地选用。

4. 膜下滴灌

玉米膜下滴灌栽培技术，是近年发展起来的玉米栽培新技术。它集成了品种选择、地膜覆盖、节水灌溉、机械化栽培等多方面技术成果，应用于玉米生产，在辽西玉米生产上取得了良好的效果。

膜下滴灌的优点包括节水、节肥、节农药、节地、保土、保肥、增温、调温，并可以节省人工和机力，提高劳动生产率，提高品质，增加产量，降低生产成本，防治盐碱，适应盐碱能力强，有较强的抗灾能力，综合效益显著。

辽宁省农业科学院引进的2BMJ-2型气吸式精量播种机和2KQSB全覆膜施肥播种机，均能一次完成开沟、施肥、镇压、铺设滴灌管、喷施除草剂、覆膜、覆土等作业环节，经过几年的生产实践证明，效果很好，深受广大农户的欢迎。

由于全覆膜施肥播种机能完成的作业环节较多，机具构成相对复杂。在使用中要做好以下几方面工作：

（1）精细耕整地。耕地最好是秋季隔年间隔交替深松，整地方式是灭茬+旋耕+镇压。

（2）调试机具。机具使用前要反复调试，调试重点是连接悬挂系统、润滑系统、传动系统以及开沟深浅、施肥量、除草剂剂量、株距、覆土量等。

（3）种子精选。由于机具采用精量播种，每穴单粒播种。所使用的种子发芽率、发芽势要好，种子包衣前要人工精选。

（4）滴灌。

（5）水肥一体化。根据玉米吸肥规律、产量水平、地力基础、基肥和种肥施用等情况决定。在拔节期追施尿素4～5 kg/亩；在大喇叭口期追施尿素5～10 kg/亩，氯化钾5.0～8.0 kg/亩；在吐丝期追施尿素4～5 kg/亩。具体追肥的数量和次数看玉米的长势而定。

膜下滴灌技术的最大特点是布管、铺膜与播种一次复合作业完成，特别适于机械化大田作物栽培。膜下滴灌技术是促进农业向规模化、机械化、自动化、精准化方向发展的关键技术措施，是实现我国干旱区大田作物农业现代化的必由之路。

第三节　玉米高产栽培技术

一、种子准备和处理

选种：选用适宜当地环境的品质优、产量高、抗逆性好、抗病性强，并通过国家或省级审定，纯度不低于98%，净度不低于98%，发芽率不低于85%，水分不高于13%，生育期适中的优质玉米杂交种。

发芽试验和人工挑选：机械化播种对种子发芽率要求很高，少量播种发芽率要95%以上；精量播种发芽率要98%以上。所以，在播种前，要对种子进行人工挑选，选出瘪粒、污粒、杂质、虫口粒，尽可能使其外观大小一致。

晒种：播前晒种1～2d，确保播种后吸水快，发芽早，出苗整齐，出苗率高，幼苗粗壮。

种子包衣：种子包衣或药剂拌种，用25%粉锈宁可湿性粉剂按0.2%拌种，防治地下害虫和丝黑穗病等。

玉米机械化播种期应主要根据气温、地温和土壤墒情来确定。日平均气温稳定在12℃，10 cm地温8℃，0～10 cm土壤混合样本含水量12%，就能达到播种自然条件。春季干旱地区，应抢墒早播；土壤水分大的地区，宜散墒晚播。玉米机械化播种一般采用少量或精量播种，用种量在1.5～2.0 kg。按相关技术规范，空穴率不大于2%，重播率在8%以下。

化肥准备：使用的化肥不得有结块和其他杂质，流动性要好。对不符合要求的，要提前过筛处理，两种以上化肥混合使用，要提前拌匀。

二、机具调试

选用180–250型的小型四轮拖拉机做动力，播种机选用 2BQ–2型播种机或702类播种机。气吸式播种机吸种盘孔数与对应株距和亩保苗数，见表1–6和表1–7（生产上使用气吸式播种机一般为半株距播种）。

表1–6　2BQ–2型播种机吸种盘孔数与对应株距和亩保苗数

吸种盘孔数	对应株距	亩保苗数
8	25.6	5 210
10	20.5	6 507
14	17.1	7 801
18	14.4	—
20	10.3	—

表1–7　702类播种机排种轮传动比与对应株距

主动轮	从动轮	3孔玉米排种轮
19	26	17.1
21	26	15.5
19	21	13.5
21	19	11.3
26	21	10.1
26	19	9.1

播种机调试步骤如下：

（1）调整播种机吸种盘或排种齿轮传动比，确定合理株距。

（2）调整行距，松开2个单体播种机与横梁的U形连接卡丝，按行距调好2个开沟器的距离，然后再紧好U形卡丝。要注意2个播种机与悬挂架保持对称。

（3）调整施肥深度。

（4）调整排肥量。

（5）播种机与拖拉机连接调试。

主要内容：播种机与拖拉机连接后，垂直方向——要锁紧液压控制阀。操作时，放下拖拉机悬挂，播种机要缓慢着地，否则，机具落下时没有缓冲过程，容易伤及人员和机具；水平方向——播种机处于悬挂状态，机体左右保持水平，播种机尾部水平方向有一定的自由度（≤2 cm的摆幅），目的在弯垄或拖拉机前轮摆动时，播种机能有一定范围的自动校正的过程。

三、地膜覆盖

（一）覆膜

辽西地区春风发生的频次较高，覆膜播种要选择无风的天气进行。2～3级风力天气，只能顺风单向作业。为防止春季大风揭开地膜，播种机机械覆土之后，还要在苗带中间进行人工补压压膜土，以防止大风揭膜。

玉米地膜覆盖栽培能明显地改善玉米的生态环境，协调水、肥、气、热，为玉米生长形成有利的“小气候”，促进玉米生长发育。实践证明，采用地膜覆盖玉米一般增产116 kg/亩左右，高者达到150～200 kg/亩，增产幅度为30%～60%。

（二）播种方法

一般采用宽窄行种植，垄上播种，大行距为55 cm，小行距为45 cm，株距28～35 cm，每穴3～4粒。

1. 人工方法

方法一：先覆膜后播种。选用1.5～2.0 cm粗的木棒，端头削成扁平形，在4～5 cm处钉一横钉，在垄膜播种处穿孔打穴、播种，播后回土填实。墒情差时，应坐水点播。

方法二：先播种后覆膜。起垄后趁墒先播种（墒情不足时坐水点播），播深3～4 cm，播后覆土，平整垄面，喷洒除草剂后覆膜，并用土封严膜两边。先播种后覆膜，种子出苗后，因玉米苗不能钻破地膜，需要进行人工引苗，及时开孔放苗，并迅速用土封好苗堆，以上午9时完成为宜。放苗后要及时盖土，保住土壤墒情和温度。

2. 机械方法

用地膜玉米播种机一次完成播种、覆膜等多道工序。每亩用拉索除草剂0.2 kg兑水50～75 kg均匀喷洒床面，喷后覆膜，膜上每隔3 m横压10 cm厚、5 cm宽的土带，防风揭膜。

（三）田间管理

适时放苗是覆膜玉米的重要环节。放苗时应掌握“放绿不放黄，放壮不放弱”的原则。放苗后，要用土封严膜孔以防走风漏气和杂草滋生。放苗要在无风的晴天，在上午10时前或下午4时后进行，切勿在晴天高温或大风降温时放苗。同时要及时查田补苗，以保证合理的种植密度。抽雄前提倡喷施健壮素或磷酸二氢钾，以促根壮秆，降低株高，防止倒伏。在玉米生育中后期加强肥水管理，以免脱肥早衰。玉米收获后将废膜及时清除，减少对土壤的污染。

四、坐水播种

辽西地区由于雨水缺少，常常出现土壤墒情差，含水量低，造成出苗晚或缺苗断垄，甚至不出苗，严重影响农业生产。为了保证出全苗、出壮苗，适时播种，提高播种质量，达到苗齐、苗壮的目的，春旱严重的年份需要坐水播种。

坐水播种的技术参数主要是指坐水量和注水深度。

（一）坐水量的确定

坐水量的多少主要依据土壤的干旱程度和抗旱天数为依据来确定。在开沟坐水条件下，抗旱天数以40 d为标准，确定的坐水量为46.5～60.0 m^3/hm^2，相当于中等干旱年的标准。根据辽宁省农业科学院试验数据，以3 m^3/亩用水生产上最为经济。

（二）注水深度

注水深度一方面考虑播种深度，另一方面要考虑到干土层的厚度。一般播种深度为5 cm左右。因此，注水深度应在此深度以下为宜，以利于与底墒相衔接，增强抗旱能力。

（三）坐水播种机主要参数和使用方法

采用坐水播种机播种时，要求铧尖调整到比开沟器铧尖低3～5 cm处，开沟深度8～10 cm，宽度10～12 cm。在种床表土下面浇水，根据土壤墒情确定合理的浇水量，使土壤含水量达到能满足种子出苗需要。亩坐水量4 m^3以上。气吸式精量播种机可采用单粒1/3株距或1/2株距播种，滚桶式播种机穴播每穴播2粒种子，做到不漏播、不重播。播种深度3.5～4.5 cm，播深一致，深度偏差0.5 cm以内，合格率>75%。播种后及时镇压，镇压器中心线与种床中心线相重合，其偏差不得大于4 cm。

五、喷施除草剂

玉米播种后普遍使用旱田除草剂来防治田间杂草。一般在种子播种之后，种子发芽之前的时间段内喷施。种子发芽后，机具田间作业容易伤芽。除草剂的使用有严格的规定，要考虑土壤墒情，喷药时的气温、风力、风向等因素，来确定药剂使用的剂量和浓度；使用不当，种子出苗过程中，容易造成大面积的药害，受害程度严重的幼苗，很难恢复到正常状态。

辽宁省农业科学院在近年来的生产试验中，引进了奈安除草剂，该除草剂在保苗促进幼苗生长过程中，体现出与其他除草剂不同的效果，既能在播种前施用，又能在出苗后喷施，经过化验分析，在减少药害和残留方面起到了一定的效果。

六、查田补苗

由于各种自然、人为因素的影响，一般生产上80%以上的出苗率即视为全苗。对于达不到理想出苗率的地块，要及时进行必要的查田补苗。土壤水分≥15%，可以直接补种；土壤水分≤13%，需坐水补种。补种用的种子可以提前用水浸泡24 h以减少其在土壤中的吸水时间。手提式播种器在机械化播种地区生产上很少使用，但在查田补苗时使用效果较好。

春播保苗，是辽西地区农业生产最重要的环节，除以上技术环节之外，还有农业机械操作手的操作技术水平，机具的动力性、稳定性，播种时的气象条件等，对播种质量都有一定程度的影响。就播种机具来讲，通过国家质量鉴定认证的机型，其性能稳定状态，明显好于其他机型。近几年随着国家加大对农业、农机的补贴力度，农机保有量已能满足农业生产需要，但是农机作业粗放及农机与农艺结合还有许多技术环节需要解决或改进，农业机械化水平的提升有相当大的空间。

七、施肥与化控技术

土壤贫瘠是限制玉米生产的重要因素之一。辽西地区风沙地、坡地多，平地少，大部分属于有待改造的中低产田，这些耕地熟化程度低、土层浅薄、有机质含量少、矿质元素缺乏，限制了农业生产力水平的持续提高。因此，根据水肥耦合理论，不断强化农田水肥因子的调控力度，是提高玉米对有限降水利用效率的一项重要途径。

（一）施肥技术

1. 增施有机肥

施用有机肥是增加土壤有机质，建立土壤水库和培肥地力的主要手段。研究表明，施用农肥的地块耕层土壤容重比不施农肥地块的降低0.03～0.1 g/cm^3，孔隙度增加0.1%～3.7%，有机质增加5～6 g/kg，玉米产量增加10.3%以上。在辽西地区玉米生产中，有机肥应结合秋整地施入，用量一般为2 000～3 000kg/亩。

2. 合理施用化肥

合理施用化肥能够缓和土壤养分的供应矛盾，促进根系发育，提高植株对土壤水分的吸收、运转及利用能力，改善植株水分状况，增强光合作用，提高玉米产量和水分利用效率。根据多年在辽西地区的研究，玉米生产中氮（N）的最佳投入量为16.21 kg/亩，磷（P_2O_5）的最佳投入量为9.16 kg/亩，钾（K_2O）的投入量为10 kg/亩。折合成实际化肥用量为：磷酸二铵（N 18%，P_2O_5 46%）20 kg/亩，尿素（N 46%）28 kg/亩，硫酸钾（K_2O 46%）30 kg/亩。

施肥方法包括基肥、种肥和追肥。

（1）基肥。基肥以有机肥为主，适当补充化肥，以撒施、条施、穴施的方式施用，辽西地区农田施用有机肥要求达到2 000 kg/亩以上。

（2）种肥。目前种肥多以三元复合肥和磷酸二铵为主，同时掺入适量的钾肥。种肥应采取分层深施的方法，可根据选用的机具情况将化肥施在种子的正下方、侧下方或侧面。要求肥料与种子之间有5 cm以上的土壤分隔层。施肥深度视地温和土壤类型而定，低温冷凉区施肥要浅些，高岗温暖区施肥要深些，黏重土壤施肥浅些，壤性土壤施肥深些。

（3）追肥。追肥因施用时间不同分为苗肥、穗肥、粒肥。追肥用量需根据地力和玉米生长情况加以确定，既要避免因追肥不足而造成后期脱肥，又要防止因追肥过多导致作物晚熟。一般认为，全部的磷肥、钾肥和1/3的氮肥可作为基肥或种肥施入，2/3的氮肥作为追肥施入。

3. 叶面肥

叶面施肥具有肥料吸收利用率高、节约用肥、增产显著的效果。

（1）叶面施用氮肥。称取尿素1 kg，用清水100 kg充分搅拌溶解为1%的尿素水溶液。生育中后期如有脱肥现象，或生长期连续降雨、土壤积水、根系吸收养分困难时，即可喷施，每亩喷施60 kg尿素水溶液即可。

（2）叶面施用磷肥。在生育中、后期叶面喷施2%～3%的过磷酸钙水溶液，可增加光合产物向籽实运转的速率，提高籽实产量。具体方法是：将2～3 kg过磷酸钙放入100 kg清水中，搅拌浸泡，经一昼夜后，取其上层澄清液施用。一般每隔7～10 d喷施1次，连喷2～3次，每次每亩喷60 kg左右。要注意彻底去掉残渣，以免伤害叶片。

（3）氮、磷混施。在缺磷又缺氮的田块，可以喷1%的尿素和2%的过磷酸钙混合液，既省工，效果又好。混合液的配制方法：在100 kg 2%过磷酸钙水溶液中加入尿素1 kg。

（4）磷、钾合用。取干草木灰5 kg，加水40～50 kg浸泡，同时取过磷酸钙2 kg，撒入浸泡液中，充分搅匀，半天后过滤出清液，余下的再加水20 kg浸泡过滤，然后合并2次的过滤液，兑水至100 kg，即为土法制造的磷酸二氢钾，每次每亩喷施60 kg，喷2次即有明显的增产效果。

叶面施肥注意事项：

（1）要根据生长情况和生育时期确定施肥时间，一般应在生育后期施用。

（2）要选择无风阴天，或晴天上午9时前和下午4时后喷施，以增加叶片吸收量，防止伤害叶片，喷后4 h内遇雨，应于雨后补喷。

（3）喷药时要喷匀喷细，叶的正反面都要喷到。可用DA300-D型喷杆喷雾机，喷施叶面肥。

（二）化控剂应用技术

化控剂（生长调节剂）主要为两类：一类是含有微肥、激素等物质的生长促进剂，如生长素、乙烯利、ABA等；另一类是控制生长、防止倒伏的生长抑制剂，如赤霉素、矮壮素等。

1. 生长促进剂应用技术

植物生长促进剂种类很多，主要作用是可促进细胞伸长，茎伸长，叶片扩大，并促进单性结实和果实生长，打破种子休眠，改变雌、雄花比率，影响开花时间，植物生长促进剂经叶片、嫩枝、花、种子或果实进入植物体内，然后传导到生长活跃的部位起作用。

2. 生长抑制剂应用技术

旺长和倒伏一直是制约高产的主要问题，究其实质是因为玉米地上部的营养体过大，生长旺盛，导致茎秆细高，因而容易发生倒伏。一旦发生倒伏，减产就不可避免。应用生长调节剂，具有促壮苗早发、增果增重、早熟高产的作用。生长调节剂能在植株体内形成控制因子，调节植株的营养生长与生殖生长的平衡，它不但能提高根系活力，以及根系的吸收和合成能力，合理地分配植株吸收的营养物质，形成壮秆，有效降低植株的高度，解决徒长的生产难题，而且使玉米的株形向人们设计的方向生长，大大提高玉米的抗倒能力，为后期的生长打下坚实的基础。

八、收获与贮藏

玉米收获的早晚对产量和品质都有影响，所以要根据当地的栽培制度、气象条件、品种熟性和田间长相灵活掌握收获时期。

（一）收获

1. 收获期的确定

粒用玉米要在完熟期收获。玉米完全成熟的标志是籽粒乳线消失，籽粒变硬，微干缩凹陷，果穗苞叶干枯发白、松散。籽粒乳线是玉米开花授粉后28～30 d出现的。当淀粉在籽粒顶部充实沉积，开始形成固体时，下部仍为乳浆状液体时，形成固体和液体的交界面，从外部看界面形成一条线，这就是乳线。乳线从出现到消失，玉米要历经形成期、半乳线期和乳线消失期3个时期，共计20 d左右。

2. 收获早晚对产量和品质的影响

试验证明，玉米收获的早晚对玉米的产量和品质的影响很大。一般情况下，人们习惯在玉米果穗包叶发黄、上部籽粒变硬时收获。研究表明，这时的玉米正处在蜡熟期，还没有完全成熟，此时收获，玉米要减产8%～10%，且出粉率低，品质差。

目前，很多农民收获玉米的时间都是在半乳线期，此时玉米籽粒只有完全成熟的90%。半乳线期后，玉米籽粒继续灌浆，一般7～10 d后乳线才消失，这时玉米籽粒的千粒重达到最大值，此时收获玉米的产量最高，质量最好。

（二）贮藏

1. 玉米穗的贮藏

选择地基干燥而通风的地点建贮藏仓，仓与仓之间保持一定距离，以利通风。仓的形状分为长方形和圆形2种。长方形仓离地垫起0.5～1.0 m，长度以地形和贮藏仓数量而定，宽不超过2.0 m；圆形仓底部垫起0.5 m，直径2～4 m，高3～4 m。贮藏时应注意上部加盖藏好，防止雨雪入仓。玉米穗入仓后注意定期检查，一旦出现热湿，要及时倒仓降温、降湿。

2. 玉米粒的贮藏

干燥的玉米粒可放入仓内散存或囤存，堆高以2～3 m为宜。一般玉米籽粒含水量要控制在13%以下，仓内温度不超过30℃。

九、田间杂草和病虫害防治

（一）杂草防治与除草剂使用

目前，在农业生产过程中，农田杂草的化学防治越来越普及，利用化学除草剂防治玉米田杂草，极大限度地减小了劳动强度，提高了工作效率。

玉米田化学除杂草的两个关键时期：播后苗前和苗后早期。主要杂草为马唐、狗尾草、藜、反枝苋等，这种田块在播后苗前使用乙阿合剂可以达到理想效果。但这类除草剂对墒情要求较高，墒情差除草效果差，如田间有大量香附子发生，则这种除草剂无效。

1. 正确选择除草剂

在玉米田化学除草中注意选择合适的除草剂，掌握最佳施药时期，严格按照安全有效剂量用药和采用正确的施药方法，是确保化学除草防治效果和对玉米安全的关键。

（1）针对防除对象选药，田间杂草种群以什么为主，就要选用杀草谱与之相对应的除草剂。

（2）根据田间作物选择适用除草剂，玉米田就要选玉米田专用的除草剂。

（3）根据用药期选药，播后苗前使用的不能用于苗后使用，土壤处理的不能用于茎叶处理。

（4）考虑对相邻作物及下茬作物的安全。

2. 严格使用剂量

除草剂用量要严格执行使用说明规定的标准，不得随意加大用药量。2种或2种以上除草剂混用的，每种除草剂用量应为其常规用量的1/3 ~ 1/2。每亩用药液量(原液兑水后)，土壤处理的，无秸秆还田地块不少于30 kg，秸秆还田的地块不少于45 kg；茎叶处理的，杂草小时不少于30 kg，杂草大时不少于45 kg。

（二）玉米主要病害及防治方法

目前，玉米病害种类主要有玉米大斑病、小斑病、丝黑穗病、茎腐病（茎基腐病、青枯病）、灰斑病、纹枯病等。

1. 玉米丝黑穗病

【症状识别】 丝黑穗病是苗期系统侵染的病害，一般在雌雄穗抽出后表现症状。病果穗一般短小，整个果穗多数受害后苞叶内变成一个大黑粉包。雄穗受害时，或整个花序变成一个大黑粉包，或仅部分小穗雄花变形呈叶片状，内含少量黑粉。病株都有表现出不同程度的矮化，少数病株不能拔节，分蘖增多，簇生病株的所有果穗全部变成黑穗。

【发生规律】 病原菌以冬孢子散落在土壤中或混入粪肥中越冬，也可沾附在种子表面越冬，在土壤中至少可存活2 ~ 3年。冬孢子主要是在玉米苗期3叶前侵入，4 ~ 5叶期也有少量病菌侵入。病菌侵入后，菌丝向上蔓延进入花器，使果穗和雄穗发病。此病1年侵染1次，发病程度决定于土壤中菌量和寄主抗病性。玉米播种后至4 ~ 5叶期的土壤温湿度，是影响病菌侵入的主要因素。

【防治方法】 选用抗病品种；药剂拌种，可采用12.5%速保利可湿性粉剂、25%粉锈宁、羟锈宁可湿性粉剂、50%甲基托布津可湿性粉剂、60%敌菌灵（禾穗胺）可湿性粉剂、40%拌种灵或拌种双可湿性粉剂按种子重量0.3% ~ 0.5%用药量拌种；拔除病株，做到早拔、连续拔，拔除的病株带出田外集中深埋或烧毁，切不可随意丢放；重病田实行3年以上的轮作，深翻土壤，加强水肥管理等，增强玉米抗病性。

2. 玉米大斑病

【症状识别】 玉米大斑病主要为害叶片，严重时波及叶鞘和包叶。田间发病始于下部叶片，逐渐向上发展。发病初期为水渍状青灰色小点，后沿叶脉向两边发展，形成中央黄褐色、边缘深褐色的梭形或纺锤形的大斑，湿度大时病斑愈合成大片，斑上产生黑灰色霉状物，致病部纵裂或枯黄萎蔫，果穗包叶染病，病斑不规则。

【发生规律】 玉米大斑病多发生于温度较低、气候冷凉、湿度较大地区。栽培条件对病害的轻重程度也有一定的影响。如单作玉米，由于行间温度高，通风透光不良，比间套种玉米病重，晚播种比早播种发病重，密植玉米田间湿度大，比稀植玉米病重，肥沃地病轻，瘠薄地病重，后期脱肥地病重。

【防治方法】 防治玉米大小斑病以种植抗病品种为主，采取科学布局品种，减少病菌来源，增施有机肥，适期早播，合理密植等综合防治措施。

（1）选用抗、耐病品种及品种合理布局。不同品种对大斑病抗性差异显著，但是表现高抗的品种较少。长期有效地控制住病害的流行，除采取选育抗病品种外，在大斑病发生较重的地区，可以种植丰产性好的抗病品种。

（2）控制病菌。秋收后及时清理田园，减少遗留在田间的病株；冬前深翻土地，促进植株病残体腐烂。发病初期，打掉植株底部病叶，减少后续侵染源。

（3）农业防治。施足底肥，增施磷钾肥，提高植株抗病性；与其他作物间套作；合理密植，改善玉米田间的通风条件，降低田间湿度，减少病原菌侵染。

玉米病害种类较多，新型病害及病理小种又不断出现，玉米病害应采取综合防治措施。

（1）加强玉米病害的监测工作。各地应针对新老病害的发生规律加强预测预报工作，指导生产单位及时采取防治措施。同时要进一步加强病害的调查研究。尤其新病害，明确其致病因素及病原物，掌握其发生及流行规律。

（2）选育抗（耐）病玉米新品种。选育抗病品种是防治玉米病害的最为有效的根本措施。近几年来，玉米病害种类发生了演变，且出现了高毒性小种，因此要求各育种单位针对玉米新病，尽快选育出新的抗病自交系，配出新的抗病组合。

（3）药剂防治。每公顷玉米种子用150 mL增产菌浓缩液与粉锈宁种衣剂混合拌种，可培育壮苗，对玉米丝黑穗病等土传病害有好的防效。在玉米抽雄期，每公顷用增产菌浓缩液150 mL+磷酸二氢钾3 kg+米醋1.5 L+杀虫剂（敌杀死、功夫、来福灵等）生产常用量混合喷施，可防治玉米大、小斑病及昆虫传播的病毒病，促熟增产，综合增产率在10%～20%。有条件的隔10 d再喷1次效果更好。

每公顷种子用1 500 mL生物钾肥+增产菌150 mL拌种，8叶期喷增产菌1.5 L+3 L多元复合液肥+米醋1.5 L+磷酸二氢钾3 kg，可使玉米健身防病，效果好。

对玉米茎腐病的防治，用5%根保种衣剂拌种，在玉米喇叭口期用多病宁900 g/hm^{2}喷雾，防效达87.89%。增施钾肥及平衡施用氮、磷肥，对防治玉米茎腐病有显著效果和保产作用。

对于玉米土传病害如茎腐病、纹枯病、丝黑穗病、全蚀病等药剂防治方法主要是应用高效杀菌剂拌种及田间喷雾。将三唑类杀菌剂（粉锈宁、羟锈宁）用于种子处理，防治丝黑穗病效果可达70%～90%。

防治纹枯病，摘除病叶后于茎秆患病处涂抹井冈霉素，10 d后防效高达100%，30 d后防效仍达81.8%。多菌灵、甲基托布津、退菌特、粉锈宁对纹枯病也有效。

防治玉米全蚀病，可穴施3%三唑醇和3%三唑酮颗粒剂22.5 kg/hm^2。防治玉米矮花叶病，用0.3%DHT和0.3%灭毒灵浸种，防效达100%。

（4）农业防治。坚持科学合理的耕作、轮作制度，形成良性循环。如玉米秸秆还田，增施有机肥，科学施用化肥，根据各地土壤肥力状况、供肥能力和产量指标，氮、磷、钾肥平衡施用，尤其不能忽视钾肥。建立高产群体结构，防止过密导致病害发生。及时拔出病株，清除病叶，辅以灌水、施肥、灭茬除草等措施，提高植株抗病能力，控制病害蔓延。同时要合理密植，加强田间管理。

（三）玉米主要虫害及防治方法

辽西玉米产区地下害虫主要有蝼蛄、蛴螬、金针虫、小地老虎等，地上害虫主要有玉米螟、黏虫等。

1. 蝼蛄

【为害特点】 成虫和若虫在靠近地表处咬断玉米幼苗，或在土壤表面开掘隧道，咬断幼苗主根使幼苗枯死。

【防治方法】 千虫克1 500倍液，或抖克2 000倍液，或敌百虫800倍液灌根。

2. 蛴螬

【为害特点】 金龟子的幼虫，食性杂，咬断植物幼苗、根茎，使幼苗枯黄而死。

【防治方法】 千虫克1 500倍液，或抖克2 000倍液，或敌百虫800倍液灌根。

3. 小地老虎

【为害特点】 食性很杂，初孵化的幼虫日夜群集在作物幼苗的心叶或叶片背面，把叶片咬成缺口或孔洞；3龄后进入暴食阶段，白天隐藏在土表下，天将亮露水多时出来活动，将玉米从地面3～4 cm高处茎部咬断，把断苗拉至洞中取食。

【防治方法】

（1）除草灭虫。杂草是地老虎产卵的主要场所，也是幼虫向玉米幼苗迁移的危害桥梁。

（2）堆草诱杀。用米糠+花生麸或豆饼粉碎炒香拌5%敌百虫，于傍晚每亩地分散放10堆，每堆500 g，上面盖新鲜嫩草，引诱小地老虎幼虫来取食。

4. 玉米螟

【为害特点】 玉米螟以幼虫为害，初龄幼虫蛀食嫩叶形成排孔花叶，3龄以后幼虫蛀入茎秆，为害花苞、雄穗及雌穗，受害玉米营养及水分输导受阻，长势衰弱，茎秆受害遇风易折。

【发生规律】 玉米螟在辽宁1年发生2代，以老熟幼虫在寄主被害部位及根茬内越冬。1代玉米螟在6月中旬至7月中旬，即玉米的心叶末期至抽雄期为害。2代玉米螟在7月中下旬至8月中旬，即玉米的雄穗发育期为害。成虫昼伏夜出，有趋光性，将卵产在玉米叶背中脉附近。每头雌蛾产卵10～20块，300～600粒。卵期3～5 d，初孵幼虫四周爬散，吐丝下垂随风飘至邻近植株。钻入心叶内啃食叶肉，稍大则直接蛀孔，蛀入内部。老熟幼虫在为害部位化蛹。

【防治方法】

（1）农业防治。处理越冬寄主秸秆，在春季越冬幼虫化蛹，羽化前处理完毕。

（2）化学防治。用杀虫双或溴氰菊酯、久效磷或25%甲萘威（西维因）可湿性粉配成颗粒剂；每公顷用2.5%功夫乳油150～225 mL或2.5%敌杀死乳油300 mL或20%速灭杀丁乳油375 mL+增产菌150 mL+磷酸二氢钾3.0 g+米醋1.5 L，在玉米抽雄期混合喷雾，防效达90%～100%；50%辛硫磷乳油1 kg拌沙15 kg制成毒沙，在玉米心叶末期按3.75 kg/hm^2毒沙施入喇叭口中；5%灭幼脲复配剂100 mg/kg于玉米心叶期药液灌心，加上抽雄期喷雾，防治玉米螟效果达94.2%。

（3）生物防治。利用白僵菌粉封垛，每立方米秸秆垛用菌粉（每克含孢子50亿～100亿）100 g，在玉米螟化蛹前喷在垛上，或制成颗粒剂于玉米心叶期投撒；利用苏云金杆菌(BT)乳剂每亩用每克含100亿以上孢子粉的乳剂150～200 g制成颗粒，施在玉米喇叭中；释放赤眼蜂，在玉米螟产卵始期至产卵盛末期释放赤眼蜂1～2次，每亩释放1万～2万头。

5. 玉米黏虫

【为害特点】 黏虫喜食禾本科作物和杂草，食量逐龄增长，5～6龄为暴食阶段，具有群集为害、暴食、杂食的特点。幼虫常常群集迁移为害，故又名“行军虫”。1～2龄幼虫仅啃食叶肉成天窗，3龄以后沿叶缘蚕食成缺刻，为害严重时吃光大部分叶片，只残留很短的中脉。

【防治方法】

（1）农业防治。玉米出苗后要及时浅耕灭茬，破坏玉米黏虫的栖息环境，降低虫源；人工捕杀，玉米出苗后，在幼虫取食的早晚人工捏杀幼虫。

（2）化学防治。毒饵诱杀：亩用90%敌百虫100 g兑适量水，拌在1.5 kg炒香的麸皮上制成毒饵，于傍晚时分顺着玉米行撒施，进行诱杀；叶面喷雾：用20%杜邦康宽（氯虫苯甲酰胺）悬浮剂1 500～2 000倍液喷雾，或4.5%高效氯氰菊酯50 mL、40%氧化乐果50 mL加77%敌敌畏25 mL兑水30 kg进行叶面喷雾，或4.5%高效氯氰菊酯50 mL加灭幼脲50 mL兑水30 kg进行叶面喷雾；撒施毒土：每亩用40%辛硫磷乳油75～100 g适量加水，拌砂土40～50 kg扬撒于玉米心叶内，既可保护天敌，又可兼防玉米螟。

在玉米黏虫的防治过程中，尽量把玉米黏虫防治在3龄以前。防治时间一般选择早晚幼虫取食的高发时间，尽量在玉米心叶施药。

十、品种选择

（一）种子选择标准

首要选择耐密、抗倒、株形紧凑、穗位整齐、活秆成熟，适于机播、机收，有青贮价值的品种，这既是玉米机械化栽培发展的方向，又是玉米育种的重要选育目标。航空育种、转基因育种等新的育种技术不断发展，不断有玉米新品种推出，品种寿命不断缩短、品种更新将越来越快。

品种选择特别是要选择种子籽粒饱满，个体较大，百粒重在40 g以上，发芽率在95%以上的品种，如郑单958等。由于种子籽粒较大，种粒自身相对营养更充足，吸水量大，在较干旱的土壤中，其抗逆性、拱土能力相对更强势，出苗以后，小苗相对健壮。

机械播种的种子质量指标要高于国家标准（表1-8）。玉米机械化播种，一般采用精量和少量播种，用种量在1.5～2.0 kg/亩。播种作业时，尽量避免重播和漏播，精量播种空穴率不大于2%，重播率不大于8%。采用702类播种机，种子破碎率不大于2%；采用气吸式播种机，种子破碎率不大于0.5%。

表1-8　玉米种子国家标准（GB4404.1—2008）　单位：%

作物	种类	级别	纯度	净度	发芽率	水分
玉米	杂交种	一级	96.0	99.0	85	13.0

（二）品种选择应注意的问题

1. 选择生育期适中品种

辽宁省玉米的适宜生育期为120～130 d，一般不超过135 d。生育期是玉米的一项重要生育指标，所以一定要根据本地区的气候条件，选择生育期适中的玉米品种。

2. 考查产量性状

产量性状是一个品种最重要的生物学性状，在玉米诸多增产因素中，品种起到20%～30%的作用。所以高产是品种选择的首要条件。

3. 抗逆性和适应性

高抗逆性品种是指品种在生产过程中，没有明显缺陷，不出现倒伏、空秆、秃尖、晚熟及严重丝黑穗病等问题。在要求品种高产的同时，还要注重其广泛的适应性和优良的综合性状，确保玉米种植高产、稳产和安全。

4. 品种特征特性以及相应的配套栽培技术

必须清楚该品种的特性，这样可采用与该品种相适应的栽培技术措施。

5. 选择单交种

单交种是两个自交系杂交的一代制种，为目前世界上产量最高的玉米品种类型，在玉米杂交优势利用中，产量明显高于玉米三交种和玉米双交种。

6. 防范市场欺诈

我国玉米种子每年都会出现不同程度的积压。农民购种往往只集中在少数几个优秀品种上，出现主流品种畅销，一般品种积压的特点。所以农民购种时要预防同名异种、同种异名、新陈种子掺兑等伪劣种子流入市场。要注意种子外观质量、生产日期、发芽率等，并索要发票，依法维权。

7. 走出误区

克服好奇心理，不搞绝对化，走出“最新的品种就是最高产的种子、最贵的种子都是最好的种子、大穗品种就是高产品种”等误区 。

8. 使用合法品种

合法品种是指经过专门的品种审定委员会审定通过的品种，这样的品种一般都具有高产稳产性和高抗逆性等特点。

9. 最好先试种

因为不同地区、不同栽培技术以及不同生产单位的种子都有差别，所以要经过试验。

（三）适宜辽西地区种植的部分玉米品种

1. 辽单1211

【品种来源】 辽单1211是由辽宁省农业科学院玉米研究所于2004年以辽6049为母本、辽5090作父本，经过人工杂交和规范化试验之后育成的优质、高产、多抗、广适型玉米新品种，已在2009年通过辽宁省农作物品种审定委员会审定。

【特征特性】 幼苗叶鞘和叶缘均为紫色，叶片绿色，苗期生长势强。成株根系发达，植株健壮，茎秆坚硬而又富有韧性，株形半紧凑，每株叶片数21～22片，株高286 cm。果穗筒形，穗柄较短，苞叶长度中等，穗长23 cm，每穗籽粒行数16～20行。籽粒马齿形、黄色，百粒重35.9 g，出籽率87%，穗轴红色。该品种抗大斑病、灰斑病和弯孢菌叶斑病等多种叶部病害，抗倒伏、抗干旱，耐瘠薄。在辽宁省境内春播平均生育期133 d，约需有效积温2 840℃。

【产量表现】 院内品种比较试验，2005—2006年参加了院内玉米品种比较试验，2年平均亩产779.8 kg，比对照品种郑单958（下同）增产17.1%。省内预备试验：2007年参加了辽宁省中晚熟玉米品种预备试验，平均亩产705.9 kg，比对照品种增产13%。省内区域试验：2008—2009年参加了辽宁省中晚熟玉米品种区域试验，2年平均亩产745.9 kg，比对照品种增产9.5%。省内生产试验：2009年参加了辽宁省中晚熟玉米品种生产试验，平均亩产733 kg，比对照品种增产4.4%。

【栽培要点】 亩保苗3 800～4 000株。

2. 丹玉605

【品种来源】 丹玉605号由丹东农业科学院育成。

【特征特性】 辽宁春播生育期比对照辽单565早1 d（需≥10℃的活动积温2 650℃），属中熟玉米杂交种。苗势强，株高305 cm，穗位高118 cm，穗长21.0 cm，穗行数14～20行，穗轴红色，籽粒半马齿形，百粒重41.2 g。

【产量表现】 2008—2009年参加辽宁省玉米中熟组区域试验，12点次均增产，2年平均亩产877.0 kg，比对照辽单565增产18.4%；2009年参加同组生产试验，平均亩产802.2 kg，比对照辽单565增产18.5%。

【栽培要点】 适宜密度每亩3 500～3 800株，在中上等肥力地块种植。

3. 丹玉606

【品种来源】 丹玉606号由丹东农业科学院育成。

【特征特性】 辽宁省春播生育期与对照辽单565同期（需≥10℃活动积温2 650℃），属中熟玉米杂交种。幼苗苗势强。株形半紧凑，株高298 cm，穗位高122 cm，果穗筒形，穗行数18～20行，穗轴白色，籽粒马齿形，百粒重36.8 g。

【产量表现】 2009—2010年参加辽宁省玉米中熟组区域试验，15点次均增产，2年平均亩产768.1 kg，比对照辽单565增产14.7%。2010年参加同组生产试验，平均亩产711.2 kg，比对照辽单565增产17.8%。

【栽培要点】 在中等肥力以上地块种植，适宜密度为每亩3 500～3 800株。

4. 沈玉21

【品种来源】 母本沈3336，来源于沈137×7922；父本沈3265，来源于

Q1261×A05。

【特征特性】 在东华北地区出苗至成熟129 d，与对照农大108相同；在黄淮海地区生育期99 d，比对照农大108早熟4 d，比对照郑单958晚熟1 d。幼苗叶鞘紫红色，叶片深绿色，花药黄色。株形紧凑，株高287 cm，穗位高129 cm，成株叶片数21～22片。花丝粉红色，果穗长筒形，穗长20 cm，穗行数16～18行。穗轴白色，籽粒橘黄色、半硬粒型，百粒重36 g。

【产量表现】 2004—2005年参加东华北春玉米品种区域试验，40点次增产，5点次减产，2年区域试验平均亩产713.7 kg，比对照增产13.81%。2005年参加该组生产试验，平均亩产647.2 kg，比对照增产10.25%。2004—2005年参加黄淮海夏玉米品种区域试验，33点次增产，15点次减产，2年区域试验平均亩产585.5 kg，比对照平均增产5.1%；2005年参加该组生产试验，平均亩产517.3 kg，与对照相当。

【栽培要点】 每亩适宜密度3 500～4 000株。

5. 沈玉29号

【品种来源】 沈玉29号由沈阳市农业科学院于2003年以沈3336为母本，以沈3267为父本组配而成的单交种。母本来源于7922×沈137选系，父本来源于Q1261繁种田里杂株。

【特征特性】 幼苗叶鞘紫色，叶片深绿色，叶缘紫色，苗势强。株形半紧凑，株高263 cm，穗位高104 cm，成株叶片数20～24片。花丝淡紫色，花药绿色，颖壳淡紫色。果穗直筒形，穗柄短，苞叶中，穗长21.3 cm，穗行数16～18行。穗轴红色，籽粒黄色，粒型为半马齿形，百粒重36.8 g，出籽率84.2%。辽宁省春播生育期129 d左右，比对照郑单958 早2 d，属中晚熟玉米杂交种。

【产量表现】 2006—2007年参加辽宁省玉米中晚熟组区域试验，11点次增产，3点次减产，2年平均亩产673.7 kg，比对照郑单958增产7.5%；2007年参加同组生产试验，平均亩产669.9 kg，比对照郑单958增产5.0%。

【栽培要点】 在中等肥力以上地块种植，每亩适宜密度为3 800 株，注意防治弯孢菌叶斑病和丝黑穗病。

6. 铁研58

【品种来源】 铁研58是铁岭市农业科学院选育的高产、优质、抗逆性强、适应性广的优良中晚熟玉米单交种。

【特征特性】 株高290 cm，穗位高129 cm。耐密、耐涝、抗旱、抗倒，活秆成熟。果穗锥形，穗行数14～18行，红轴。籽粒橙黄色，马齿形，百粒重35.7 g，品质优良。生育期130 d，比郑单958早2 d左右。

【产量表现】 2009—2010区域试验平均亩产659.5 kg（水分≤14%），比对照郑单958增产11.7%。

【栽培要点】 在中等肥力以上地块种植，亩保苗4 000株为宜。

7. 京科968

【品种来源】 北京市农林科学院玉米研究中心以京724为母本，以京92为父本组配而成的单交种。

【特征特性】 在东华北地区出苗至成熟128 d左右，与郑单958相当。幼苗叶鞘淡紫色，叶片绿色，叶缘淡紫色，花药淡紫色，颖壳淡紫色。株形半紧凑，株高296 cm，穗位高120 cm，成株叶片数19片。花丝红色，果穗筒形，穗长18.6 cm，穗行数16～18行。穗轴白色，籽粒黄色、半马齿形，百粒重39.5 g。

【产量表现】 2009—2010年参加东华北春玉米品种区域试验，2年平均亩产771.1 kg，比对照郑单958增产7.1%。2010年生产试验，平均亩产716.3 kg，比对照郑单958增产10.5%。

【栽培要点】 适宜在中等肥力以上地块种植；适宜播种期为4月下旬至5月上旬；合理密植，每亩适宜密度4 000～4 500株；玉米籽粒乳线消失或籽粒尖端出现黑色层时收获；合理施肥，施用复合肥40～50 kg，磷酸钾10 kg，锌肥1 kg作底肥。追肥一般在播种后35～37 d进行，每亩使用尿素35 kg左右。

8. 良玉88号

【品种来源】 良玉88号是由丹东登海良玉种业有限公司于2004年以M54为母本，以S122为父本组配而成的单交种。母本来源于美国杂交种×铁7922选系，父本来源于掖(H201×丹340)×丹340选系。

【特征特性】 幼苗叶鞘紫色，叶片绿色，叶缘紫色，苗势强，株形紧凑，株高302 cm，穗位高116 cm，成株叶片数20～21片。花丝淡紫色，花药绿色，颖壳绿色。果穗锥形，穗柄中，苞叶中，穗长19.1 cm，穗行数16～20行。穗轴红色，籽粒黄色，粒形为马齿形，百粒重36.2 g，出籽率85.3%。辽宁省春播生育期132 d左右，比对照丹玉39早3 d，属晚熟玉米杂交种。

【产量表现】 2007—2008年参加辽宁省玉米晚熟组区域试验，15点次均增产，2年平均亩产708.4 kg，比对照种丹玉39增产16.9%；2008年参加同组生产试验，平均亩产668.4 kg，比对照丹玉39增产19.8%。

【栽培要点】 在中等肥力以上地块种植，每亩适宜密度为3 300～3 500株，注意防治弯孢菌叶斑病。

9. 良玉99号

【品种来源】 良玉99号由丹东登海良玉种业有限公司育成。

【特征特性】 春播生育期135 d左右，株高290 cm，穗位高100 cm，株形紧凑。果穗锥形，穗长16 cm，穗行数16 ~ 18行，籽粒黄色、马齿形，百粒重36.5 g，米质好，容重高，穗轴红色。该品种果穗均匀，无空秆，不秃尖，高抗倒伏，高抗青枯病、丝黑穗病、粗缩病和矮花叶病毒病。

【产量表现】 2010—2011年参加东华北春玉米品种区域试验，2年平均亩产740.4 kg，比对照品种增产3.1%。2011年生产试验，平均亩产722.7 kg，比对照品种增产1.3%。

【栽培要点】 在中等肥力以上地块种植，每亩适宜密度为4 000 ~ 4 500株。

10. 强盛62号

【品种来源】 强盛62号由山西强盛种业有限公司育成。

【特征特性】 苗期长势强，叶鞘紫色。株形紧凑，株高265 cm，穗位高110 cm，叶片数19 ~ 21片，花药黄色，花丝浅红色，雌雄协调，果穗筒形，穗柄较短。穗长20 cm左右，穗行数14 ~ 16行。籽粒黄色，半马齿形，百粒重35.3 g，出籽率83.8%。2008年农业部谷物及制品质量监督检验测试中心检测，容重778 g/L，粗蛋白8.47%，粗脂肪4.05%，粗淀粉74.32%。

【产量表现】 2007—2008年参加玉米品种区域试验，平均亩产分别为696.8 kg和633.8 kg，比对照增产16.7%和3.9%，2年平均亩产665.3 kg，比对照增产10.2%。2008年生产试验，平均亩产716.8 kg，比对照增产5.5%。

【栽培要点】 亩施农家肥2 000 kg，追尿素25 kg，亩保苗3 500 ~ 4 000株。

第二章 花生节水与高产栽培技术

花生是一种耐旱性强的作物，适合在漫岗沙丘区种植，以沙土最为适宜。花生是风沙半干旱区重要的经济作物和油料作物，具有生物固氮能力，富含丰富的蛋白质，是食品和医药工业的重要原料。风沙半干旱区十年九旱，土地瘠薄，适合发展花生产业，是重要的花生产区，因其特殊的自然环境和气候条件所产花生不含黄曲霉毒素，品质好，受到国际花生市场广泛认可。

辽宁省2009年花生总面积390.9万亩，其中辽西地区226.5万亩，占全省总面积的57.9%；辽西、辽北合计368.1万亩，占全省总面积的94.2%。最大的地区为阜新市144.5万亩，占全省总面积的37%，在全国地级市中约排在第5位。花生主产区在逐渐地发生变化，由过去以大连、锦州为主过渡到以锦州为主再过渡到现在以阜新为主，以铁岭、沈阳（康平县、法库县）、锦州为辅。

目前，辽宁省的花生品种主要为白沙1016，占全省花生总面积的55%，阜花系列新品种约占35%，锦花系列、连花系列、铁花系列新品种及国内其他省份选育新品种占10%左右。2009年平均亩产136.8 kg，较全国平均亩产224.1 kg低87.3 kg（2009年辽宁花生旱灾严重）。

第一节　花生需水规律

一、花生需水量

花生由种到收经历苗期、花针期、结荚期和饱果期4个生育阶段，生育期130 ~ 150 d。各生育期平均需水强度如表2-1所示。花生的需水量由于生育阶段及外界环境的不同而异，总趋势是两头少、中间多，即幼苗期、饱果期需水较少，开花结果期需水多。不同地区需水过程类似，变化幅度不同。

花生全生育期单株耗水量23.61 kg，一般每生产1.0 kg干物质需耗水450 ~ 500 kg（包括叶面蒸腾和地面蒸发两部分）。据此测算，亩产400 kg荚果（866.7 kg生物产量）需水约400 m^3，相当于553 mm的降雨量。但辽宁花生主产区这个时期降雨量只有435 mm左右，每亩需要补水119 t左右。

表2-1 辽宁省花生不同生育阶段的需水强度（单位：mm/d）

苗期	花针期	结荚期	饱果期	产量水平（kg/亩）
1.94	4.17	7.77	4.88	430

为灌溉设计及生产管理，将花生需水过程按月统计，得到各月相对需水强度，如表2-2所示，花生苗期与饱果期需水相对较少，而花针期和结荚期需水强度较大。

表2-2 辽宁省花生生育期各月的需水强度及比系数

生育阶段	日需水强度(mm/d)	比系数
5月	1.51	1.26
6月	2.23	1.86
7月	3.85	3.21
8月	3.46	2.88
9月	2.45	2.04
10月	1.90	1.59

二、花生不同生育时期需水规律（表2-3）

表2-3 花生对土壤相对含水量的要求

生育阶段	土壤含水量（%）	用水比例（%）
播种至出苗	60～70	3.2～6.5
出苗至开花	50～60	16.3～19.5
开花至结荚	60～70	52.1～61.4
饱果至成熟	50～60	14.4～25.1

1. 播种至出苗

这一阶段温度较低，土壤蒸发量较少，因而耗水量少，此时花生需水量占全生育期的3.2%～6.5%。虽然此时需水量不大，但要求土壤必须具有足够水分，以保障种子顺利发芽出苗。这一时期播种层的土壤水分以土壤最大持水量的60%～70%为宜；如果低于土壤最大持水量的40%，种子易落干，造成严重缺苗；如果超过土壤最大持水量的80%，则由于土壤中水分过多，空气减少，妨碍种子萌发的正常呼吸，容易引起烂种，影响全苗。

2. 出苗至开花

这一阶段需水量只占全生育期总耗水量的16.3%～19.5%。这一时期，中熟大花生要求的较适宜水分为土壤最大持水量的50%～60%，而早熟花生以土壤最大持水量的50%左右为宜。如果土壤水分低于最大持水量的40%，花生根系受阻；如果土壤水分高于最大持水量的70%，根系发育不良，地上生长加快，节间伸长，结实率降低，影响产量。

3. 开花至结荚

这一阶段是花生营养体生长的旺盛期，叶面积最大，茎叶生长速度最快，也是大量开花下针、大量形成荚果的时期，同时也是花生一生中需水量最多的时间。此期花生耗水量占全生育期总耗水量的52.1%～61.4%。

4. 饱果至成熟

这一阶段中熟大花生耗水量占全生育期耗水量的22.4%～32.7%；早熟花生的耗水量占全生育期耗水量的14.4%～25.1%。土壤水分以保持田间最大持水量的50%～60%为宜。如果低于最大持水量的40%，则严重影响荚果的饱满度，导致减产。但土壤水分也不宜过高，若超过土壤最大持水量的70%，同样不利于荚果发育，易造成荚果霉烂变质。休眠期短的品种，还会造成荚果在土中发芽，丧失经济价值，降低产量。

第二节　花生膜下滴灌节水种植技术

一、膜下滴灌对花生品种的要求

根据不同区域的气候条件和土壤条件，选择经有关部门审定、适宜本区域种植的高产优质花生新品种，并且要求新品种生育期相同、生长整齐，以便于统一灌水施肥。

1. 耐肥

由于进行地膜栽培，生育条件比裸地要好，所以相对要求品种应耐肥，可以进行多次施肥，利于创造高产。

2. 耐水

由于进行地膜栽培，生育条件比裸地要好，所以相对要求品种应耐水，可以进行多次滴灌水，利于创造高产。

3. 生育期相对较长

由于进行地膜栽培，生育时间相对延长，所以要选择生育期相对较长的品种，利于创造高产。

二、膜下滴灌设备对肥料的要求

1. 用于滴灌施肥的化肥特性及选择

在选择肥料之前，首先应对灌溉水中的化学成分和水的pH有所了解。某些肥料可改变水的pH，如硝酸铵、硫酸铵、磷酸二铵、磷酸二氢钾、磷酸等将降低水的pH，而磷酸氢二钾则会使水的pH增加。当水源中同时含有碳酸根和钙镁离子时可能使滴灌水的pH增加进而引起碳酸钙、碳酸镁的沉淀，从而使滴头堵塞。为了合理运用滴灌施肥技术，必须掌握化肥的化学物理性质。在进行滴灌水肥一体化中，化肥应符合下列基本要求：①高度可溶性。②溶液的酸碱度为中性至微酸性。③没有钙、镁、碳酸氢盐或其他可能形成不可溶盐的离子。④金属微量元素应当是螯合物形式。⑤含杂质少，不会对过滤系统造成很大负担。

2. 肥料的可溶性

由于滴灌水器流道较小，因此利用滴灌系统施肥时，首先要考虑肥料的可溶性。大多数固态肥料在生产时都在肥料颗粒外面包一层膜，以防止吸收水分。市售肥料常用的3种膜质材料是：黏土、硅藻土、含水硅土。为了避免这些包膜材料溶解后产生堵塞，建议在施用前制备少量混合物，观察包膜材料是否沉淀到容器底部，是否会在表面形成泡沫或悬浮在溶液中。如果包膜材料迅速沉到容器底部，就可以制备整批溶液。包膜材料沉淀后，透明液体可注入灌溉系统。应该牢记，当使用固态肥料制备肥料溶液时只能使用100%溶于水的肥料。“降温效应”带来的问题是，当溶液非常凉时，肥料的溶解度会变得非常小，进而导致同样数量的水无法溶解预计的肥料。解决这一问题的方法是，把溶液放置数小时使温度升高，或连续搅拌，直到所有的肥料全部溶解。如果环境温度过低而使溶液升温困难时最好制备低浓度的溶液。在这种情况下，可以调节肥料溶液的注入速度（流量），以获得原来计划的施入养分水平。

3. 肥料的兼容性

当肥料混合时需要考虑肥料之间的兼容性问题。可溶性肥料制成的液态肥料，当由不同营养元素制备肥料溶液时，应考虑以下因素：①制备过程中的安全性。②当把不同肥料溶液加入同一储液罐时，肥料溶液之间的相互作用。③液体肥料在灌溉系统中的反应。④灌溉系统对堵塞和其他问题的敏感性。小剂量测试也是一种有效的方法，所谓小剂量测试是指把肥料倒入一个装有灌溉水的小瓶内，观察在1～2 h内有无沉淀或絮状物生成。如果确实有絮状物生成，注入这种溶液有可能引起管线或滴头的堵塞。如果不同的肥料要同时注入灌溉系统，在小瓶内将两种溶液混合，监视肥料溶液或混合肥液的兼容性。小剂量测试需要使用与这些产品注入灌溉系统时预计的大致相同的浓度。例如，欲向灌溉系统中以100 L/h的速度注入肥料溶液，灌溉系统的流量为4 000 L/min，即稀释比例为1：2 400。1 L肥料溶液加入2 400 L水中，浓度就与计划向田间的注入浓度相同。

4. 肥料的混合以及相互作用

（1）肥料混合时的反应。在配置用于灌溉施肥的营养液时，必须考虑不同肥料混合后产物的溶解度，一些肥料混合物在贮肥罐中由于形成沉淀而使混合物的溶解度降低。为避免肥料混合后相互作用产生沉淀，应在微灌施肥系统中采用两个以上的贮肥罐，在一个贮肥罐中贮存钙、镁和微量营养元素，在另一个贮肥罐中贮存磷酸盐和硫酸盐，确保安全有效的灌溉施肥。

（2）肥料溶解时的温度变化。多数肥料溶解时会伴随热反应。如磷酸溶解时会放出热量，使水温升高；尿素溶解会吸收热量，使水温降低，了解这些反应对田间配置营养母液有一定的指导意义。如气温较低时为防止盐析作用，应合理安排各种肥料的溶解顺序，尽量利用它们之的热量来溶解肥料。

（3）肥料与灌溉水的反应。灌溉水中通常含有各种离子和杂质，如钙镁离子、硫酸根离子、碳酸根和碳酸氢根离子等。这些灌溉水中固有的离子达到一定浓度时，会与肥料中有关离子反应，产生沉淀。这些沉淀易堵塞滴头和过滤器，降低养分的有效性。如果在微灌系统中定期注入酸溶液（如硫酸、磷酸、盐酸等），可溶解沉淀，以防滴头堵塞。

（4）灌溉用肥料与设备的反应。因为肥料要通过微灌系统使用，微灌系统的材料和肥料要直接接触，有些材料容易被腐蚀、生锈或溶解，有些抗性强，可耐酸碱盐。

5. 用于滴灌施肥的有机肥种类

有机肥要用于微灌系统，主要解决两个问题：一是有机肥必须液体化，二是要经过多级过滤。一般易沤腐、残渣少的有机肥都适合于微灌施肥；含纤维素、木质素多的有机肥不宜于微灌系统，如秸秆类。有些有机物料本身就是液体的，如酒精厂、味精厂的废液。但有些有机肥沤后含残渣太多不宜作微灌肥料（如花生麸）。沤腐液体有机肥应用于滴灌更加方便。只要肥液不存在导致微灌系统堵塞的颗粒，均可直接使用。一项滴灌系统施用有机肥滴头堵塞试验表明，当沤腐有机肥经过上述过滤措施，滴施完成后保证15 min以上的清水冲洗，滴头和过滤器无任何堵塞，滴头也不会生长藻类、青苔等低等植物。

三、花生膜下滴灌追肥技术

花生追肥应根据地力、基肥施用量和花生生长状况而定。

1. 苗期追肥

肥力低或基肥用量不足，幼苗生长不良时，应早追苗肥，尤其是麦套花生，多数不能施用基肥和种肥，幼苗又受前茬作物的影响，多生长瘦弱，更需及早追肥促苗；夏直播花生，生育期短，前作收获后，为了抢时间播种，基肥往往施用不足，加之春旱频发，应在苗期滴灌1次，并随水追肥，每亩施用磷酸二铵3 kg+硫酸钾2 kg，并配施多元微肥每亩0.5 kg。

2. 花针期追肥

花生始花后，株丛迅速扩大，前期有效花大量开放，大批果针陆续入土结实，对养分的需求量急剧增加。如果基、苗肥未施足，则应根据长势长相，及时随水施肥。此期分2次滴灌，每亩施用磷酸二铵3 kg+硫酸钾2 kg。

3. 结荚期追肥

结荚期是花生营养生长和生殖生长最旺盛的时期，有大批荚果形成，也是吸收养分最多的时期，故此期也应分2次滴灌，每亩施用磷酸二铵3 kg+硫酸钾2 kg。

四、花生膜下滴灌灌溉技术

（一）灌水前试运行

滴灌系统安装后，不能立即投入使用，首先要对系统进行管道冲洗、管道试压和试运行操作，以检验系统安装是否合格。试运行结束后，膜下滴灌系统就开始工作了。

管道冲洗的主要目的，就是将安装过程中产生的废料及管道中进入的泥土等杂物冲出管道，以免造成系统运行过程中管道或滴灌带堵塞，保证系统正常运行。管道冲洗时一定要严格按照由上至下的步骤进行，避免引起管道漏水或爆裂。

在试压前，要关闭管道所有开口部分的阀门，利用控制阀门一段一段地试压，试验压力可取管道设计压力，也就是水泵正常运行时的最大扬程，保压时间一般为2 h左右。在试压过程当中，要随时观察管道的管壁、管件、阀门等处，如果发现漏水、渗水、破裂、脱落等现象，应做好记录并及时处理。如果漏水严重必须要重新安装，处理后再进行试运行，一般要连续运行2 h，直到合格为止。

（二）随时检查，保证质量

在膜下滴灌的运行中，还要随时观测灌溉强度是否适当，要求土壤表面不得产生径流积水。否则说明灌溉强度大，应当及时降低工作压力，减小灌溉强度。

（三）滴灌系统维护

膜下滴灌系统在使用一段时间之后，沉淀池的底部就会有很多的沙石沉积，四壁上也会有少许的藻类浮生，如果积累过多的话，就有可能进入灌溉系统，所以要经常地清洗一下沉淀池。在水中加入一定比例的氯化物是一种常见的化学处理方法，氯化物可以形成藻类不能生存的环境，促使有机物分解，也防止悬浮物的沉积。

还要定期检查、维护和清洗过滤器，预防滴头堵塞。筛网过滤器的清洗一般是这样的步骤：滤网要经常检查，发现损坏应及时修复或更换。在灌水季节结束时，应取出过滤网的网芯，用软毛刷刷净，清水冲洗晾干后备用。那么沙石过滤器的清洗是这样的：看水质的情况每年对介质进行1～6次彻底清洗，若由于冲洗使沙的数量减少，还需要补充相应粒径的沙石，必要时可取出全部的沙过滤层，彻底冲洗后再重新逐层放入滤罐内。使用离心式过滤器时，要经常检查集沙罐，定时地排沙，以免罐中沙量太多使离心式过滤器不能正常工作。叠片式过滤器正常工作时，叠片是被锁紧的，当要手动冲洗时，可将滤芯拆下并松开压紧螺母，用水冲洗即可。在过流量相同的时候，它比筛网过滤器存留杂质的能力强，所以冲洗次数相对也较少，冲洗的耗水量也较小。在选用自动冲洗时，叠片必须能够自行松散，有些叠片往往是被粘在一起的，不易彻底冲洗干净，需冲洗多次。

在定期冲洗管道的时候，支管应当根据供水质量的情况进行冲洗。比如说灌溉水质较差的时候要经常冲洗毛管，一般至少每月打开尾端的堵头，在正常工作压力下彻底冲洗1次，以减少滴灌带的堵塞。另外农民朋友在引苗、清棵、锄草时要避免损伤滴灌带。

花生进入花针期，滴灌的同时要进行追施冲施肥。需要注意的是，施肥停止后必须继续灌溉3～5 min，这样做的目的就是要再清洗管道和滴灌头。

灌溉季节结束时，要重视滴灌带的回收工作，以免残留造成农田污染。

（四）如何确定灌溉时期及灌水次数

花生灌溉时间要根据天气情况、土壤含水量、花生生长发育的阶段特点灵活掌握。正确的灌水时期不能在花生显示出缺水状态（如花生叶片出现卷曲等）时进行灌溉，而是在花生未受到水分胁迫以前进行，否则，其生长和结果将会受到损失。具体到某一天，一般在傍晚时分进行为好。否则，由于根系降温，蒸腾会使叶片萎蔫，而出现水分不足情况。

灌水次数也是根据各生育时期生育状况和管理目标灵活掌握，一般情况下，播种至出苗，管理目标是促早发，滴灌1次；出苗至开花，管理目标是促壮苗，墒情不足，滴灌1次；开花下针期，管理目标控制是多开花迟下针，有利结果集中整齐，土壤湿度不低于田间最大持水量的50%时，不灌水；下针至结果，管理目标是促果针集中入土，形成荚果，只要墒情不足就要滴灌，同时随滴灌要进行追肥，滴灌3～5次；饱果至成熟，管理目标是促荚果饱满，如果土壤墒情不足，就要滴灌，同时随滴灌要进行追肥，滴灌1～3次。

膜下滴灌系统在使用时，用水管理是膜下滴灌工程运行管理的中心内容。遵循少浇勤灌，一次浇水量要少，灌水次数要多的微灌灌水原则。灌水时间一般应选择在上午或下午，这时进行滴灌后地温能快速上升。随着花生的生长，灌水时间和灌水量随之增加，同时花生也就需要更多的养分，这时候就需要为作物添加肥料了。

（五）确定灌水量

最适宜的一次灌水量，应以使水分完全湿润花生根系主要分布层为原则。灌水要避免只浸湿表层或上层根系的土壤，这不仅不能满足花生的需要，也容易引起土壤板结和根系上浮，以及返碱等不良后果。

花生最适宜的土壤湿度为田间最大持水量的50%～70%，低于50%时就需灌水，高于70%就要停止灌溉，高于80%就要进行排水。由于土壤种类不同，达到田间最大持水量的50%～70%，其土壤含水量也不相同。灌水量可按下列公式计算。

灌水量=灌溉面积×花生根系分布深度×土壤容重×（田间持水量的土壤湿度–灌前土壤湿度）

灌溉前的土壤湿度每次灌水前均需测定，田间持水量、土壤容重、土壤浸润深度可数年测定1次(测定方法参考有关书籍)，平时当作常数使用。应用此公式计算出的灌水量还要依据当地日照、温度、干旱持续时间、地下水位、植株大小、土壤性质进行调整。如温度高、日照足的地方要适当加大灌溉量；若有地下水补充，可适当减少。沙地易渗漏，灌水应做到少量多次。具体灌水量要根据花生生长时期灵活掌握。

1. 播种至出苗期

播种至出苗（5月1日至25日）期这一阶段需水量不大，但必须保障种子顺利发芽出苗。这一时期要求土壤湿度60%～70%，土壤湿度小不利花生出苗，湿度过大易出现烂种、根腐病。如果土壤湿度不足田间最大持水量的60%时，采取膜下滴灌，灌水量约为5 t/亩。

2. 齐苗至开花期

齐苗至开花（5月25日至6月25日）期，耗水量不多，一般年份自然降水量均能满足花生正常生长发育。这一时期要求土壤最大持水量50%～60%，如果土壤湿度不足最大持水量的50%时，采取膜下滴灌，灌水量约为3 t/亩，灌水时间要掌握在6月15日之前。

3. 开花至下针期

开花至下针（6月25日至7月20日）期，适当干旱为宜。如果土壤墒情较好，初期花谢后很快形成果针入土膨大，争夺养分，影响以后开花量，导致结果少，不集中，荚果不整齐。这一时期要求土壤湿度为最大持水量的50%～55%。但开花量达到70%，时间到7月15日后，要进行灌水，灌水量约为10 t/亩。

4. 下针至荚果膨大期

下针至荚果膨大（7月20日至8月20日）期，是花生生长发育最旺盛期，此时叶面积大，茎叶生长最快，同时大量花针下扎形成荚果。加之这个阶段株体大，气温高，土壤蒸发量大，叶片蒸腾量大，因而是花生一生中需水量最多的时期，此期掌握时间，科学浇水，是夺取花生高产的关键。花针期处于花生生育中期，是需水最敏感的时期。大粒花生耗水量占全生育期总耗水量的48.2%～59.1%，每亩昼夜耗水量达4.0 m^3左右；珍珠型中小粒花生耗水量占全生育期总耗水量的52.1%～61.4%，每亩昼夜耗水量为1.5～2.0 m^3。

花生开花下针期土壤水分低于最大持水量的50%时，果针下扎和荚果发育也逐渐停止；但是，土壤水分超过田间最大持水量的80%时，土壤间隙被水分所充斥，土壤通透性差，根系呼吸受阻，地上部分生长趋缓；若遇大风天气，极易发生根茎倒伏现象，易拔出或埋压花针和荚果，对产量提高造成严重的影响。一般情况下，当5 cm土壤水分低于田间最大持水量的40%，20 cm土壤水分低于田间最大持水量的60%，应立即进行灌溉。 这一时期膜下滴灌量为50～170 t/亩，灌溉方法要掌握灌水量少而次数多，即每次灌水约为10 t/亩。

5. 荚果膨大至成熟期

荚果膨大至饱果成熟（8月20日至9月20日）期，对水分的消耗减少，这一时期要求土壤湿度为最大持水量的50%～60%，如果土壤湿度低于最大持水量的50%时，采取膜下滴灌，每次灌水量约为5 t/亩，灌水1～3次，总量为13～20 t/亩。

五、花生膜下滴灌主要种植形式

1. 大垄双行

根据辽宁省春季风多的特点，为减轻风力对薄膜的掀刮，提高覆膜质量，垄向最好与风向相垂直。畦上宽60～65 cm，畦底宽85～90 cm，畦间距30 cm，畦间大行距50 cm，畦上种2垄，畦上小行距35～40 cm，中间铺设滴灌带，畦高

10～12 cm，穴距13.5～15.5 cm，每穴播种2粒，播深4～5 cm。选用85～90 cm宽、0.005～0.008 mm厚的聚乙烯薄膜（断裂伸长率≥100%、拉伸强度≥100 kg/cm^2、直角撕裂强度≥30 kg/cm^2、透光率≥80%）。畦面要做成平顶形，并将畦面压实，以利于果针穿透薄膜。畦的两侧斜些好，以使膜与地表贴实。

2. 大垄三行

畦上宽90～100 cm，畦底宽110～120 cm，畦间大行距50 cm，畦上种3垄，畦上小行距35～40 cm，中间铺设滴灌带，畦高10～12 cm。穴距13～14 cm，每穴播种2粒，播深4～5 cm。选用120 cm宽、0.005～0.008 mm厚的聚乙烯薄膜（断裂伸长率≥100%、拉伸强度≥100 kg/cm^2、直角撕裂强度≥30 kg/cm^2、透光率≥80%）。畦面要做成平顶形，并将畦面压实，以利于果针穿透薄膜。畦的两侧斜些好，以使膜与地表贴实。

第三节　花生高产栽培技术

一、选地

花生地选择地势平坦、灌排方便、活土层深厚、耕作层疏松、含钙质和有机质多的沙质壤土或轻沙壤土。棕壤土、褐土、沙土也可，但不宜安排在土壤较黏重的地块上，盐碱地、涝洼地、漏肥漏水地不宜种花生。

二、整地

1. 秋末冬初耕翻

要使深耕当年见效，必须早耕，最好在秋末冬初耕地，以利于土壤充分熟化。

2. 播前耕翻

风沙地区风沙地块春季十年九春旱，耕地时间离播种时间越近越好，一般在耕地后即播种，利于播种保墒。

三、整地深度

深耕条件下的花生，其根系95%以上集中分布在0～30 cm的土层内，若耕翻过深，生土翻到上层过多，当年熟化不透，就会影响花生出苗和生长发育，达不到增产的目的。因此，深耕要注意熟土在上，生土在下。机械深耕要在犁铧下带松土铲，以达到上翻下松、不乱土层的要求。

四、增施有机肥

增施有机肥，不仅可以直接为花生提供养分，同时也为土壤微生物提供良好的营养和生活条件，促进微生物的活动，加快有机质分解和土壤熟化，调节水肥气热的供应，进一步改善土壤肥力状况。

五、播种时期和播种量

1. 适宜播种期

当地5日内5 cm播种层平均地温稳定通过12℃（这时气温大约15℃）以上，土壤含水量达40%～60%时，即可播种。对应时间正常年份，一般是5月10—15日。由于进行地膜栽培，可提前3～5 d播种。

2. 播种密度

大粒型花生亩播种9 500～10 500穴，每穴2粒；小粒型花生亩播种10 000～11 000穴，每穴2粒；亩播种量为20.0 kg左右荚果。

六、花生施肥技术

（一）花生所需的营养元素

判断花生是否必需某种营养元素，可依据以下3条标准：一是该元素直接参与花生的代谢过程，而不是改善环境的间接作用。二是缺少该元素时，花生不能完成生育周期。三是缺乏该元素，花生会表现出特有的外部症状，只有补充该元素后，症状才能减轻或消失。现在已经确定的花生必需营养元素有碳、氢、氧、氮、磷、钾、钙、镁、硫、硼、钼、铁、锌、锰、铜、氯等16种。其中碳、氢、氧、氮、磷、钾、钙、镁、硫等9种元素需要量大，占花生植株干物质重的0.1%以上，被称为大量元素。其余7种含量在0.1%以下，最低的只有0.1 mg/ kg，被称为微量元素。此外，试验证明钴对于固氮微生物是必需的，所以花生需要钴。钴可改善生长和光合作用，镍、稀土、钛、硒等元素对花生有一定的增产效果，而铝、镉等元素对花生有害，但其作用机制尚待深入研究。有人认为钒可部分代替钼在生物固氮中的作用。

（二）花生所需营养元素的来源

花生所需的碳、氢、氧主要来自空气和水，所需的氮素部分来自与其共生的根瘤菌固定的游离分子态氮（N_2），另一部分从土壤中吸取。其余的元素绝大部分从土壤中吸收。所以土壤不仅是花生生长的介质，而且是其所需营养元素的主要供给者。土壤养分的丰缺直接关系到花生产量的高低。土壤养分主要来自5个方面：一是土壤矿物颗粒风化以及晶格离子交换释放出的养分，一般细土供给矿物质养分如钾、钙、镁、磷等元素的能力强于粗土，由花岗岩、片麻岩、玄武岩发育的土壤，其微量元素含量高于砂岩、页岩、冲积物发育的土壤。二是土壤有机质分解释放的养分。三是土壤微生物代谢如固氮作用等形成的养分。四是降雨带来的养分。五是施肥补充的养分。

（三）基肥施用量及施用方式

花生基肥施用量一般应占总用量的80%～90%，并以腐熟的有机肥料为主，配合氮、磷、钾等化学肥料。施用时要注意保持和提高肥效，一般肥多撒施，肥少条施。土杂肥用量在2 000 kg/亩以下时，可结合播种起垄开沟集中条施，以利发苗；2 000 kg/亩以上时，可采取集中和分散相结合，即2/3的用量结合播前整地作基肥撒施，1/3结合播种时集中沟施。草木灰或钾素化肥结合播前耕地时施，耕翻埋入耕层内。氮肥或复合肥用量如在15 kg/亩以上时应播前撒施后翻入耕作层，用量在5～10 kg/亩，可结合播种集中作种肥，效果较好，但应做到肥、种隔离，防止烧种。用过磷酸钙或钙镁磷肥，施用量以20～30 kg/亩比较经济有效，施用前最好和圈肥混合堆沤15～20 d，起到活磷保氮的作用。目前磷素化肥用量为30～50 kg/亩，可于播种前撒施后翻入耕作层。

土壤肥力低时，提倡用根瘤菌剂拌种，以扩大花生的氮素营养来源，降低化肥成本，减轻化学氮素对环境的污染。采用0.2%～0.3%钼酸铵或0.1%硼酸等水溶液浸种，可补充微量元素。在南方酸性红黄壤和黄泛、江淮平原沙碱土，结合耕地或播种，在酸性土壤使用熟石灰25～50 kg/亩，在微碱性土壤施用生石膏5.0～7.5 kg/亩以调节土壤酸碱度，促进土壤有益微生物的活动和补充花生的钙质营养，提高花生品质。同时钙肥的施用宜与有机肥料配合，防止过量施钙引起的不良后果。

（四）花生各生育期需肥规律

1. 苗期

花生苗期是指花生播种后，自50%的幼苗出土展现2片真叶至50%的植株第一朵花开放。其间，将分生出第3、4对侧枝，这时茎根是否强壮是决定以后能否高产的基础。花生苗期营养物质主要由种子自身及根系吸收一定量的养分满足各个器官的需要，需求量较小。这个时期氮素、钾素集中在叶片，磷素集中在茎部，植株根瘤开始形成，但固氮能力很弱，此期为氮素饥饿期，对氮素缺乏敏感。苗期需要的养分数量较少，氮磷钾的吸收量仅占一生吸收总量的5%～10%。

2. 开花下针期

开花下针期指从50%植株开出第一朵花至50%植株出现鸡头状幼果时止，其长短因品种而异。其间，叶片数量迅速增加，叶面积大幅增长，根系增粗增重，第

一、二对侧枝出现二次分枝，开花达到高峰。该期花生植株生长快，营养生长和生殖生长同时进行，养分需求量急剧增加，氮的吸收占一生吸收总量的17%、磷占22.6%、钾占22.3%、钙占15%。根瘤固氮能力增强，能提供较多的氮素。此期植株氮素仍集中在叶片上，而钾素从叶片向茎部转移，磷素则由茎部向果针和荚果转移。

3. 结荚期

结荚期从50%植株有鸡头状幼果开始至50%植株有饱果出现时止。其间，根系增重，根瘤增生，固氮活动，主茎和侧茎生长均达到高峰，大批果针入土形成荚果。花生结荚期是营养生长的高峰期，也是重点转向生殖生长的时期，是吸收养分最多的时期。氮的吸收占一生吸收总量的42%、磷占46%、钾占60%、钙占50%。此期氮素、磷素可由根、子房柄、子房等多个部位向幼果和荚果供应，钾素仍然在茎部。这一时期对钙的需求量很大，缺钙易出现空果和秕果。

4. 饱果成熟期

花生饱果成熟期是50%植株出现饱果至大多数荚果饱满成熟这一时段。其间，尽管植株的根、茎、叶基本停止生长，对养分的吸收量逐步减少，根系吸收功能下降，营养生长缓慢衰退，但须确保有较多的叶片和较强的生理功能，促进干物质运向荚果。营养生长过早过快衰退或生长过旺，都不利于荚果干物质的积累增重，增加饱果率。此期氮的吸收占一生总量的28%、磷占22%、钾占7%、钙占30%。花生每形成100 kg荚果大约需要N 5.0 kg、P_2O_5 1.3 kg、K_2O 3.8 kg、CaO 1.64 kg，辽西风沙半干旱区亩产400 kg需要的养分见表2-4。

表2-4 辽西风沙半干旱区花生生育期需肥总量（kg/亩）

肥料	总用量	苗期用量与比例		开花期用量与比例		结荚期用量与比例		饱果期用量与比例	
N	20.0	6.2	31%	2.7	13.5%	6.6	33%	4.4	22%
K_2O	15.2	1.6	10.7%	3.4	22.3%	9.1	60%	1.0	7%
P_2O_5	5.2	0.5	9.4%	1.2	22.6%	2.4	46%	1.1	22%
CaO	6.6	0.3	5%	1.0	15%	3.3	50%	2.0	30%

注：不包括根瘤菌合成N素。

（五）花生营养诊断

1. 缺氮

叶片浅黄，叶片小，叶色黄化，从老叶开始或上下同时发生，严重时叶包变成白色，影响果针形成及荚果发育；茎部发红，根瘤少，植株生长不良，分枝少。

2. 缺磷

缺磷老叶先呈暗绿色到蓝绿色，渐变黄，植株矮小，茎秆细瘦呈红褐色，根系、根瘤发育不良，根毛变粗，籽仁成熟晚且不饱满。

3. 缺钾

初期叶色稍变暗，接着叶尖现黄斑，叶缘出现浅棕色黑斑，致使叶缘组织焦枯，叶脉仍保持绿色，叶片易失水卷曲，荚果少或畸形。

4. 缺铁

叶色黄化，叶肉失绿，严重时叶脉也褪绿。

5. 缺锰

早期叶脉间呈灰黄色，到生长后期，缺锰部分即呈青铜色，叶脉仍然保持绿色。

6. 缺钙

荚果发育差，影响籽仁发育，形成空果。缺钙时常形成“黑胚芽”。缺钙后果胶物质少，果壳发育不致密，易烂果。苗期缺钙严重时，造成叶面失绿，叶柄断落或生长点萎蔫死亡，根不分化等。

7. 缺镁

顶部叶脉间失绿，茎秆矮化，严重缺镁会造成植株死亡。

8. 缺硫

症状与缺氮类似，但缺硫时一般顶部叶片先黄化(或失绿)，而缺氮时多先从老叶开始黄化。

9. 缺硼

延迟开花进程，荚果发育受抑，造成籽仁“空心”，影响品质。

10. 缺钼

叶片向内卷曲，叶面形成斑点，叶脉间褪色，只有叶脉保持绿色。

七、收获贮藏技术

1. 如何根据田间长相判定花生成熟

一般以植株呈现衰老状态，顶部叶片停止生长，上部叶片变黄且昼开夜合的感夜运动基本消失，中下部叶片由绿转黄并逐渐脱落，茎枝转黄绿色。

2. 如何根据籽仁状况判定花生成熟

荚果多数已攻饱（珍珠豆型早熟品种饱果指数达75%以上，中间型中熟品种饱果指数达65%以上），果壳硬化，网纹相当清晰，果壳内白色的海绵组织收缩，裂纹明显，呈黑褐色斑片，种仁皮薄光滑呈现出品种固有的色泽时即行收获。

3. 花生收获的方式

一是人工收获。人工收获是最传统的收获方式，农民用铁锹等工具挖出，然后手工摘果晾晒。这种方式劳动强度大、效率低、损失率高，正常情况下人工收获效率是0.3亩/d，损失率在10%以上。

二是半机械化收获。半机械化收获是用拖拉机带动轧刀，割断花生主根后人工拔出晾晒，晾干后用摘果机进行摘果。这种方式降低了劳动强度，提高了工作效率，减小了损失率。一般情况下收获率是1～2亩/d，损失率在5%左右。

三是全部机械化收获。全部机械化收获是一次完成挖掘、抖土、摘果、集果等工序。农业部南京农业机械研究所研制的花生联合收获机，极适于摘鲜果，作业效率达1.5～2.5亩/h，摘果率可达99%以上，破碎率低于2.5%，清洁度达99%以上。据测算，花生实现机械化收获每亩可减少支出与损失150元。

4. 花生荚果的贮藏方法

花生种子（荚果）仓库，应有良好的通风条件，地面不透水，房顶不漏雨，没有老鼠。入库的花生种子，每个品种单独起垛，每一层5包，每一垛20层，每2垛作为一匹，有利于清点数量。花生在贮藏过程中，呼吸产生热量，在两匹之间，留出50 cm宽的通道。

在农村，农户自留种子没有专门仓库贮藏，种子水分必须在10%以下。当摇动荚果有响声，剥开荚果，牙咬种仁有脆声，手搓种仁，种皮易脱落，即可贮藏。在贮藏时，种子要放在透气的袋子中，袋子与地面须有垫木，与墙面有20 cm左右的间隔。

八、花生病虫害防治技术

花生主要病害有网斑病、褐斑病、黑斑病、焦斑病、疮痂病、病毒病、茎腐病等。

花生主要虫害有蛴螬（东北大黑鳃金龟、暗黑鳃金龟、铜绿丽金龟、黄褐丽金龟、云斑鳃金龟）、蚜虫、甜菜夜蛾等。

（一）花生病害防治技术

1. 花生网斑病

我国主要发生在北方产区，淮河以南很少发生。导致花生植株快速大量落叶，严重影响产量和品质，一般可减产10%～20%，严重的达40%以上。

【症状识别】 常在花期染病，先侵染叶片，初沿主脉产生圆形至不规则形的黑褐色小斑，病斑周围有褪绿晕圈，后在叶片正面边缘呈网纹状的不规则形褐色斑，且病部可见栗褐色小点，即病菌分生孢子器不透过叶面。阴雨连绵时叶面病斑较大，近圆形，黑褐色；叶背病斑不明显，淡褐色，重者病斑融合。病部可见栗褐色小点，即病菌分生孢子器。干燥条件下病斑易破裂穿孔。生产上该病常与褐斑病、黑斑病混合发生，能引起花生生长后期大量落叶，影响产量，可减产10%～20%，流行年份可造成减产20%～40%，甚至更多。

【发生规律】 花生生长中后期，遇持续阴雨天气，有利于病害发生和流行。田间湿度大的地块易发病，连作地发病重。

【防治方法】

（1）农业防治。选用抗病品种是防治花生网斑病最有效的措施；冬前或早春深耕深翻，将部分生土翻到地表，全面覆盖地面，将越冬病菌埋于地表20 cm以下，可以明显减少越冬病菌初侵染的机会；实行轮作能明显减轻病害，可与玉米、大豆或地瓜轮作，与小麦套种也可减轻病害的发生；适时播种，合理密植，施足底肥，不偏施氮肥，并适当增补钙肥，及时中耕松土，雨后及时排出田间积水，降低田间湿度；收获时彻底清除病株、病叶，集中烧毁或沤肥，以减少翌年病害初侵染源。

（2）药剂防治。播种后出苗前地面喷80%大生WP 400倍液，封锁菌源；也可于发病初期喷雾，发病初期喷25%百科WP 1 000倍液，或80%喷克WP 600倍液，或70%代森锰锌WP 600倍液，或50%多菌灵WP 800倍液，或75%百菌清WP400～600倍液，或64%杀毒矾WP500倍液，或70%乙磷·锰锌WP500倍液，或80%喷克可湿性粉剂600倍液，隔7～10 d喷1次，连续2～3次；7月上中旬开始用杀菌剂、物理保护剂和生物制剂喷洒叶片，百科最好，防治效果达57.2%，其次是抗枯灵，防效为35.2%，代森锰锌为31.0%，多菌灵为29.4%。将以上药剂混用防病效果更好，并可兼治花生黑斑病、褐斑病等。

2. 花生褐斑病

褐斑病是世界花生产区最严重的叶部病害之一，又称花生早斑病。我国各花生产区普遍发生，是我国花生上分布最广、为害最重的病害之一。受害田块一般减产10%～20%，严重的减产40%以上。

【症状识别】 发病初期，叶片上产生黄褐色或铁锈色、针头状小斑点，与黑斑病不易区分。但随着病情的发展，褐斑病产生近圆形或不规则形病斑，病斑直径4～10 mm，较黑斑病斑为大，斑正面黄褐色至深褐色，背面淡黄褐色，病斑周围有黄色晕圈宽大而明显，斑正面病征不明显，仅隐约可见薄霉层。叶柄、茎秆病斑呈黄褐色、椭圆形。总之，褐斑病在病斑的大小、颜色、黄晕和病征方面均与黑斑病明显有别。在潮湿条件下，大多在叶正面病斑上产生灰色霉状物，即病原分生孢子梗和分生孢子。发病严重时，叶片上产生大量病斑，几个病斑汇合在一起，常使叶片干枯脱落，仅留3～5个幼嫩叶片。严重时叶柄、叶托、茎秆也可受害，病斑为长椭圆形，暗褐色，中间稍凹陷。此病在田间比黑斑病出现早，主要发生于花生生长前中期，引起早期落叶，降低植株光合作用效率，影响养分积累而招致减产。

【发生规律】 花生褐斑病的病害循环和发生流行条件同黑斑病基本相似。稍有不同的是，褐斑病多在植株嫩绿或较荫蔽的叶片上发生，以土质肥沃、地势较低洼、枝叶生长繁茂、少见阳光的下部叶片为多见，这与黑斑病有别。由于病菌存在不同生理小种，品种间抗病性亦有差异，美国已发现PI259747等21份材料抗褐斑，PI261893等6份材料抗黑斑。国内山东报道ICG3845对褐斑病高抗，对黑斑病中抗。这表明选育抗病品种对本病防治前景乐观。

【防治方法】

（1）农业防治。鉴于病菌有明显的生理分化，故应注意合理利用抗病品种，实行多个品种搭配与轮换种植，防止因品种单一化和病菌优势小种的形成而造成品种抗病性退化或丧失；减少初侵染来源，收获后及时清除田间病株残体集中烧毁，及时翻耕加速病残体分解；加强栽培管理，适期播种，合理密植，施足基肥，增施磷钾肥，适时喷施叶面肥，合理轮作，避免偏施氮肥，增施磷钾肥，适时喷施叶面营养剂，促植株稳生稳长；整治排灌系统，雨后清沟排渍降湿。

（2）药剂防治。发病初期或病叶率达5%～10%时开始喷药防治，防治效果较好的药剂有30%百科乳油、70%代森锰锌、50%多菌灵800倍液，或50%甲基硫菌灵、20%三唑酮硫黄悬浮剂600～800倍液，或70%甲基托布津可湿性粉剂1 000倍液等。一般间隔10～15 d喷药1次，连续2～3次，喷药时适当加入黏着剂，隔10～15 d 1次，农药可交替使用（避免花生植株产生抗性）。

3. 花生黑斑病

花生黑斑病又称晚斑病，为国内外花生产区最常见的叶部真菌病害。本病在花生整个生长季节皆可发生，但其发病高峰多出现于花生的生长中后期，故有“晚斑”病之称。常造成植株大量落叶，致荚果发育受阻，产量锐减。

【症状识别】 本病在花生整个生长季节皆可发生，但其发病高峰多出现于花生中后期，故有“晚斑”病之称。主要为害叶片，严重时叶柄、托叶、茎秆和荚果均可受害。叶斑近圆形，黑褐色至黑色，直径1～5 mm不等，斑外黄晕不明显，但斑面病症呈轮纹状排列的小黑点（病菌分孢座）明显。叶柄、茎秆等染病严重时常变黑枯死。

【发生规律】 病菌以菌丝体或分孢座随病残体遗落土中越冬，或以分生孢子黏附在种荚、茎秆表面越冬。翌年以分生孢子作为初侵染与再侵接种体，借风雨传播，从寄主表皮或气孔侵入致病。病害的发生流行同温湿度、栽培管理、品种等因素有密切关系。适温高湿的天气，尤其是植株生长中后期降雨频繁，田间湿度大或早晚雾大露重天气持续最有利发病。植株生育前期发病轻，后期发病重；嫩叶发病轻，成叶和老叶发病重；连作地、沙质土或土壤瘠薄，或施肥不足，植株生长势差发病也较重。品种间抗病性有差异，一般以直生型品种较蔓生型或半蔓生型品种发病轻。叶片小而厚、叶色深绿、气孔较小的品种病情发展较缓慢；野生种抗性较强，可作为抗病亲本加以利用。

【防治方法】

（1）农业防治。选育和换种抗病高产良种，可因地制宜选用；适期播种，合理密植，善管肥水，注意田间卫生等。

（2）药剂防治。及时喷药预防控病，发病初期或病叶率达5%～10%时开始喷药防治，喷75%百菌清+70%托布津（1∶1）1 000～1 500倍液，或30%氧氯化铜+75%百菌清（1∶1）1 000倍液，或40%三唑酮+多菌灵（1∶2）1 000倍液，或200倍波尔多液，或75%百菌清+70%代森锰锌（1∶1）1 000倍液，喷施2～3次，隔10～15 d 1次，交替使用，喷匀喷足。

4. 花生焦斑病

花生焦斑病是一种发生在叶部的真菌性病害，是为害花生的重要病害之一，全国花生种植区普遍发生。严重时田间病株率可达100%，急性流行情况下，在很短时间内，可引起花生叶片大量枯死，造成花生严重损失。

【症状识别】 主要为害叶片，也可为害叶柄、茎和果针。一般自花生初花期发病，下部叶片先发病，后向中、上部蔓延。结荚中、后期，为害加重。主要为害叶片，也为害叶柄、茎、果柄和荚果。 叶片上的病斑多发生在叶尖或叶缘，也可发生在叶片内部。叶尖叶缘处的病斑常呈楔形或半圆形；病斑由黄变褐，病斑边缘深褐色，有黄色晕圈，以后病斑变灰褐色，枯死、破裂。病斑上出现许多小黑点。叶片内部的病斑逐渐扩大成圆形或近圆形的褐色大斑；病斑中部灰褐色或灰色，中央有一明显褐点，周围有轮纹。收获前多雨、潮湿，叶片上出现黑色水浸状圆形或不规则形斑块，病斑发展很快，叶片变黑褐色，后蔓延到叶柄、茎和果柄。茎和叶柄上的病斑不规则形，浅褐色，水浸状，病斑边缘不明显。

【发生规律】

（1）寄主抗性。据观察品种间抗病性差异显著。

（2）环境。高温高湿有利于孢子萌发和侵入。

（3）栽培。田间湿度大、土壤贫瘠、偏施氮肥发病重。

【防治方法】

（1）农业防治。适当密植，播种密度不宜过大；施足基肥，增施磷钾肥，增强植株抗病力；雨后及时排水，降低田间湿度；播前精选种子，并进行种子消毒处理，用100倍福尔马林液浸没种荚30～60 min，或1.5%硫酸铜液浸荚1 h。用福尔马林液浸过的种荚，须用清水充分清洗后再播种。

（2）药剂防治。选用1：2：200倍（硫酸铜：石灰：水）波尔多液，或70%甲基硫菌灵(甲基托布津)可湿性粉剂1 000倍液，或50%苯来特(苯菌灵)可湿性粉剂1 500倍液，或50%多菌灵可湿性粉剂900～1 000倍液，或70%百菌清可湿性粉剂600～800倍液，或70%代森锰锌可湿性粉剂400～500倍液，或农抗120水剂200倍液，或50%胶体硫200倍液防治。

病害防治指标以10%～15%病叶率，病情指数为3～5级时开始第一次喷药。以后视病情发展，相隔10～15 d喷1次，病害重的喷2～3次。

5. 花生疮痂病

花生疮痂病在我国一些地方发生比较普遍，有逐年加重的趋势。

【症状识别】 发病地块，茎上部弯曲、顶部叶片卷曲，这些可远距离目测的明显症状，一般是2～5撮一点片，最多10多撮。可为害植株叶片、叶柄、托叶、茎部和果针。主要症状特点是患部均表现木栓化疮痂状。高湿时，病部隐约可见橄榄色的薄霉层。在严重情况下，疮痂状病斑遍布全株。

（1）叶片。病株新抽出的叶片扭曲畸形。初为褪绿色小斑点，后病叶正、背面出现近圆形小斑点，直径1 mm左右，淡黄褐色，边缘红褐色，病斑中部稍下陷。叶背主脉或侧脉上发病，病斑常连生成短条状，锈褐色，表面呈木栓化粗糙。严重时叶片上病斑密布，全叶皱缩、歪扭。

（2）叶柄。病斑卵圆形至短梭形，通常比叶片上的病斑稍大，大小（1~2）mm×（2～4）mm，褐色至红褐色，中部下陷，边缘稍隆起。有的呈典型“火山口”状，斑面龟裂，木栓化粗糙更为明显。

（3）茎部。茎部发病，病斑与叶柄上病斑相同，但病斑常连合并绕茎扩展，有的长达1 cm以上。

（4）果针。症状与叶柄上的相同，但有的肿大变形，荚果发育明显受阻。

【发生规律】 低温阴雨、连作地有利于该病的发生。病菌以菌丝体和分孢盘在病残体上越冬。以分生孢子作为初侵与再侵接种体，借风雨传播侵染致病。病害的发生流行同天气条件关系密切，发病的迟早、轻重，受当地早春低温阴雨天气的明显影响。如果当年早春气温偏低、雨水偏早偏多，阴雨天出现频繁，本病发生早而重。凡风雨过后，病情有所跃升；天气持续转晴，病情有所缓和。

【防治方法】

（1）农业防治。发病地避免连作，可与禾本科作物进行3年以上轮作；采用地膜覆盖可减轻病害的发生；烧毁有病的茎叶，并且不能用有病茎叶作为堆肥而施入花生地里。

（2）药剂防治。于发病初期连续喷12.5%烯唑醇可湿粉1 500倍液，或70%甲基硫菌灵可湿粉500倍液，或10%苯醚甲环唑（世高）可湿粉1 000倍液，或50%多菌灵可湿原粉300～400倍液，或50%灭菌威可湿粉1 000倍液，或80%代森锰锌WP 300～400倍液，或40%多硫悬浮剂、甲基托布津、苯菌灵、百菌清500～600倍液，喷施3～5次，隔7～10 d 1次，可基本控制病害蔓延。多雨高温天气注意抢晴天喷药或雨后及时补喷。

6. 花生病毒病

花生病毒病是花生上的一种重要病害，病害流行频繁，给花生生产造成很大损失。侵染花生的病毒种类很多，已报道的有近20种。我国发生普遍为害严重的主要有花生条纹病毒病（花生轻斑驳病毒病）、花生黄花叶病毒病、花生矮化病毒病（花生普通花叶病）。

【症状识别】

（1）花生条纹病毒病。感病植株先在顶端嫩叶上出现褪绿斑，后发展成浅绿与绿色相间的斑驳，沿叶脉形成断续绿色条纹或橡叶状花纹，或一直呈系统性的斑驳症状，感病早的植株稍有矮化。

（2）花生黄花叶病毒病。病株先在顶端嫩叶上出现褪绿黄斑，叶脉变淡，叶色发黄，叶缘上卷，随后发展为黄绿相间的黄花叶症状，病株中度矮化。该病常与花生条纹病毒病混合发生，表现黄斑驳、绿色条纹等复合症状。

（3）花生矮化病毒病。病株顶端叶片出现褪绿斑，并发展成绿色与浅绿相间的花叶，新长出的叶片通常展开时是黄色的，但可以转变成正常绿色，叶片变窄小，叶缘有时出现波状扭曲。病株结荚少而小，有时畸形或开裂。

【发生规律】 花生条纹病毒（PStV）、花生黄花叶病毒（CMV）和花生矮化病毒（RSV）3种病毒病的发生和流行与毒源数量、介体蚜虫数量、花生品种和生育期有密切关系。花生种子带毒率高、田间毒源量大且距花生田近，发病就重。如花生条纹病毒（PStV），花生种子带毒率达2%～5%就足以导致病害流行。在美国白色苜蓿是花生矮化病毒（RSV）的主要越冬寄主，凡是与感染花生黄花叶病毒（PSV）的白色苜蓿地邻近的花生田，矮化病毒病发病率就高。国内外研究均表明，在离毒源花生条纹病毒（PStV）100 m的田中播种无毒花生种子，基本不发生条纹病毒病。一般大粒种子带毒率低，小粒种子带毒率高。

在存在毒源和感病品种的条件下，蚜虫发生早晚和数量是影响病毒病流行的主要因素。传毒蚜虫发生早、数量多、传毒效率高，病害就易于流行。花生生长前期的降雨量是影响蚜虫发生和活动程度的主要因素，降雨量小，气候温和、干燥，蚜虫发生量和活动程度就大。蚜虫传毒效率与蚜虫种类和病毒株系类型有关。豆蚜传花生条纹病毒（PStV）的效率最高，每株10头蚜虫，饲喂1～2 h，植株发病率达90%～100%，而棉蚜传毒的发病率仅为33%。同等条件下，豆蚜对花生条纹病毒（PStV）–mild mottle株系的传毒率为10%，而对花生条纹病毒（PStV）–blotch株系的传毒率仅为3%。

不同花生品种对病毒病的抗性存在一定的差异，但没有发现高抗和免疫品种。国内外已对上万份花生材料进行了抗病毒鉴定，均未发现理想的抗性材料，只是选出了一些症状较轻、发病迟、种子带毒率低、损失率小的具田间抗病性或耐病性的材料。但在野生种中已发现了多种对花生条纹病毒（PStV）免疫的材料。

【防治方法】

（1）农业防治。控制花生病毒病应采用以选用无毒种子和治蚜防病为主的综合防治措施。选育和利用抗病品种，通过常规育种和生物技术相结合，培育抗病毒病的花生品种是很有希望的。在野生花生品种资源中已发现2份免疫材料。目前研究最多的是向植物体内导入病毒的外壳蛋白基因。国外许多科学家正在积极研究将花生条纹病毒（PStV）外壳蛋白基因导入花生中去，有望得到抗花生条纹病毒（PStV）的转基因花生材料；选用无毒或带毒率低的种子，杜绝或减少初浸染毒源，调运的花生种子要经过检测，防止病毒随种子远距离传播到无病区。在美国由于实行了严格的种子检测计划，在很大程度上阻止了花生条纹病毒（PStV）的蔓延。要选无病田或无病株留种，无病留种田应与大田花生隔离100 m以上，并选大粒子仁作种子。苗期及时拔除病株；治蚜防病，采用地膜覆盖栽培技术驱避蚜虫；播种时穴施3%呋喃丹颗粒剂2.5～3.7 kg/hm^2，或用其他杀蚜虫药剂处理种子；清除田间和周围杂草，减少蚜虫来源；苗期及时喷药治蚜等措施，可延缓和减轻病害的流行及为害。

（2）药剂防治。苗期喷施病毒钝化剂，如20%毒病毒、菌毒清、病毒A、83增抗剂、抗毒剂1号、病毒王等，每隔7～10 d喷1次，连喷3～4次，均有一定防治效果。

7. 花生茎腐病

花生茎腐病是花生常见病害，在花生产区均有发生，发病率一般为10%～

20%，严重可达50%～60%，甚至颗粒无收。

【症状识别】一般植株早期发病很快枯萎死亡，后期发病者果荚常腐烂或种仁不满，严重影响花生的产量和品质。该病主要通过土壤和种子带菌传播侵染，从花生出苗期至成熟期都可发生，主要为害花生的子叶、根和茎，以根茎部和茎基部受害最重。重病地块，花生发芽后出苗前就可感病，造成烂种。苗期发病，病菌从子叶或幼根侵入，受害子叶变黑褐色干腐状，然后沿子叶柄侵入根颈部，侵染近地面的茎基部及地下根颈处，产生黄褐色水浸状的不规则形病斑，然后病斑向四周扩展，最后绕茎或根颈一周形成黑褐色病斑，使输导组织破坏，维管束变黑褐色。发病初期地上部叶色变浅，中期叶柄下垂、复叶闭合，翌晨复原，病情严重后全株萎蔫。干燥时，病部呈琥珀色下陷，纵剖根颈部，髓呈褐色干腐状，中空，黄褐色枯死；湿度大时，病株变黑腐烂，病部生黑色小粒点，病部皮层易脱落，纤维外露。成株期发病，主茎和侧枝的基部变黑褐色，并向中部蔓延，使病部以上部分枯死。

【发生规律】

（1）菌源。由于带菌种子是该病菌的主要越冬场所和初侵染来源，因而种子带菌率高低对病害的发生影响很大。花生在收获前受水淹，或收获时遇阴雨，种子容易发霉，带菌率高且发芽率低，播种后发病都重。

（2）寄主抗性。品种间抗病性有差异。

（3）环境。当5 cm地温连续10 d稳定在20 ℃以上，田间即可发病，苗期雨水多，土壤湿度大，病害发生就比较重；发病高峰常出现在降雨适中或大雨骤晴之后，雨量过多、雨次频繁、低温情况下，不利于病害发生。阳光过强造成花生幼苗热灼伤，有利于病害发生。

（4）栽培。连作花生地发病重，合理轮作发病轻；春播花生病重，夏播花生病轻；使用花生病株茎蔓饲喂牲畜的粪肥，以及混有病残株未腐烂的土杂肥均会加重病害发生；低洼积水、沙性强、土壤贫瘠的土地发病重。

该病一年有两次发病高峰期，第一次发病高峰期在5月中下旬至6月下旬，7月下旬至8月上中旬进入第二次发病高峰。降水对花生茎腐病影响很大，苗期降水适中，相对湿度在70%左右，有利于病害发生；花生中后期雨水偏多，田间湿度大，就会导致病害的大发生。第一次发病高峰期可造成大面积死苗。第二次发病高峰期遇有连阴雨天气，病害迅速蔓延，造成花生后期大面积死秧，荚果发芽、霉烂，减产很严重。收获期如遇连阴雨天气，种荚不能迅速晒干，常出现荚果发霉，荚果、种仁带菌率高，造成翌年发病率高且早。土质黏重、土层薄、基肥不足、出苗迟缓的地块易发病。

【防治方法】

（1）农业防治。目前尚未有免疫品种，但不同品种间抗性差异较大；留种花生及时收获、摘荚晾晒，含水量在10%以下方可入库贮藏，要防潮湿防霉变；播种前要精选大粒饱满种子，剔除变色、秕伤的种子，选用无病种子；合理轮作，轻病地与玉米、高粱、谷子等禾谷类非寄主作物轮作2～3年，重病地轮作3～4年；花生收获后要及时深耕深翻土地，以消灭部分越冬病菌；有机肥在施用之前要充分沤熟，增施腐熟的有机肥，追施草木灰；花生生长季节及时中耕锄草，促进花生生长健壮；中耕时要避免造成伤口，减少病菌侵入，及时拔除田间病株，带出田外销毁。

（2）药剂防治。播前药剂拌种预防，目前防治该病的特效药是多菌灵，可用40%多菌灵胶悬剂100 mL，加水3 L，稀释后匀拌花生仁50 kg；如用25%多菌灵粉剂，可先将50 kg花生种仁在清水内湿一下捞出，然后撒拌200 g 25%多菌灵粉剂；也可用干种子重量0.3%的50%多菌灵可湿性粉剂加水30 L配成药液浸种50 kg，浸泡24 h，然后播种；齐苗后、开花前和盛花下针期分别喷淋药剂1次，着重喷淋茎基部，药剂用3%广枯灵AS 800倍液，或65%多克菌WP 600～800倍液，或70%甲基硫菌灵可湿性粉剂800～1 000倍液，或50%苯菌灵可湿性粉剂1 500倍液。

（二）花生虫害防治技术

1. 蛴螬

蛴螬是金龟子类幼虫的总称，食性杂，可为害花生等多种作物。喜咬食刚播下的种子、幼苗、根茎等，造成缺苗断垄甚至大面积毁种。我国发生种类多，分布广。金龟子多为昼伏夜出活动，有很强的趋光性和假死性。主要有以下6种：东北大黑鳃金龟、暗黑鳃金龟、铜绿丽金龟、黄褐丽金龟、云斑鳃金龟。

2. 东北大黑鳃金龟

【形态特征】 成虫体长16～21 mm，宽8～11 mm，黑色或黑褐色，具光泽。唇基横长，近似半月形，前、侧缘边上卷，前缘中间微凹入。触角10节，鳃片部3节，呈黄褐或赤褐色。前胸背板宽度不及长度的2倍，两侧缘呈弧状外扩。小盾片近于半圆形。鞘翅呈长椭圆形，每翅具4条明显的纵肋。前足胫节外齿3个，内方有距1根；中、后足胫节末端具端距2根，中段有一完整的具刺横脊。臀节外露。前臀节腹板中间，雄性为一明显的三角形凹坑，雌性呈尖齿状。卵初产长椭圆形，大小为2.5 mm×1.5 mm，白色稍带黄绿色光泽；发育后期呈圆球形，大小为2.7 mm×2.2 mm，洁白而有光泽。

3龄幼虫体长35～45 mm，头宽4.9～5.3 mm。头部黄褐色，胴部乳白色。头部前顶刚毛每侧3根，成一纵列；额前缘刚毛2～6根，多数为3～4根。肛门孔呈三射裂缝状，肛腹片后部复毛区散生钩状刚毛，70～80根，分布不均；无刺毛列。蛹为裸蛹，体长21～24 mm，宽11～12 mm；初期白色，渐转红褐色。

【生活习性】 我国各地多为2年发生1代，成虫和幼虫均能越冬。据辽宁观察，成虫4月下旬至5月初始见，5月中下旬是盛发期，9月初为终见期，5月下旬开始产卵，6月中旬孵出幼虫，10月中下旬3龄幼虫越冬。越冬幼虫于第二年5月中旬，上升到土表为害植物幼苗的根、茎等地下部分，为害盛期在5月下旬至6月上旬。7月中旬，老熟幼虫做土室化蛹，蛹期约20 d，羽化的成虫当年不出土，在土室里越冬。成虫历期约300 d，卵多产在6～12 cm深的表土层，卵期15～22 d。幼虫期340～400 d，冬季在55～145 cm深土层里越冬。成虫昼伏夜出，日落后开始出土，21时是取食、交配高峰，午夜以后陆续入土潜伏。成虫有假死性，趋光性不强，性诱现象明显（雌诱雄）。交配后10～15 d开始产卵，每雌虫平均产卵102粒。成虫出土的适宜温度为12.4～18.0℃，10 cm土层温度为13.8～22.5℃。卵和幼虫生长发育的适宜土壤含水量为10%～20%，以15%～18%最适宜。土壤过干或湿都会造成大量死亡。

在我国北方地区1～2年发生1代，以幼虫和成虫在土中越冬。5—7月成虫大量出现，成虫有假死性和趋光性，并对未腐熟的厩肥有强烈趋性，昼间藏在土中，晚8—9时为取食、交配活动盛期。一般交配后10～15 d开始产卵，卵产于松软湿润的土壤内，以水浇地最多，每雌可产百粒左右。

卵期15～22 d，幼虫期340～400 d。冬季在55～150 cm深土中越冬，蛹期约20 d。蛴螬始终在地下活动，与土壤温湿度关系密切，一般当10 cm土温达5℃时开始上升至表土层，13～18℃时活动最盛，23℃以上则往深土中移动。土壤湿润则活动性强，尤其小雨连绵天气为害加重。

3. 暗黑鳃金龟

【形态特征】 成虫体长17～22 mm，体宽9～11.5 mm，黑色或黑褐色，无光泽。暗黑鳃金龟与大黑鳃金龟形态近似，在田间识别需注意下列几点：暗黑鳃金龟体无光泽，幼虫前顶刚毛每侧1根；大黑鳃金龟则体有光泽，幼虫前顶刚毛每侧3根。

每年1代，绝大部分以幼虫越冬，但也有以成虫越冬的，其比例各地不同。在6月上中旬初见，第一高峰在6月下旬至7月上旬，第二高峰在8月中旬，第一高峰持续时间长，虫量大，是形成田间幼虫的主要来源，第二高峰的虫量较小。成虫出土的基本规律是一天多一天少。选择无风、温暖的傍晚出土，天明前入土。成虫有假死习性。

幼虫活动主要受土壤温湿度制约，在卵和幼虫的低龄阶段，若土壤中水分含量较大，则会淹死卵和幼虫。幼虫活动也受温度制约，常以上下移动寻求适合地温。另外幼虫下移越冬时间还受营养状况影响，在大豆田及部分花生田，幼虫发育快，到9月多数幼虫下移越冬；而粮田中的幼虫发育慢，9月还能继续为害小麦。

【生活习性】 成、幼虫食性很杂。成虫可取食榆、加杨、白杨、柳、槐、桑、柞、苹果、梨等的树叶，最喜食榆叶，次为加杨。成虫有暴食特点，在其最喜食的榆树上，一棵树上可落虫数千头，取食时发出"沙沙"声，很快将树叶吃光。幼虫主要取食花生的地下部分。在花生田里常将幼果柄咬断并将果吃掉，或是钻入幼果内将果仁食尽或是将幼果咬得残缺。幼虫也喜食大豆须根、根瘤、侧根，环食主根表皮。

4. 铜绿丽金龟

【形态特征】 成虫体长16～22 mm，宽8.3～12 mm，长椭圆形，背腹稍扁，体背面铜绿色具光泽，头部、前胸背板及小盾片色较深。鞘翅上色较浅，呈淡铜黄色，前胸背板两侧、唇基前缘具浅褐条斑，腹面黄褐色，胸腹面密生细毛，足黄褐色，胫节、跗节深褐色。头部大、头面具皱密点刻，触角9节鳃叶状，棒状部3节黄褐色，小盾片近半圆形，鞘翅具肩凸，左、右鞘翅上密布不规则点刻且各具不大明显纵肋4条，边缘具膜质饰边。臀板黄褐色三角形，常具形状多变的古铜色或铜绿色斑点1～3个，前胸背板大，前缘稍直，边框具明显角质饰边。前侧角向前伸尖锐，侧缘呈弧形，后缘边框中断，后侧角钝角状。背板上布有浅细点刻。腹部每腹板中后部具1排稀疏毛。前足胫节外缘具2个较钝的齿。前足、中足大爪分叉，后足大爪不分叉。卵椭圆形至圆形，长1.7～1.9 mm，乳白色。幼虫 体长30～33 mm，头宽4.9～5.3 mm，头黄褐色，体乳白色，肛腹片的刺毛两列近平行，每列由11～20根刺毛组成，两列刺毛尖多相遇或交叉。蛹长椭圆形，长18～22 mm，宽9.6～10.3 mm，浅褐色。

【生活习性】 年生1代，以幼虫在土中越冬，翌春3月上到表土层，5月老熟幼虫化蛹，蛹期7～11 d，5月下旬成虫始见，6月上旬至7月上中旬进入为害盛期，6月上旬至7月中旬进入产卵盛期。卵期7～13 d，6月中旬至7月下旬幼虫孵化，为害到深秋气温降低时下移至深土层越冬。成虫羽化后3 d出土，昼伏夜出，飞翔力强，黄昏上树取食交尾，具假死性，雌虫趋光性较雄虫强，每雌可产卵40粒左右，卵多次散产在3～10 cm土层中，尤喜产卵于大豆、花生地，次为果树、林木和其他作物田中。以春、秋两季为害最严重。成虫寿命25～30 d。幼虫在土壤中钻蛀，为害地下根部，老熟后多在5～10 cm土层做土室化蛹，化蛹时蛹皮从体背裂开脱下且皮不皱缩，有别于大黑鳃金龟。

5. 黄褐丽金龟

【形态特征】 成虫体长15～18 mm，宽7～9 mm，体黄褐色，有光泽，前胸背板色深于鞘翅。前胸背板隆起，两侧呈弧形，后缘在小盾片前密生黄色细毛。鞘翅长卵形，密布刻点，各有3条暗色纵隆纹。前、中足大爪分叉，3对足的基、转、腿节淡黄褐色，胫、跗节为黄褐色。幼虫体长25～35 mm，头部前顶刚毛每侧5～6根，一排纵列。虹腹片后部刺毛列纵排2行，前段每列由11～17根短锥状刺毛组成，占全刺列长的3/4，后段每列由11～13根长针刺毛组成，呈“八”字形向后叉开，占全刺毛列的1/4。胸背片后部有骨化环（细缝）围成的圆形臀板。

【生活习性】 辽宁1年发生1代，以幼虫越冬。成虫5月上旬出现，6月下旬至7月上旬为成虫盛发期，成虫出土后不久即交尾产卵，幼虫期300 d，主要在春、秋两季为害。5月化蛹，6月羽化为成虫。成虫昼伏夜出，傍晚活动最盛，趋光性强。成虫不取食，寿命短。

6. 云斑鳃金龟

【形态特征】 成虫全体黑褐色，鞘翅布满不规则云斑，体长36～42 mm，宽19～21 mm。头部有粗刻点，密生淡黄褐色及白色鳞片。唇基横长方形，前缘及侧缘向上翘起。触角10节，雄虫柄节3节，鳃片部7节，鳃片长而弯曲，约为前胸背板长的1.5倍；雌虫柄节4节，鳃片部6节，鳃片短小，长度约为前胸背板的1/3。前胸背板宽大于长的2倍，表面有浅而密的不规则刻点，有3条散布淡黄褐色或白色鳞片群的纵带，形似“M”形纹。小盾片半椭圆形，黑色，布有白色鳞片。鞘翅散布小刻点，白色鳞片群点缀如云，有如大理石花纹，故名大理石须金龟、花石金龟。胸部腹面密生黄褐色长毛。前足胫节外侧雄虫有2齿，雌虫有3齿。卵椭圆形，长约4 mm，乳白色。

老熟幼虫体长50～60 mm。头宽9.8 ～10.5 mm，头长7.0～7.5 mm，前顶毛每侧5～7根，后顶毛每侧一根较长，另2～3根微小。头部棕褐色，背板淡黄色或棕褐色。胸足发达，腹节上有黄褐色刚毛，气门棕褐色，臀节腹面刺毛2列，每列9～13根，排列不甚整齐。蛹体长45 mm，棕黄色。

【生活习性】 此虫3～4年发生1代，以幼虫在土中越冬。当春季土温回升10～20℃时幼虫开始活动，6月间老熟幼虫在土深10 cm左右做土室化蛹，7—8月间成虫羽化。成虫有趋光性，白天多静伏，黄昏时飞出活动，求偶、取食补充营养。产卵多在沿河沙荒地、林间空地等腐殖质丰富的沙土地段，每个雌虫产卵十多粒至数十粒。初孵幼虫以腐殖质及杂草须根为食，稍大后即能取食树根，对幼苗的根为害很大，使树势变弱，甚至死亡。

【防治方法】 地下害虫蛴螬的防治必须贯彻“预防为主，综合防治”的植保方针，以农业防治为基础，把化学农药防治与其他防治方法协调起来，因地制宜地开展综合防治，才能控制住蛴螬的为害。

（1）人工防治。利用成虫具趋光和假死习性，成虫发生期采用黑光灯诱杀或振树捕杀，可兼治其他具趋光性和假死性害虫。

（2）农业防治。开荒垦地，破坏蛴螬生活环境；灌水轮作，消灭幼龄幼虫，捕捉浮出水面成虫；水旱轮作可防治幼虫为害；结合中耕除草，清除田边、地堰杂草，夏闲地块深耕深耙；尤其当幼虫（或称蛴螬）在地表土层中活动时适期进行秋耕和春耕，深耕同时捡拾幼虫；不施用未腐熟的秸秆肥。

（3）生物防治。可利用乳状菌防治。目前，美国等国家已筛选出乳状菌及其变种，用于蛴螬防治。在美国乳状茵制剂Doom和Japidemic已有乳状菌商品出售，防治用量是每23 m^2用0.05 kg乳状菌粉，防治效果一般为60%～80%。

（4）物理防治。物理防治主要是针对蛴螬的成虫金龟子，对于趋光极强的铜绿丽金龟、暗黑鳃金龟、阔胸犀金龟、云斑鳃金龟、大黑鳃金龟、黄褐丽金龟等有明显作用，利用黑光灯诱杀，效果显著。用黑绿单管双光灯(发生一半绿光，一半黑光)，对金龟子的诱杀量比黑光灯提高10%左右。

（5）药剂防治。

1）成虫发生期的防治：可结合防治其他害虫进行防治。喷洒2.5%功夫乳油或敌杀死乳油8 000～8 500倍液，对各类鞘翅目昆虫防效均好；40%氧化乐果乳油600～800倍液，残效期长，防效明显；50%对硫磷乳油，或杀螟硫磷乳油，或内吸磷乳油，或稻丰散乳油，或马拉松乳油，或二嗪农乳油1 000～1 500倍液，或90%敌百虫1 000倍液；50%杀螟丹可湿性粉剂，或25%甲萘威（西威因）可湿性粉剂600～700倍液，或40.7%毒死蜱乳油1 000倍液，或10%联苯菊酯乳油8 000倍液等药剂，对多种鞘翅目害虫均有良好防效，同时可兼治其他食叶、食花及其刺吸式害虫。

2）成虫出土前或潜土期防治：可于地面施用25%对硫磷胶囊剂0.3～0.4 kg/亩加土适量做成毒土，均匀撒于地面并浅耙；5%辛硫磷颗粒剂2.5 kg/亩，做成毒土均匀撒于地面后立即浅耙以免光解，并能提高防效；1.5%对硫磷粉剂2.5 kg/亩也有明显防治效果。

3）幼虫期的防治：可结合防治金针虫、拟地甲、蝼蛄以及其他地下害虫进行。采用措施有：

一是药剂拌种。此法简易有效，可保护种子和幼苗免遭地下害虫的为害。常规农药有25%对硫磷或辛硫磷微胶囊剂0.5 kg拌250 kg种子，残效期约2个月，保苗率为90%以上；50%辛硫磷乳油或40%甲基异柳磷乳油0.5 kg加水25 kg，拌种

400～500 kg，均有良好的保苗防虫效果。

二是药剂土壤处理。可采用喷洒药液、施用毒土和颗粒剂于地表、播种沟或与肥料混合使用，但以颗粒剂效果较好。常规农药有5%辛硫磷颗粒剂2.5 kg/亩，或3%呋喃丹颗粒剂3.0 kg/亩，或5%二嗪农颗粒剂2.5 kg/亩，或1.5%对硫磷粉剂5 kg/亩，或5%涕灭威颗粒剂2 kg/亩；也可用50%对硫磷乳油1 000倍液灌根，或用50%对硫磷乳油1 000倍液加尿素0.5 kg，再加0.2 kg柴油制成混合液开沟浇灌，然后覆土，防效良好。

三是辛硫磷毒谷。每亩1 kg，煮至半熟，拌入50%辛硫磷乳油0.25 kg，随种子混播种穴内，亦可用豆饼、甘薯干、香油饼磨碎代用。如播后仍发现为害时，可在为害处补撒毒饵，撒后宜用锄浅耕，效果更好。此种撒施方法对蝼蛄、蟋蟀效果更佳，对其他地下害虫均有效。

7. 蚜虫

菜蚜又叫蜜虫、腻虫等，是为害十字花科蔬菜蚜虫的总称。为害十字花科蔬菜的蚜虫有多种，在我国主要有3种，分别为萝卜蚜（菜缢管蚜）、甘蓝蚜和桃蚜。3种蚜虫均属同翅目，蚜科。桃蚜分布最广，全世界都有分布，国内几乎遍及全国。萝卜蚜国内各省都有分布。甘蓝蚜在西北各省，如新疆、宁夏、东北北部及高纬度地区均有分布。

【症状识别】 蚜虫在为害蔬菜时，以成虫或若虫群集在幼苗、嫩叶、嫩茎和近地面叶上，以刺吸式口器吸食寄主的汁液，而使寄主严重失水和营养不良，造成叶面卷曲皱缩，叶色发黄，难以正常生长。蚜虫在外叶密集时，整个叶片由于失水发软，而瘫在地上。受害严重时，结球蔬菜不能结球。为害种株时引起花梗扭曲、畸形，种子不实，严重影响产量。此外，蚜虫还是多种病毒的传播者，传毒所造成的为害远远大于蚜虫本身的为害。

【发生规律】 桃蚜的发育起点温度为4.3℃，在24℃时发育最快，高于28℃则不利。温度自9.9℃升到25℃，其平均发育期由24.5 d缩短到8 d，每天平均产仔蚜量由1.1头增到3.3头，但寿命由69 d减到21 d。萝卜蚜的繁殖适温为15～26℃，适宜的相对湿度为75%～80%以下。在9.3℃时发育期为17.5 d，在27.9℃时发育期缩短到4.7 d。在适温条件下，平均温度和它的生殖力呈正相关，与寿命呈负相关。甘蓝蚜的发育起点温度为4.3℃，最适发育温度为20～25℃，但产仔蚜总数以12～15℃时最多。就日平均温度与日平均产仔数看，以16～17℃为最适宜，低于14℃或高于18℃均趋向于减少。无翅胎生雌蚜的寿命也同样随温度升高而缩短。降雨除了影响气温和湿度外，由于暴雨的冲刷，还能降低虫害的程度。微风有利于蚜虫的扩散，但风速过大又限制了其发展。在一年中，春季和秋季是蚜虫的大发生期，夏季发生较少。这主要是夏季多雨冲刷，高温不适，十字花科蔬菜较少，食物缺乏，天敌较多，活动频繁的原因所致。蚜虫的天敌很多，在一定程度上影响了其发生。

【防治方法】

（1）农业防治：选用抗虫品种。不同的品种有不同的抗虫力，有些多毛的品种，蚜虫多不喜食，各地可据情选用。清洁田园，及时多次地清除田间杂草，尤其是在初春和秋末除草，可消灭很多虫源；生长期及时拔除带虫较多的苗，减少虫口数量。利用天敌：蚜虫的天敌很多，应保护利用。在用药剂防治时，应采用尽量少伤害天敌的药物。作用较大的捕食性天敌有六斑月瓢虫、七星瓢虫、横斑瓢虫、双带盘瓢虫、十三星瓢虫、大绿食蚜蝇、食蚜瘿蚊、普通草蛉、大草蛉、小花蝽等，寄生性天敌有蚜茧蜂，微生物天敌有蚜霉菌等。纱网育苗：利用纱网进行栽培，可阻挡蚜虫侵入为害。消灭越冬虫源，在越冬菠菜、十字花科的留种株、桃树等蚜虫越冬的场所，在春季蚜虫尚未迁移的时候，用较强的药剂进行防治，减少当年的虫源；在保护地生产发达的地区，一定及时消灭内部的蚜虫，防止越冬蚜虫迁入大田。适期早播：适当提早播种，使受害期在植株长大后，可减轻蚜虫的为害程度。银灰膜驱避：菜蚜对银灰色有负趋性，在蔬菜生长季节，可在田间张挂银灰色塑料条，或插银灰色支架，或铺银灰色地膜等，均可减少蚜虫的为害。黄油板粘蚜：利用蚜虫对黄色有强烈的趋性，可在田间插上一些高60～80 cm、宽20 cm的木板，上涂黄油，以粘杀蚜虫。

（2）药剂防治。目前蚜虫的防治主要是药剂防治。在药剂防治中，应本着早防的原则。常用的药物有50%辟蚜雾可湿性粉剂或水分散粒剂2 000～3 000倍液，该药对菜蚜有特效，且不伤天敌；或50%马拉硫磷乳油、20%二嗪农乳油、25%喹硫磷乳油各1 000倍液，或70%灭蚜松可湿性粉剂2 500倍液等；菜蚜对拟菊酯类农药易产生抗药性，应慎用，或与其他农药混用。常用的有2.5%敌杀死乳油、20%氰戊菊酯乳油3 000～4 000倍液，或10%氯氰菊酯乳油2 000～6 000倍液，或10.8%凯撒乳油10 000～20 000倍液，或35%赛丹乳油3 000～5 000倍液，上述药剂喷雾。

（3）无公害防治。农业措施防治中，包括及时多次清除田间杂草（尤其是秋末到初春），选用抗虫品种（例如多毛番茄），及时除治大棚、温室蚜虫，有条件时利用喷灌，及时清理越冬场所等。冷纱育苗：在早春和秋季进行蔬菜育苗时，播种后在育苗畦上覆盖40～45筛目的白色或银灰色网纱，可杜绝蚜虫接触菜苗，减少青菜的蚜害，对减轻秋季白菜病毒病也有明显效果。天敌的利用：在田间自然存在的天敌不少，例如数种食蚜瓢虫、蚜茧蜂、食蚜蝇、草蛉等。蚜虫的天敌昆虫和蚜霉菌的利用也不可忽视。银灰膜驱蚜：田间蔬菜生长季节，可利用剪裁成5 cm宽的银灰塑料膜条，拉挂于田间架杆或铺放于行间，有明显减少蚜量的效果。重庆科研单位曾设计制成银灰反光塑料球体置放于田间，也取得良好的效果。此外，可结合田间银灰色驱蚜，在地头地边设置刷有不干胶的黄板（黄塑膜或黄纸箱片）进行诱蚜粘杀，其效果更加良好。

8. 甜菜夜蛾

广布全国各地。幼虫食叶成缺刻或孔洞，严重的把叶片吃光，仅剩下叶柄、叶脉，对产量影响很大。

【形态特征】 幼虫体色变化很大，有绿色、暗绿色、黄褐色、黑褐色等，腹部体侧气门下线为明显的黄白色纵带，有时呈粉红色。成虫昼伏夜出，有强趋光性和弱趋化性，大龄幼虫有假死性，老熟幼虫入土吐丝化蛹。虫态有成虫、卵、幼虫、蛹，以幼虫为害植株。初孵幼虫群集叶背，吐丝结网，在叶内取食叶肉，留下表皮，成透明的小孔。3龄后可将叶片吃成孔洞或缺刻，大龄幼虫还可钻蛀青椒、番茄果实。

【发生规律】 初龄幼虫在叶背群集吐丝结网，食量小。3龄后，分散为害，食量大增，昼伏夜出，为害叶片成孔缺刻。严重时，可吃光叶肉，仅留叶脉，甚至剥食茎秆皮层。幼虫可成群迁飞，稍受震扰吐丝落地，有假死性。3～4龄后，白天潜于植株下部或土缝，傍晚移出取食为害。一年发生6～9代，7—8月发生多，高温、干旱年份更多，常和斜纹夜蛾混发，对叶菜类威胁甚大。

【防治方法】

（1）农业防治。晚秋初冬耕地灭蛹，人工摘除卵块、虫叶。

（2）物理防治。黑光灯诱杀成虫。

（3）药剂防治。抓住1～2龄幼虫盛期进行防治，可选用下列药剂喷雾：5%抑太保乳油4 000倍液，或5%卡死克乳油4 000倍液，或5%农梦特乳油4 000倍液，或20%灭幼脲1号悬浮剂500～1 000倍液，或25%灭幼脲3号悬浮剂500～1 000倍液，或40%菊杀乳油2 000～3 000倍液，或40%菊马乳油2 000～3 000倍液，或20%氰戊菊酯2 000～4 000倍液，或茴蒿素杀虫剂500倍液。

【防治要点】

（1）结合田间管理，及时摘除卵块和虫叶，集中消灭。

（2）此虫体壁厚，排泄效应快，抗药性强，防治上一定要掌握及早防治，在初卵幼虫未发为害前喷药防治。在发生期每隔3～5 d田间检查1次，发现有点片的要重点防治。喷药应在傍晚进行。药剂用卡死克、抑太保、农地乐、快杀灵1 000倍液，或万灵、保得、除尽1 500倍液，及时防治，将害虫消灭于3龄前。对3龄以上的幼虫，用20%米满1 000～1 500倍液喷雾，每隔7～10 d喷1次。米满对甜菜夜蛾是一种经济高效的药剂，但该药作用速度较慢，应比常规药剂提前2～3 d施药。喷药后虽然害虫暂时没有死亡，但已不再为害，不必担忧防效而重喷，以除尽、卡死克、米满防效最佳。同时可选用50%高效氯氰菊酯乳油1 000倍液加50%辛硫磷乳油1 000倍液，或加80%敌敌畏乳油1 000倍液喷雾，防治效果均在85%以上。也可用5%抑太保乳油、5%卡死克乳油、75%农地乐乳油500倍液，或5%夜蛾必杀乳油1 000倍液喷雾防治，5 d的防治效果均达90%以上。

（三）防治病虫害的用药要求

1. 喷施农药须知事项

（1）尽量使用特为农药施用而设的量杯或其他定量用的容器。

（2）准确计算农药的用量，不要稀释多过当次喷施所需的农药用量。

（3）配置农药时，应在空气流通的地方调配农药，需用棒或木棍搅拌，切勿用手。

2. 喷施农药的装备器具

（1）调配及喷施农药时，应使用农药标签上所指定的安全装备，如工作服、胶手套、胶鞋、面罩、护目镜等。

（2）不同种类的农药不能用同一个喷雾器，特别是配施杀虫剂和除草剂的喷雾器不能共用。在喷雾器上加明显的标记以便于辨认。

3. 喷施农药的注意事项

（1）孕妇以及对所喷农药敏感之人不宜喷施农药。

（2）喷施农药时不能吸烟或吃饭喝水。

（3）喷施农药应当顺着风向进行。

（4）小心药雾，避免吸入或接触到口、眼睛、皮肤和衣服上。喷洒农药时应准备一桶清水和肥皂，如果不小心将农药溅到身上，可以立即以清水及肥皂彻底清洗。若身体感到不舒服，必须立即停止工作，立即携同农药标签求医诊治。

（5）喷施农药时，谨慎操作，以防药雾飘移到非喷施区域。

（6）如剩余少量已稀释的农药，可把它均匀地喷洒在农作物上。

4. 喷施农药后的注意事项

（1）用清水及肥皂彻底清洗身体（包括所穿的衣服）。

（2）彻底清洗搅拌棒和稀释用的容器，所有清洗液应收集并均匀地喷洒在所喷药的作物上，切勿污染水源。

（3）作物喷施上农药后，最少应于2星期后才能收获，除非药瓶上的标签另有特别说明。

（4）喷洒农药后，应在显眼的地方加上警告标志（如毒药、不准进入、喷药的时间、喷药的种类等）。

5. 在下列情况下切勿喷药

（1）作物已受雨水或雾水沾湿。

（2）风力超过4级时。

（3）未来数小时内可能会下雨。

（4）作物的开花时期。

6. 生产禁用农药

生产中禁止使用的农药种类如下：

包括六六六、滴滴涕、毒杀芬、二溴氯丙烷、杀虫脒、甲拌磷、甲胺磷、甲基对硫磷、对硫磷、久效磷、磷胺、甲基异柳磷、特丁硫磷、甲基硫环磷、治螟磷、内吸磷、克百威、涕灭威、灭线磷、硫环磷、蝇毒磷、地虫磷、氯唑磷、苯线磷、水胺硫磷、氧化乐果、灭多威、福美胂等砷制剂，以及国家规定禁止使用的其他农药。

九、花生主要栽培品种

选用花生良种必须依据产区的生态因素、品种的生态特性、生产条件、产品的利用目的、消费习惯以及商品性等进行合理安排。

（一）产区的生态因素

在选择花生良种时，必须首先摸清产区的生态因素，包括温度、水分、土壤、主要病虫害等。

1. 温度

温度是花生生长发育的主要因素。应根据历年的气象资料，详细分析产区各月份的平均温度的总积温，判断最适于种植哪一类型品种。辽西、辽北及辽中地区一般花生生育期总积温在3 000 ℃左右，适宜种植珍珠豆型花生、多粒型、龙生型小花生。

2. 水分

水分是花生生长发育的另一个重要因素。要根据历年的气象资料，摸清产区的总降水量和降水分布情况，并与花生不同产量水平的耗水量进行比较，进而确定品种类型。

3. 土壤

土壤是花生生长发育最基本的条件，应全面测定产区土壤的理化性质。主要包括土壤孔隙度、土壤容重，土壤中有机质、全氮、磷、钾和速效氮、磷、钾含量及pH等。

4. 主要病虫害

辽宁省花生产区分布广泛，各产区的病虫害不尽一致，主要病害有叶斑病（主要是网斑病、褐斑病）、病毒病(主要是矮化病毒病)；主要虫害有蛴螬、蚜虫、棉铃虫、金针虫等。各产区要根据具体情况选用抗病虫品种。

（二）品种的生态特性

不同品种有着不同的生态特性。从对土壤的适应性讲，有抗旱耐瘠品种和耐肥品种；从生育期上讲，有早熟、中熟和晚熟品种；从利用途径上讲，有油用、食品加工和出口品种。因此，在选择良种时，所选用品种的生态特性必须与产区的生态环境相适应。如产区花生生育期间活动积温少，地力低，易旱，则应以种植早熟、耐瘠、抗旱品种为主，如阜花12号、花育20号、唐油4号、泉花646等。如产区土壤肥沃，水肥条件好的辽南地区，应以种植耐肥高产品种为主，如阜花11号、鲁花11号、花育19号等。

（三）花生产后利用

花生产后利用也是品种布局的依据。辽宁省各花生产区所产花生的利用目的略有差别，有食用、原料出口、油用加工出口等。目前辽宁种植的花生品种适合油用、加工出口的品种有阜花12号、冀花4号等；适合出口的品种有花育20号、唐油4号、白沙1016等；适合食用、加工型品种有阜花10号、阜花13号、泉花646、锦花7号等。

（四）主要花生品种

1. 阜花12号

【特征特性】 阜花12号属连续开花亚种珍珠豆型花生，全生育期125 d左右，出苗快而整齐、长势强，有效花期30 d左右，抗旱、抗倒、耐瘠、适应性广、较抗叶斑病；株形直立、疏枝，株高35 ~ 40 cm，侧枝长40 ~ 45 cm，分枝8条左右，单株结果12 ~ 15个，单株果重15 g左右，百果重175 ~ 180 g，百仁重70 ~ 75 g，出米率73% ~ 75%；花冠橘黄色，花小，茎中粗，绿色，小叶片椭圆形，淡绿色，中大；荚果斧头形（或蚕茧形），2粒荚，仁为椭圆形，种皮粉红色，适合出口和油用。籽仁粗脂肪含量50.6%，粗蛋白含量24.33%，总糖含量（以葡萄糖计）5.17%；果仁整齐一致，籽仁有光泽、无裂纹，食味细腻适口。

【产量表现】 一般亩产220 ~ 290 kg，比对照白沙1016增产20.0%左右。

2. 阜花10号

【特征特性】 阜花10号为早熟中粒型高蛋白花生，全生育期125 ~ 128 d；抗病、抗旱、抗倒、耐瘠、适应性广，结果集中、结果率高、不易落果，生育前期发棵强、生育旺盛，植株直立、株形紧凑、连续开花、叶色浓绿；一般株高

30～35 cm，侧枝长33～38 cm，分枝7～8条，双仁饱果数10～15个，单株结果数15～20个，单株果重16～22 g，双仁百果重170～180 g，随机百果重150～160 g，百仁重70～74 g，出米率72%～75%；荚果为茧形，籽仁近圆形。籽仁含粗蛋白32.6%，是目前国内所有推广品种中最高的一个，为高蛋白型品种；粗脂肪含量42.8%，是目前国内所有选育品种中含量最低的一个，为典型的低脂肪型品种；果仁整齐一致，与白沙1016相似，种皮光滑无裂纹，皮色略淡于白沙1016，食味细腻适口，适合出口和食用。

【产量表现】 一般亩产220～300 kg，比对照白沙1016增产26.2%，比对照鲁花12号增产12.5%，稳产性好。

3. 阜花13号

【特征特性】 阜花13号为早熟中粒型花生，全生育期125 d左右；抗病、抗旱、抗倒、耐瘠、适应性广，结果集中、结果率高、不易落果，植株直立、株形紧凑、连续开花、叶色浓绿；一般株高30～35 cm，侧枝长33～38 cm，分枝7～8条，单株结果数10～15个，单株果重12～17 g，双仁百果重170～180 g，随机百果重150～160 g，百仁重70～74 g，出米率73.0%～75.0%，荚果为茧形，籽仁近圆形，适合出口，可食用和出口。籽仁含粗蛋白30.68%、粗脂肪47.92%，为高蛋白食用型花生。果仁整齐一致，与白沙1016相似，种皮有光泽无裂纹，食味细腻适口。

【产量表现】 一般亩产为210～300 kg，比对照白沙1016增产15%～20%。

4. 阜花14号

【特征特性】 连续开花亚种珍珠豆型花生，有效花期20 d左右，花冠橘黄色，花小，连续开花，茎中粗，绿色，小叶片椭圆形、淡绿色、中大、株形直立、疏枝，株高37～42 cm，侧枝长38～43 cm，分枝6～8条，结果枝6～7条，荚果蚕茧形，2粒荚，中大，籽仁为桃圆形、饱满，种皮光滑粉红色、无油斑、无裂纹。单株结果数15～20个，单株生产力14～18 g，百果重200～205 g，百仁重75～78 g，出仁率73%～75%， 千克果数698个， 千克仁数1 532个；全生育期120～125 d，与白沙1016相近，为早熟种；苗势中等，不早衰，抗倒、抗旱性中等，耐涝性中等，网斑病和褐斑病抗性中等，耐瘠薄、休眠性中等，适应性广。粗脂肪含量49.64%，粗蛋白含量25.1%，可溶性糖4.7%，油酸38.95%，亚油酸39.41%，油亚比0.988。

【产量表现】 一般亩产荚果223.5 kg、籽仁160.9 kg，分别比对照品种白沙1016亩产荚果190.0 kg、籽仁134.9 kg增产17.6%和19.3%。

5. 阜花15号

【特征特性】 连续开花亚种珍珠豆型花生，有效花期20 d左右，花冠橘黄色，花小，连续开花，茎中粗，绿色，小叶片椭圆形、深绿色、中大，株形直立、疏枝，株高45 ~ 50 cm，侧枝长47 ~ 52 cm，分枝6 ~ 8条，结果枝5 ~ 6条，荚果蚕茧形或葫芦形，2粒荚，中大，网纹深，籽仁为圆柱形，饱满、种皮光滑粉红色、无油斑、无裂纹。单株结果数12 ~ 14个，单株生产力12 ~ 14 g，百果重205 ~ 210 g，百仁重78 ~ 81 g，出仁率72% ~ 73%，千克果数690 ~ 700个，千克仁数1 490个；全生育期120 ~ 125 d，与白沙1016相近，为早熟种；苗势中等，不早衰，抗倒、抗旱性强，耐涝性中等，网斑病和褐斑病抗性中等，耐瘠薄、休眠性中等，适应性广。粗脂肪含量51.59%，粗蛋白含量24.4%，可溶性糖4.9%，油酸26.32%，亚油酸48.50%，油亚比0.543。

【产量表现】 一般亩产荚果220.8 kg、籽仁163.4 kg，分别比对照品种白沙1016亩产荚果192 kg、籽仁138.2 kg增产15.1%和18.2%。

6. 花育20号

【特征特性】 该品种属于早熟直立“旭日型”出口小花生品种，全生育期120 ~ 125 d。疏枝型，主茎高36.6 cm，侧枝长40.5 cm，总分枝7 ~ 9条，结果枝6条左右，单株结果数10.3个。株丛矮且直立，紧凑，节间短，抗倒伏，叶色浓绿，连续开花，开花量大，结实率高，双仁果率一般占95%以上。果柄短，不易落果，荚果普通型，百果重173.8 g，百仁重68.6 g，出米率73.3%。脂肪含量50.01%；油酸亚油酸比值1.08。对根腐病、黄花叶病毒病、叶斑病的抗性比对照白沙1016高，抗倒性强。

【产量表现】 一般亩产荚果225 kg左右，较对照白沙1016增产15.18%；籽仁164.21 kg，籽仁比对照1016增产19.71%。

7. 唐油4号

【特征特性】 属疏枝早熟中果花生，株形直立，连续开花习性，株高40 cm左右，总分枝6 ~ 8条，单株结果15个。荚果似蚕茧形，荚果网纹较明显，饱果率87%，籽仁圆形，种皮光亮，无油斑裂纹，整齐度好，符合出口分级标准，百仁重175.3 g，出仁率80%左右。生长势较强，整齐度好，植株抗倒伏，高抗叶斑病、叶锈病，不烂果，对土壤质地要求不严格，耐瘠，抗旱性强，后期活秧成熟，春播生育期125 d。

【产量表现】 一般亩产荚果260.0 kg左右，比对照种增产20.5%。

第三章

高粱节水与高产栽培技术

高粱又称蜀黍，是中国最早栽培的禾谷类作物之一，主要分布在东北、华北、西北和黄淮流域的温带地区。高粱是C4作物，光合效率高，可以获得较高的生物学产量和经济产量。高粱有较强的抗逆性和适应性，具有抗旱、抗涝、耐盐碱、耐高温和耐冷凉等多重抗性。中国水资源短缺，尤其北方干旱、半干旱、盐碱地面积较大，在这些地区发展高粱意义重大。高粱除食用外，还可以做饲料和工业原料，可以制作淀粉、酿酒、制糖等，我国许多名酒都是以高粱为主要原料配制而成的。高粱籽粒由于含有较多的难消化的醇溶蛋白及少量单宁，故其营养价值稍逊于玉米。中国栽培的高粱品种按其用途分为以下4类。

（1）粒用高粱。以获得籽粒为目的，茎秆高矮不等，分蘖力较弱。

（2）糖用高粱。茎高，分蘖力强，茎秆多汗，含糖量约为13%，籽粒品质不佳。

（3）饲用高粱。分蘖力较强，茎细，生长势旺，茎内多汁，含糖较高。

（4）帚用高粱。一般无穗轴或较短，分枝发达，穗呈散型，籽粒小。

中国高粱主产区主要集中在秦岭，黄河以北，特别是长城以北是中国高粱的主产区。由于高粱栽培区的气候、土壤、耕作制度、栽培方式的不同，故高粱的分布与生产带有明显的区域性，全国高粱主产区主要分为4个区域。

（1）春播早熟高粱区。主要包括黑龙江、吉林、内蒙古等省、区全部，山西、陕西省北部，宁夏干旱区、甘肃省中部与河西地区、新疆北部平原和盆地等。本区为一年一熟制，通常5月上中旬播种，9月收获。

（2）春播晚熟区。本区主要包括辽宁、河北、山西、陕西等省的大部分地区，北京、天津、宁夏的黄灌区、甘肃省东部和南部、新疆的南疆和东疆盆地等是中国高粱主产区，单产水平较高。本区基本上为一年一熟制，由于光热条件转好，栽培品种多采用晚熟品种。

（3）春夏兼播区。主要包括山东、江苏、河南、安徽、湖北、河北等省的部分地区。栽培制度以一年二熟或二年三熟为主。

（4）南方区。主要包括华中地区南部，华南、西南地区全部。栽培制度为一年三熟，近年来该区再生高粱有一定发展。

第一节　高粱需水规律

高粱在生长发育过程中，水分作为反应物质或介质参与光合作用、呼吸作用和矿质营养代谢等重要生理活动，一方面植株不断地从周围环境中吸收所需水分；另一方面通过蒸腾作用不断散失水分，只有吸收水分和作物蒸腾处于合理的平衡中，才能保证作物正常生长发育。尽管高粱抗旱能力较强，但水分仍是限制其产量提高的主要因素之一。

一、需水量

高粱一生要消耗大量的水分。锦州市水利局测定晋杂5号产量在4 672.5 kg/hm^{2}以上时，耗水量为3 375 m^3/hm^2；当产量为8 715 kg/hm^{2}时，则需水4 260 m^3/hm^2。嫩江地区农科所测定，早熟杂交种齐杂3号全生育期耗水量为2 565～3 135 m^3/hm^2。辽宁省水利水电科学研究院测定结果表明（表3-1），高粱全生育期耗水量为3 414 m^3/hm^2。显然，由于测定年份、品种和方法等不同，高粱耗水量也不尽相同。以辽宁省水利水电科学研究院测定结果为例分析高粱需水量，可以看出，苗期生长缓慢，需水较少；拔节到抽穗期，进入营养生长和生殖生长并进期，生长旺盛，加之气温升高，叶面积和株间蒸发加大，因而对水分需求较迫切，该阶段耗水量占全生育期总耗水量的32.4%，日耗水强度最大，达到36.2 m^3/hm^2，是高粱需水关键期。此期干旱，不仅营养生长不良，而且严重影响结实器官的分化形成，造成穗小粒少。相关研究表明，该阶段拔节到孕穗期需水量约占总需水量的50%，需要有200～300 mm的降雨量，此期水分不足，影响穗分化，形成“胎里旱”；孕穗到抽穗开花期需水量约占总需水量的15%，此期如土壤含水量低于15%，高粱穗迟迟抽不出来，形成“掐脖旱”；抽穗到成熟期亦需较多水分，占总耗水量的42.3%。此期水分缺乏，灌浆不足，粒重降低。其中开花到灌浆期需水量约占总需水量的20%，灌浆期以后需水量约占总需水量的5%。但开花期降雨过多也会影响高粱产量。

表3-1　高粱各生育阶段需水量

生育阶段	天数（d）	耗水量（m^3/hm^2）	占总耗水量（%）	日耗水强度[m^3/（d·hm^2）]
播种—拔节	68.5	864.0	25.3	12.9
拔节—抽穗	30.5	1 105.5	32.4	36.2
抽穗—成熟	50.0	1 444.5	42.3	29.0
全生育期	149.0	3 414.0	100.0	23.0

二、抗旱性

抗旱性是指作物对土壤水分亏缺和大气湿度下降所造成伤害的抵抗能力，实际上发生大气干旱和土壤干旱时，往往伴随高温酷热。高粱具有相当程度的抗旱和抗炎热的能力。只要根际的有效水分不低于田间持水量的30%，高粱的水分吸收就足以防止低叶水势的发生。高粱蒸腾系数为250～300，比水稻（400～800）、小麦（270～600）和玉米（250～400）均小，高粱凋萎系数为5.9，比玉米（6.5）和小麦（6.3）小。由于这种特殊的抗旱性，高粱可在玉米或大豆不能忍耐的干旱条件下获得一定数量的产量，尽管如此，干旱对高粱的生长发育和产量仍有相当大的影响。

轻度干旱可导致生长速率减缓，严重干旱则造成生长发育停滞甚至枯萎死亡。通过对拔节前高粱采取不同干旱处理天数，每4 d为一处理单位。研究结果表明，经4 d和8 d干旱处理的植株比对照长得快，而12 d干旱处理植株的生长为先慢后快，这3种处理的植株最终高度均比对照高；经16～32 d干旱处理的植株，处理期间生长停止，重新灌水后生长缓慢，并低于对照。随着干旱处理天数的增加，叶片数相应减少。植株鲜重在20 d干旱处理之前高于对照，而在24 d干旱处理之后均低于对照；4 d或12 d干旱处理植株的根总数多于对照，随干旱处理天数的增加，根数亦相应减少（表3-2）。拔节孕穗期干旱使株高、穗长、穗柄长分别比对照（未受干旱处理）减少25.6%、30.0%和54.4%（表3-3）。

表3-2 拔节前干旱处理对高粱生长及籽粒产量的影响

项目	对照	干旱处理（d）								
		4	8	12	16	20	24	28	32	36
株高（cm）	118.3	128.9	127.5	129.7	126.8	126.7	122.3	125.9	124.3	107.1
叶片数	17.7	17.5	17.0	16.0	16.8	16.8	17.0	17.0	16.6	16.4
植株鲜重（g）	129.9	155.1	180.0	153.8	141.8	143.4	104.6	162.3	72.0	46.6
穗鲜重（g）	23.1	27.2	30.4	27.8	27.6	28.0	27.7	26.2	19.2	12.2
穗长（cm）	24.8	23.8	24.9	25.1	25.4	24.0	22.5	25.0	19.9	18.7
穗柄长（cm）	42.2	48.3	51.3	51.5	50.9	49.6	51.1	50.6	50.5	50.2
穗干重（g）	16.9	19.9	20.9	20.8	20.3	19.0	19.8	17.8	12.0	7.1
每穗粒数（粒）	354.8	420.9	451.0	490.0	507.0	452.3	614.0	525.5	368.0	296.4
每穗籽粒干重（g）	13.8	16.8	17.0	17.4	17.1	15.9	16.9	14.9	9.8	5.3
千粒重（g）	38.9	40.0	37.7	35.6	33.6	35.1	27.6	28.3	26.5	17.9

注：对照为不进行干旱处理；植株鲜重不包括根系重量。

表3-3　拔节孕穗期干旱处理对高粱农艺性状和产量的影响

处理	株高（cm）	穗长（cm）	穗柄长（cm）	出苗至抽穗天数（d）	单穗粒数（粒）	千粒重（g）
对照	117	28.6	23.4	76	1 025	24.2
干旱	87	20.0	10.7	82	593	19.9

单位面积的穗粒数对产量有重要影响，而粒数的多少在很大程度上是穗分化开始到开花期间决定的，故此期间是高粱对干旱反应的临界期。此时高粱生长速率最大，叶面积扩展与根系生长及穗分化存在竞争。干旱会导致各部位生长缓慢，但程度不尽相同。一般情况下，穗粒数对水分亏缺的反应最敏感，每克干物重的粒数表现出的降低明显大于单位叶面积总干重的降低，表明分化过程比干物质积累过程对干旱胁迫更敏感（表3-4）。开花及灌浆期发生干旱会使高粱花粉粒和柱头寿命缩短，受粉和受精不良，结实率下降；干旱还使籽粒灌浆速度减慢，甚至停滞，导致千粒重显著下降。

表3-4　杂交高粱对花前干旱处理的相对敏感性

项目	灌水	干旱	灌水	干旱	灌水	干旱
花期总干重（g/株）	57	38	45	44	51	39
花期叶面积（cm^2/株）	24	19	19	19	26	20
每穗粒数	1 427	801	1 122	585	1 601	1 574
总干重/叶面积/（g/cm^2）	2.5	2.1	2.4	2.3	2.0	1.9
粒数/叶面积（粒/ cm^2）	62	47	60	33	65	79
粒数/干重（粒/g）	25	22	27	15	32	42

第二节　高粱节水种植技术

一、抗旱播种保苗技术

1. 适时抢墒早播

凡5 cm地温稳定通过10 ℃时，即可趁春雨或秋墒情较好的地块立即开犁抢播实行早播，加快播种速度，抢墒播种，以充分利用适宜播种深度土层的原有墒情，多年试验及经验得出：充分利用好墒情，出苗率可达85%左右。

2. 接、提墒播种法

当干土层不超过6 cm厚，底墒较好时，可通过播前镇压使原垄或无垄地的干土层土壤紧密接触，接通毛细管的办法，将底墒提起。春雨接墒及早播种，是抢墒播种，一次保全苗的重要措施。一般镇压1～2遍，5 cm土层含水量可提高2%～3%，镇压后即应马上播种。播后还须加强镇压保墒。

3. 坐水播种法

土壤特殊干旱时，可采用播前坐水播种方法，把种子点在湿土里，播后覆土适时镇压，在抗旱播种方法中保苗是最好的，保苗率可达95%以上。

二、节水灌溉种植技术

（一）膜下滴灌节水种植

滴灌是近几年来迅速发展起来的一种节水、高效灌溉技术。滴灌是将有一定压力的灌溉水通过管道和管道滴头一滴一滴地滴入植物根部附近土壤的一种灌水方法。滴灌系统由水源工程、首部枢纽（包括水泵、动力机、过滤器、肥液注入装置、测量控制仪表等）、各级输配水管道和滴水器等四部分组成。动力及加压设备包括水泵、电动机或柴油机及其他动力机械，除自压系统外，这些设备是滴灌系统的动力和流量源。膜下滴灌是将覆膜与滴灌相结合的一种新型局部、高频节水灌溉技术，可定量供给作物水分、养分，明显提高作物水肥利用效率，促进作物增产。近年来，东北地区启动的国家“节水增粮”行动和辽宁省实施的“千万亩”滴灌工程，极大促进了区域节水农业的发展，提高了作物产量。

1. 精细整地

秋季深松耕，深度以25～30 cm为宜，之后进行旋耕灭茬，做到无坷垃和残茬，田面平整，耕层疏松绵软、上虚下实。

2. 因地制宜选用良种

选用经国家、省级审（鉴）定推广的、适宜当地生态条件的高产、优质、抗逆性强的高粱品种，且适于机械化作业的中矮秆品种，主要品种有辽杂18、辽杂19、辽杂35、晋杂34等。种子要用籽粒饱满，色泽均匀，发芽势强，发芽率不低于95% 的高粱种子。

3. 播种技术

播前放在阳光下晾晒2 d，然后发芽试验。当5～10 cm 土层平均温度稳定通过10 ℃以上，土壤含水量达到田间持水量60%～70% 时，即可播种。种肥每亩施磷酸二铵20 kg，采用大垄双行模式，大行距60 cm，小行距40 cm，使用专用播种机，播种、施肥、覆膜、毛管铺设、喷施灭草剂一次完成。要严格注意播种质量，播种机后要跟人检查，防止肥量不均、下种不匀、覆土厚度不一、毛管铺设不整齐等现象的发生。播种后及时铺设主管路，连接支管和毛管，用滴灌设施浇第一遍水，注意水要浇足，每30 亩地开1个阀门，滴灌12 h左右，以利于保全苗。

4. 水肥一体化技术

苗期结合灌水，进行水肥一体化施肥，冲施硫酸锌2 kg/亩，尿素4.0~5.5 kg/亩；拔节期，冲施尿素12.5~15.0 kg/亩；在开花至成熟期冲施尿素1.5~4.5 kg/亩。

（二）交替隔沟灌溉节水种植

康绍忠等根据作物光合作用、蒸腾失水与叶片气孔开度的关系以及根系对作物水分利用效率的生理功能，提出了一种全新的农田节水调控新思路——控制性分根交替灌溉（CRAI）。其基本思想是：在土壤垂直剖面或水平面的某个区域保持干燥，而另一部分区域灌水湿润，交替控制部分根系干燥，部分根系湿润，以利于作物部分根系处于水分胁迫时产生的根源信号脱落酸（ABA），供给地上部叶片，以调节气孔保持最适开度，达到以不牺牲作物光合产物积累而大量减少其奢侈的蒸腾耗水而节水的目的。同时通过不同区域根系的交替干湿锻炼，而提高根系吸收功能，增加其对水分和养分的利用率，同时还可减少每次灌水间隙期间棵间土壤湿润面积，减少棵间蒸发。

山西省农业科学院高粱研究所曹昌林等对高粱的灌溉进行了在不同灌水量下采用交替隔沟灌溉法与传统方式漫灌的比较研究。结果表明，采用交替隔沟灌溉在灌水量达到75 mm时，气孔导度、蒸腾速率、净光合速率等光合指标同灌水量为135 mm的漫灌相比，差异不显著，产量相当。交替隔沟灌溉可提高水分利用效率11.94%，减少棵间蒸发量32.49%，灌溉水节水率可达44.44%，在满足植株蒸腾需求的条件下，具有显著的节水效应。对高粱采用交替隔沟灌溉的方式，在产量相当的情况下，具有显著的节水效应。

表3-5　不同灌溉方式下高粱光合特性

处理	净光合速率[μmol/(m^2·s)]	蒸腾速率[mmol/(m^2·s)]	气孔导度[mmol/(m^2·s)]	胞间CO_2浓度(mg/kg)
沟灌（22.5mm）	29.96c	3.29c	162.58c	90.3c
沟灌（30.0 mm）	33.17b	3.88b	178.56b	98.4b
沟灌（37.5 mm）	35.98ab	4.06ab	192.17ab	104.72ab
漫灌（CK，37.5 mm）	37.61a	4.24a	206.8a	109.63a

注：a、b、c分别代表不同灌溉处理同一光合指标在5%水平差异显著，下表同。

从表3-5可知，沟灌22.5 处理（22.5 表示灌水量的 mm数，下同）与CK相比，4 项指标均有很大的差异，且达5%显著水平。当灌水量增加30 mm 时，与CK 相比，气孔导度降低13.66%。蒸腾速率降低8.49%，净光合速率降低11.8%，胞间CO_2浓度降低10.2%，仍有明显的差异。随着灌水量的增加，光合指标与CK相比差距逐渐减小，当灌水量增加到37.5 mm时，其光合指标值与CK相比，差异并不显著。说明采用沟灌方式灌溉，灌水量不足会严重影响植株的生长发育，但随着灌水量的增加，这种不利的影响明显减小。而采用漫灌灌溉，灌水量比沟灌高出50%以上，但光合指标值并未增大，表明漫灌比沟灌多余的水量，植物并没有利用。

不同灌水处理对高粱产量构成如表3-6 所示。从表3-6中可以看出，沟灌22.5 × 2（22.5 × 2 表示2 次灌水量均为22.5 mm，其余同）处理除有效穗数和经济系数外，其余各项均有明显的差异。决定有效穗数的差异性，取决于土壤水分，底墒水充足，所以有效株数差异不大。而株高、穗长、千粒重、产量都具有显著差异，这都与水分不足有关。随着灌水量的增加，产量及产量性状与CK的差异逐渐减小，直到灌水量增加到37.5mm × 2 mm 时与CK 相比，无显著差异。说明采用沟灌进行灌溉，其灌水量必须达到75 mm及其以上，否则，将有碍于植株的生长发育，从而限制了产量的提高。而采用漫灌进行灌溉，尽管其灌水量超过沟灌水量的50%，但其产量差异不显著。

表3-6 不同灌水处理高粱产量构成

处理	处理	处理	处理	穗粒重（g）	穗粒重（g）	穗粒重（g）	穗粒重（g）
沟灌22.5 × 2	沟灌22.5 × 2	沟灌22.5 × 2	沟22.5 × 2	65.2 ± 0.9c	65.2 ± 0.9c	65.2 ± 0.9c	65.2 ± 0.9c
沟灌30 × 2	沟灌30 × 2	沟灌30 × 2	沟灌30 × 2	79.5 ± 0.8b	79.5 ± 0.8b	79.5 ± 0.8b	79.5 ± 0.8b
沟灌37.5 × 2	沟灌37.5 × 2	沟灌37.5 × 2	沟灌37.5 × 2	91.4 ± 0.8ab	91.4 ± 0.8ab	91.4 ± 0.8ab	91.4 ± 0.8ab
漫灌67.5 × 2	漫灌67.5 × 2	漫灌67.5 × 2	漫灌67.5 × 2	106 ± 3.4a	106 ± 3.4a	106 ± 3.4a	106 ± 3.4a

由表3-7可知，沟灌22.5 × 2 处理水分生产效率为25.96 kg/(hm^2 · mm)，比CK降低12.45%。随着灌水量的增加，水分利用率由25.96 kg/(hm^2 · mm)增长到33.19 kg/(hm^2 · mm)，到灌水量为37.5 × 2 mm时，水分生产效率比CK提高11.94%。分析认为，沟灌22.5 × 2 处理水分生产效率低的原因是：灌水量不足，无法满足植株蒸腾需求，限制了其生长发育，从而不利于产量的提高；对于沟灌30 × 2 处理而言，尽管其水分生产效率已与CK持平，但其产量仍显著低于CK。

表3-7　不同灌溉处理水分消耗

处理	降雨量（mm）	灌水量（mm）	土壤吸水（mm）	水分生产效率[kg/(hm^2・mm)]
沟灌22.5×2	276.78	45	10.81c	25.96c
沟灌30×2	276.78	60	16.15b	29.79b
沟灌37.5×2	276.78	75	22.26a	33.13a

沟灌溉法适用于能够浇水的各类型种植区，尤其是具有集雨设施的旱坡地。但采用该灌溉法可能会出现由于灌水量不足而影响植株生长发育，从而限制了产量提高的缺点。在当今，由于平作种植的习惯（东北除外），沟灌需增加开沟一道工序，增加了成本。但随着机械化栽培的发展，机械化中耕在除草、喷药的同时，也完成了垄间开沟，那么，交替隔沟灌溉方式的运用就会指日可待。

（三）全膜双垄沟灌节水栽培技术

全膜双垄沟播技术在高粱上应用主要有以下优点：一是集雨保墒。由于采用全膜覆盖，两膜带之间不留空隙，最大限度地减少了土壤蒸发，起垄后形成的坡面可聚集自然降水，尤其是对早春5～10 mm的微效甚至无效降水起到聚集、叠加、引流作用，使其通过沟内的渗水孔被作物吸收利用，大大提高了水分利用率；地表起垄覆膜后沟内灌水，减少了过水面积从而减少了无效蒸发，地表覆膜减少了无效渗漏，覆膜及垄沟的导流加快了过水速度，从而减少了灌水量，提高了灌溉水的利用率；防止土壤板结、提高肥料利用率。该技术在秋季前茬作物收获后整地、施基肥、选择玉米生产上应用的全膜双垄起垄覆膜一体机进行起垄覆膜，要求按高粱种植走向开沟起垄，大垄宽70～80 cm，小垄宽40 cm，垄高12～15 cm，垄和沟要宽窄均匀，垄脊高低一致；起垄要直，膜面松紧适度，紧贴地面，沟内机械压土适量、均匀。覆膜1周左右，待地膜与地面贴紧时，在沟内每隔50 cm打一直径3 mm的渗水孔，以便降水渗入。

第三节　高粱高产栽培技术

一、选地与整地

宜选择具有水浇条件的壤土、沙质壤土或黏质壤土，土壤有机质含量在1.0%以上，pH 6.5～8.0。前茬以豆类作物为最佳，玉米、马铃薯作物等次之。

前作收获后宜及早灭茬，同时进行秋深翻或秋深松，深度以20～30 cm为宜，耕后立即耙耢，翻地同时结合施优质腐熟农家肥2000 kg/亩。春季宜搞顶浆耙地，实行耙、耢、压结合。

二、播种

1. 种子质量

种子质量应符合杂交种子纯度不低于93%，发芽率不低于80%，净度不低于98%。

2. 种子处理

播种前采用3.5～4.0 mm孔径的筛子进行选种。将大粒饱满的种子选出后，在晴朗、阳光充足的天气晒种，种子层厚度3～5 cm，每天翻动2～3次，晾晒3～4 d。播种前用2%立克秀可湿性粉剂2 g兑水1 000 mL，拌种10 kg，风干后播种。

3. 播种期及播种方法

一般将5～10 cm土层平均温度稳定通过10～12℃以上时作为适期播种土温指标，具体时间在5月上旬至中旬播种。播种方法一般采用垄沟条播，行距50～60 cm，播种方式分为人工和机播两种。土壤肥力高的地块，可采用宽窄行种植方式，大行70 cm，小行40 cm，并适当增加种植密度。有条件的地区也可采用大垄双行、双株紧靠、地膜覆盖栽培，增产效果明显。

4. 播种量及播种深度

手工播种时，播量以1.5 kg/亩左右为宜；精量播种时，播量以0.75 kg/亩左右为宜。播种深度以3～4 cm为宜，覆土厚薄一致，覆土后及时镇压1～2次。

5. 种肥及播种密度

种肥施用磷酸二铵10～15 kg/亩，硫酸钾5～10 kg/亩，种肥与种子分沟条施，保持3～5 cm的距离。播种密度，粒用高粱种植密度为6 500～8 000株/亩。早熟、矮秆、株形紧凑品种宜密，土壤肥力高时宜密，播期晚时宜密。

三、田间管理

1. 适时补苗、间定苗及去分蘖

在三叶期前后进行查田。如缺苗断垄严重时，可在间苗时带土移栽同品种的幼苗。移栽的高粱苗以4～5叶期成活率高。在幼苗3～4片叶时进行间苗，5～6片叶时定苗。高粱分蘖力较强，宜结合定苗去除分蘖。田间如果缺苗，也可留部分分蘖。

2. 中耕除草及灌溉

中耕要2铲2蹚，铲净杂草，时间分别在幼苗期和拔节期进行。拔节期可结合追肥实行深蹚培土。播种后用40%莠去津悬浮剂150～200 g/亩与72%金都尔乳油90～100 g/亩混合，兑水30 kg，于播后苗前进行土壤表面喷雾，防止杂草滋生。高粱孕穗期至乳熟期如遇干旱应及时灌溉。

四、施肥技术

高粱施肥应做到施足基肥，用好种肥，适时追肥。施用基肥对促进高粱早熟，提高单位面积产量的作用特别显著，因此结合秋整地应施足优质腐熟的农家肥。采用平衡施肥技术合理确定种肥和追肥的用量，同时实施追肥深施，可以有效防止氮素挥发，提高氮肥利用率。辽宁西部地区一般施用磷酸二铵10 ~ 15 kg/亩，硫酸钾5 ~ 10 kg/亩，种肥与种子分沟条施，保持3 ~ 5 cm的距离。

五、收获

1. 收获期

在完熟期收获，即高粱蜡熟期后，当籽粒变硬呈固有粒形和粒色时，要及时收获。

2. 晾晒脱粒

收获后及时晾晒，脱粒后进行清选。收获及晾晒脱粒过程中，所用工具要清洁、卫生、无污染。

六、高粱病虫害防治

（一）主要病害及防治方法

黑穗病

【防治方法】

（1）农业防治。选用抗病品种，轮作倒茬，适期播种，一般在5 cm耕层地温稳定通过15 ℃以上时播种相对安全。后期田间发现病株应及时拔除，并立即带出田外深埋。

（2）化学防治。用25%三唑酮可湿性粉剂干拌种子，用药量为种子重量的0.12% ~ 0.15%；用12.5%烯唑醇可湿性粉剂拌种，用药量为种子重量的0.12% ~ 0.16%；用2%戊唑醇可湿性粉剂2 g兑水1 000 mL，拌种10 kg，风干后播种；用12.5%腈菌唑乳油100 mL加水8 000 mL拌种100 kg，稍加风干后即可播种。

（二）主要虫害及防治方法

1. 黏虫

【防治方法】

（1）农业防治。在田间插各种草把（谷草把、玉米干叶把）诱蛾产卵，将卵集中消灭。

（2）化学防治。用20%灭幼脲1号悬浮剂10 g/亩，兑水喷雾，或用25%灭幼脲3号悬浮剂25～30 g/亩，兑水喷雾，或用2.5%溴氰菊酯（敌杀死）乳油25 mL兑细沙1.5 kg制成颗粒剂，用量1.5 kg/亩，均匀撒施于植株新叶喇叭口中。

2. 高粱蚜

【防治方法】将40%乐果乳油稀释成100倍液进行涂茎（1～2节），逐株涂抹；用40%乐果乳油50 mL，兑等量水拌匀后，再加入10～15 kg细沙，制成毒沙扬撒在高粱株上；用20%氰戊菊酯2 000～3 000倍液喷雾。

3. 螟虫

【防治方法】

（1）生物防治。白僵菌治螟：越冬幼虫开始复苏化蛹前，对残存的高粱、玉米等秸秆，用孢子含量80亿～100亿个/g的白僵菌粉100 g/m^3，喷粉或分层撒布菌土进行封垛；释放赤眼蜂治螟：玉米螟田间百株卵块1～2块时第一次放蜂，然后隔5～7 d再放第二次蜂。每亩两次共放蜂1万～2万头，每亩每次放蜂2点，将蜂卡别在高粱中部叶片背面。

（2）物理防治。选用高压诱虫汞灯进行诱杀成虫，设灯时期为6月末至7月末，灯设在较开阔场所，灯距100～150 m，灯下建一直径1.2 m、深12 cm的圆形捕虫水池，水中加50 g洗衣粉。

（3）化学防治。在高粱心叶末期（大喇叭口期），用3%呋喃丹颗粒剂进行心叶投放，用量200 g/亩，5～6粒/株。

七、高粱主要栽培品种

作物品种资源是具备生物学和经济学双重意义的重要生产资料。对于人类的农业生产活动而言，它们不仅同光热水土等土地资源一样不可代替，更具有随人类意志和需求而被利用、被改良和不断提高的众多特性，具有可能丢失而难以再生的遗传基因，因而也是具有经济效应和值得珍惜的宝贵资源。

干旱半干旱地区占全球陆地面积的36%左右，干旱缺水成为这些地区农业发展的主要限制因素，而那些降雨量充沛的湿润地区也因降雨不均而存在季节性干旱，防旱抗旱也就成为全球大部分农业区面对的永恒主题之一。而选用耐旱作物和耐旱品种，同时配以相应的节水栽培技术是最经济实惠而行之有效的节水农业措施，是节水种植的前提和重要环节。中国各省市自治区育种者一直将抗（耐）旱、高产、优质品种的选育作为一项重要工作。

（一）适宜辽西地区种植的部分品种

1. 辽杂18号

【品种来源】 辽杂18号由国家高粱改良中心(沈阳)以自选不育系038A 为母本，自选恢复系2381 为父本组配而成。2004 年通过国家高粱品种鉴定委员会鉴定。

【特征特性】 苗期绿色，紫黑壳，红粒。中紧穗，纺锤形，株高189 cm，穗长29 cm，穗粒重86 g，千粒重28.6 g。生育期126 d左右，属晚熟种，抗叶病，活秆成熟；抗旱性极强，在西北干旱地区表现尤为突出；抗涝、抗倒伏；对丝黑穗病免疫(国家高粱改良中心连续2年用丝黑穗病菌3号生理小种接种，发病率均为0)。2003年经农业部农产品质量监督检验测试中心(沈阳)分析，该品种粗蛋白含量11.18%，总淀粉含量72.03%，赖氨酸含量0.22%，单宁含量1.13%，是非常适宜用作酿酒的高粱新杂交种。

【产量表现】 该杂交种产量潜力大，稳产性高，适应性广，2001—2002年2年区试平均产量8 479.5 kg/hm^2，在所有7个完成2年区域试验品种中排第1位。

【栽培要点】 适宜播期为4月底到5月初，施农家肥45 000 kg/hm^{2}左右作底肥、磷酸二铵150 kg/hm^{2}作种肥，适当施用钾肥，300 ~ 375 kg/hm^{2}尿素作追肥。密度以97 500 ~ 105 000株/hm^{2}为宜。播种时用毒谷防治地下害虫，及时防治黏虫、蚜虫和螟虫。

【适宜范围】 辽宁省沈阳以南、河北、山西、陕西、甘肃南部等地区种植。河南、湖北、湖南、新疆、宁夏等地区可引种试种。

2. 辽杂19号

【品种来源】 辽杂19号高粱是辽宁省农业科学院作物研究所组配而成，2005年通过辽宁省农作物品种审定委员会审定。

【特征特性】 该品种生育期119 ~ 124 d，属晚熟品种，株高176.3 cm，穗长33 cm，中紧穗，长纺锤形，紫红壳，红粒，籽粒含粗蛋白质9.7%，总淀粉73.81%，赖氨酸0.20%，单宁1.27%。高抗丝黑穗病，抗叶病，抗蚜虫，抗倒伏。

【产量表现】 2001—2002年2年参加省区域试验，平均亩产534.5 kg，比对照锦杂93号增产8.5%。2002年参加省生产试验，平均亩产548.1 kg，比对照锦杂93号增产6.4%。

【栽培要点】 适合在中上等肥力和水肥条件较好的土壤种植，种植密度6 500株/亩，亩施二铵15 kg作种肥，尿素25 kg作追肥。

3. 辽杂23号

【品种来源】 辽杂23 号是辽宁省农业科学院作物研究所以自选不育系P02A

为母本，以自选恢复系415为父本杂交组配而成的高粱杂交种。

【特征特性】 该杂交种出苗至成熟125 d左右，属晚熟种，比晋杂12早3 d，比锦杂93号晚3 d，比辽杂10早2 d。抗叶病，活秆成熟；抗旱、抗涝、抗倒伏；对丝黑穗病中抗(国家高粱改良中心连续2年用丝黑穗病3号生理小种接种，平均发病率为16.4%)。株高175～180 cm，穗长30～32 cm，穗粒重88～100 g，千粒重28 g。该品种粗蛋白含量9.60%，总淀粉含量73.99%，赖氨酸含量0.25%，单宁含量0.02%。该品种总淀粉含量高、单宁含量较高，是优质的酿造型高粱杂交种。

【产量表现】 一般产量8 250～9 000 kg/hm^2，最高产量可达10 827 kg/hm^2。

【栽培要点】 密度以105 000株/hm^2为宜。

【适宜范围】 辽宁的西北地区、河北、山西、陕西、甘肃、宁夏、河南、湖北、湖南等地区种植。

4. 辽杂30号

【品种来源】 辽杂30号是辽宁省农业科学院高粱研究所于2004年以自选不育系373A和自选恢复系600组配而成的高粱杂交种。2007—2008年连续2年参加辽宁省区域试验，2008年参加省生产试验，2009年通过辽宁省农作物品种审定委员会审定。

【特征特性】 辽宁省春播生育期124 d左右，属中晚熟品种。经2007—2008年人工接种鉴定，抗丝黑穗病，感病率6.2%(6.0%～6.5%)。抗倒伏(倒伏率为0)、抗蚜虫、较抗螟虫、抗叶病，活秆成熟。株高178.4 cm，穗长36.7 cm，壳褐色，子粒白色，穗粒重100.3 g，千粒重31.4 g，籽粒整齐度好。角质率75%，出米率85%。籽粒粗蛋白含量10.22%、总淀粉含量78.47%、赖氨酸含量0.30%、单宁含量0.02%，是优质的食用高粱杂交种。

【产量表现】 2007—2008年连续2年参加辽宁省高粱区域试验。2年全省平均产量为8 490.0 kg/hm^2，比对照辽杂11号增产4.4%。

【栽培要点】 该杂交种属于矮秆耐密品种，中等肥力土地适宜种植密度为11.25万株/hm^2左右。

【适宜范围】 在辽宁省沈阳、铁岭、锦州、彰武、朝阳、海城、葫芦岛等地区种植。

5. 辽杂35号

【品种来源】 2012年通过辽宁省审定。辽宁省农业科学院高粱研究所2006年以不育系01-26A为母本、恢复系3550为父本组配而成的高粱新品种。

【特征特性】 辽宁省首个适于机械化作业高粱品种。在辽宁春播生育期125 d左右，比对照辽杂5号晚1 d，属中早熟品种。株高125 cm；叶片上冲，耐密植，抗倒伏；红粒，籽粒淀粉含量高达77.17%；高抗丝黑穗病、抗蚜虫、抗叶病。籽粒含粗蛋白10.42%、粗淀粉 77.17%、单宁1.7%、赖氨酸0.23%。经人工接种鉴定，高抗丝黑穗病，感病率0.3%。不仅可以春播，还是优良的复种作物。在辽宁省葫芦岛作为马铃薯下茬，在河北省、山东省作为小麦下茬种植，均表现优异。

【产量表现】 2010—2011年连续2年参加辽宁省高粱区域试验，平均亩产490.4 kg。

【栽培要点】 播种密度为8 000株/亩左右。

【适宜范围】 包括辽宁沈阳、锦州、葫芦岛、铁岭、朝阳、阜新春播以及夏播。

6. 辽杂38号

【品种来源】 辽宁省农业科学院高粱研究所2007年以不育系026A为母本、恢复系221R为父本组配而成的高粱新品种。

【特征特性】 在辽宁春播生育期122 d左右，比对照辽杂11号早2 d，属中晚熟品种。株高192.2 cm，穗粒重76.7 g，千粒重28.1 g，籽粒含粗蛋白9%、总淀粉74.90%、赖氨酸0.21%、单宁1.02%。经人工接种鉴定，高抗丝黑穗病，感病率1.2%。抗倒伏、抗蚜虫、较抗螟虫、抗叶病。

【产量表现】 2010—2011年连续2年参加辽宁省高粱区域试验平均亩产528.5 kg，比对照辽杂11号增产6.1%。

【栽培要点】 每亩适宜密度7 000 ~ 7 500株。

【适宜范围】 辽宁沈阳、铁岭、朝阳、阜新、锦州、海城等地区种植。

7. 辽杂39号

【品种来源】 辽宁省农业科学院高粱研究所2005年以F A-11(L A-15)为母本、恢复系R(141)为父本组配而成的高粱新品种，父母本均为自选。

【特征特性】 在辽宁省春播生育期124 d左右，属中晚熟品种。株高201 cm，穗长30 cm，穗粒重79.8 g，千粒重29.2 g，籽粒含粗蛋白8.06%、总淀粉78.88%、赖氨酸0.24%、单宁0.14%。高抗丝黑穗病，经人工接种鉴定，发病率2%，抗倒伏、抗蚜虫、较抗螟虫、抗叶病。

【产量表现】 2010—2011年参加辽宁省高粱中晚熟组区域试验，15点次增产，2点次减产，平均亩产545.3 kg。

【栽培要点】 每亩保苗7 000株。

【适宜范围】 辽宁朝阳、锦州、铁岭、阜新、海城、葫芦岛、沈阳等地区种植。

8. 辽杂40号

【品种来源】 辽宁省农业科学院高粱研究所2007年以不育系085A为母本、恢复系311为父本组配而成的高粱新品种。

【特征特性】 在辽宁春播生育期127 d左右，属中早熟品种。株高180.3 cm，穗粒重72.7 g，千粒重28.7 g。籽粒含粗蛋白9.3%、总淀粉74.16%、赖氨酸0.21%、单宁1.6%。经人工接种鉴定，高抗丝黑穗病，感病率3.8%。抗倒伏、抗蚜虫、较抗螟虫、抗叶病。

【产量表现】 2010—2011年连续2年参加辽宁省高粱区域试验，2年平均亩产514.6 kg，比对照辽杂5号增产10.3%。

【栽培要点】 每亩适宜密度为7 500 ~ 8 000株。

【适宜范围】 辽宁铁岭、朝阳、锦州、葫芦岛、海城和彰武地区种植。

9. 本梁8号

【品种来源】 沈阳老本种业有限公司于2007年以P05A为母本、105R为父本组配而成的高粱新品种。

【特征特性】 在辽宁春播生育期127 d左右，与对照辽杂5号熟期相近，属中早熟品种。籽粒含粗蛋白10.46%、粗淀粉74.52%、赖氨酸0.2%、单宁1.62%。经人工接种鉴定，丝黑穗病免疫，发病率0。抗倒性较强、抗叶病、较抗蚜虫、较抗螟虫、抗旱性强、抗涝性一般。

【产量表现】 2010—2011年参加辽宁省高粱中早熟组区域试验，2年平均亩产504.7 kg。

【栽培要点】 每亩适宜密度为8 500株。

【适宜范围】 辽宁铁岭、沈阳、锦州、葫芦岛、阜新、朝阳、海城等地区种植。

10. 铁杂18号

【品种来源】 铁岭市农业科学院2007年以T L214A为母本、T548为父本组配而成的高粱新品种。

【特征特性】 在辽宁春播生育期126 d左右，比对照辽杂11号晚2 d，属中晚熟品种。株高221.7 cm，穗粒重83.8 g，千粒重31.2 g。籽粒含粗蛋白9.52%、总淀粉77.95%、赖氨酸0.26%、单宁0.06%。经人工接种鉴定，对丝黑穗病免疫，抗倒伏，抗蚜虫、螟虫等。

【产量表现】 2010—2011年连续2年参加辽宁省高粱中晚熟组区域试验，2年平均亩产548.1 kg，比对照辽杂11号增产10.0%。

【栽培要点】 每亩适宜密度为7 000株。

【适宜范围】 辽宁省葫芦岛、锦州、朝阳、阜新、沈阳、铁岭等地区种植。

11. 吉杂136

【品种来源】 吉杂136于2009年由吉林省农业科学院作物资源研究所选育而成，母本、父本分别为自选不育系吉2055A、外引恢复系09-1152，2014 年通过吉林省农作物品种审定委员会审定。

【特征特性】 吉杂136为高产、优质、抗性强、适应性广的矮秆、早熟高粱新品种。出苗至成熟期为119 d左右，需≥10℃积温2 500℃左右。穗长24.3 cm，紧穗，单穗粒重84.9 g，褐红壳，着壳率3.3%，千粒重29.4 g。籽粒含粗蛋白8.36%、粗脂肪3.31%、粗淀粉74.85%、单宁1.37%。对叶斑病表现为高抗，对蚜虫、倒伏性表现为抗，综合表现佳，抗性好，适应性广。

【产量表现】 2012—2013年区域试验平均产量9 489.7 kg/hm^2，平均比对照品种增产6.2%。

【栽培要点】 密度为12万～15万株/hm^2。

【适宜范围】 吉林省的松原、白城和长春的部分区域，黑龙江省第Ⅰ、Ⅱ积温带，内蒙古的赤峰、通辽、兴安盟及河套地区等地推广种植。

12. 晋杂33号

【品种来源】 晋杂33号是山西省农业科学院高粱研究所以自选不育系SX605A为母本、外引恢复系南133为父本杂交选育而成的、适宜机械化栽培的高粱杂交种，于2013年3月通过山西省农作物品种审定委员会审定。

【特征特性】 晋杂33号生育期129 d，分蘖力好，株高157 cm，穗长32 cm，叶脉白色，穗纺锤形，穗形中紧，红壳红粒，颖壳卵圆形，籽粒扁圆，粒质粉质，穗粒质量89.6 g，千粒质量29.6 g。抗旱性、耐瘠薄性较强，高抗高粱丝黑穗病。粗蛋白含量9.30%，粗脂肪含量3.47%，粗淀粉含量70.73%，单宁含量1.46%。

【产量表现】 晋杂33号2011—2012年平均单产9 486.9 kg/hm^2，比对照增产9.8%。

【适宜范围】 晋杂33号适宜山西省春播中晚熟区种植，在吉林省白城、内蒙古赤峰等示范种植也表现出广泛的适应性和较大的增产潜力。

13. 晋杂34号

【品种来源】 晋杂34号是以山西省农业科学院高粱研究所自选不育系SX605A 为母本，以自选恢复系SX861为父本杂交选育而成。

【特征特性】 晋杂34号次生根发达，生育期131.2 d，株高135.4 cm，穗长32.2 cm，穗宽13 cm。穗呈纺锤形，穗形中紧，穗子较小，红壳红粒，籽粒扁圆，穗粒质量90.5 g，千粒质量28.3 g。抗旱、抗倒伏性好，高抗丝黑穗病，抗逆性强，适应性强，适宜机械化栽培种植。2010年经山西省农业科学院高粱研究所进行抗丝黑穗病鉴定，丝黑穗病自然发病率为0，接种发病率为1.8%。含粗蛋白8.08%、粗脂肪3.37%、粗淀粉73.12%、单宁1.40%。

【产量表现】2011—2012年参加山西省高粱机械化栽培组区域试验，平均单产617.3 kg/亩，比对照增产7.1%。

【栽培要点】留苗密度为12 000株/亩。

【适宜范围】山西省忻州以南春播中晚熟区、吉林省白城、内蒙古赤峰等地区均可种植。

14. 锦杂106号

【品种来源】锦州农科院以不育系081A为母本，恢复系580为父本组配而成的高粱杂交种。2012年12月通过国家品种鉴定委员会鉴定。

【特征特性】该品种生育期128 d，株高202.5 cm，穗长31.2 cm，千粒重27 g。籽粒含粗蛋白9.36%，粗淀粉73.76%，单宁1.34%，赖氨酸0.18%。

【产量表现】2009—2010年参加全国区域试验平均亩产565.9 kg，居第2位。

【栽培要点】种植密度7 000株/亩。

【适宜范围】辽宁、河北、山西、甘肃、宁夏等春播晚熟区种植。

15. 赤杂107

【品种来源】赤杂107是内蒙古赤峰市农牧科学研究院2008年以自育不育系赤A6为母本，以自育恢复系7281为父本杂交组配而成的高粱杂交种。2015年6月通过全国农业技术推广服务中心的品种鉴定。

【特征特性】该杂交种生育期121 d，比对照1敖杂1号晚10 d，比对照2四杂25号晚2 d。株高164.5 cm，穗长28.2 cm，中紧穗，穗纺锤形，红壳红粒，穗粒重81.9 g，千粒重28.4 g。籽粒粗蛋白含量10.38%，粗淀粉含量67.48%，单宁含量1.70%，粗脂肪含量3.92%，支链淀粉含量71.3%。丝黑穗病自然发病率2年均为0，2年区试平均接种发病率16.0%，为中抗。

【产量表现】2012—2013年参加全国高粱品种春播早熟组区域试验，平均单产9 226.5 kg/hm^2，居第1位，比对照1敖杂1号（平均值）增产11.2%，比对照2四杂25号（平均值）增产7.2%，2年共15点次全部增产。

【适宜范围】内蒙古赤峰和通辽、吉林中西部、黑龙江第一积温带上限适宜地区种植。

16. 赤杂110

【品种来源】赤杂110是赤峰市农牧科学研究院2008年以自育不育系55A为母

本，自育恢复系083为父本杂交选育而成的高粱新杂交种。2015年6月通过内蒙古自治区农作物品种审定委员会审定。

【特征特性】赤杂110生育期112.7 d，比对照内杂5号早3.1 d，株高168 cm，茎粗1.6 cm，穗长24.8 cm，穗粒重83.9 g，中紧穗，穗圆筒形，红壳，褐粒，圆形，千粒重25.4 g。高抗丝黑穗病。籽粒含粗蛋白（干基）7.76%、粗淀粉（干基）69.24%、单宁（干基）1.76%、粗脂肪（干基）3.18%。

【产量表现】2013年参加内蒙古自治区高粱品种中熟组区域试验，6点平均单产9 447.3 kg/hm^2，比平均值［本组所有参试品种产量（含对照）的平均值作为对照产量指标］增产2.80%，6试点4增2减。

【适宜范围】赤杂110适宜在≥10 ℃活动积温2 600 ℃以上的地区种植。

第四章 谷子节水与高产栽培技术

谷子属禾本科，黍族，狗尾草属，一年生草本植物。谷子去壳后称小米，营养价值高，味美，易消化。谷子耐旱，耐瘠薄，抗逆性强，适应性广，是很好的抗灾作物；籽实有坚硬外壳，可防湿御虫，又是重要的贮备粮食。

根据中国各地的自然条件、地理纬度、种植方式和品种类型，全国划分为4个产区。

（1）东北春谷区。包括黑龙江、吉林、辽宁。地处北纬40° ~48° 之间，海拔20 ~ 400 m。无霜期120 ~ 170 d，日照时数为14 ~ 15 h，年平均气温2 ~ 8℃，降雨量400 ~ 700 mm。主要是一年一熟制，与大豆、高粱和玉米轮作。

（2）华北平原区。包括河南、河北、山东等省。地处北纬33° ~39° 之间的平原地区，海拔50 m以下，地势平坦。无霜期150 ~ 250 d，日照时数13 ~ 14 h。年平均气温12 ~ 16℃，气候温和。年平均降雨量400 ~ 900 mm。土质以褐色土为主。平原地区以夏谷为主，与小麦轮作。

（3）内蒙古高原区。包括内蒙古、河北省的张家口地区，山西省的雁北地区。地处北纬40° ~46° 之间，海拔1500 m以上，地势高寒，无霜期125 ~ 140 d，日照时数14 h以上，年平均气温2.5 ~ 7℃，年降雨量250 mm。土质以栗钙土为主，一年一熟制，与玉米、高粱、马铃薯轮作。

（4）黄河中上游黄土高原区。包括山西、陕西、宁夏、甘肃等省。地处北纬30° ~40° 之间，海拔600 ~ 1 000 m，无霜期150 ~ 200 d。日照时数为14 h左右，年平均气温7 ~ 15℃，年降雨量350 ~ 600 mm。土质以棕钙土和褐土为主。以春谷为主，在平川地区小麦、夏谷一年两作。

第一节 谷子需水规律

一、谷子各生育阶段需水规律

谷子不同生育阶段的耗水强度不同。由于不同阶段的生长中心不同，对水分的要求存在较大的差异。在种子萌发过程中，主要是贮藏物质转化和幼芽生长，对水分的要求很少，种子萌发需水仅为自身重量的26%。出苗以后，幼苗生长以根系建成为中心，苗小叶少需水量最少，特别是出苗后的最初几天，叶面蒸腾量几乎为零。耗水量最大的是拔节期到抽穗期，耗水量占全生育期的53.6%。拔节以后，生长中心转移到地上部分，茎叶生长迅速，叶面蒸腾剧增，特别是穗分化开始以后，生殖生长与营养生长并进，生理生态需水都大量增加，此时土壤水分占田间持水量的60%～80%。孕穗期叶面积系数增大接近最大值，耗水量也达到高峰，要求土壤水分占田间持水量的80%～100%。这一时期植株处于幼穗码数、粒数形成时期，此期水分供应不足，幼穗发育不良，即形成“胎里旱”。所以孕穗期的土壤水分如何，对谷子产量影响极大。抽穗至开花灌浆期，需水量仍很多，土壤水分的多少关系到小穗能否发育健全，花粉能否良好形成，籽粒能否饱满。抽穗期供水不足，极易形成“卡脖旱”。抽穗至灌浆和灌浆到成熟期，分别占全生育期耗水量的23.1%和24.1%（表4-1）。在开花到灌浆及灌浆到成熟两个时期的蒸腾系数低，蒸腾效率高。乳熟期以后需水明显减少，土壤水分占田间持水量的50%，可满足生长需要（表4-2）。

表4-1　谷子各生育期的需水情况

生育时期	所耗水分（g）	占全生育期耗水比例（%）	干物质生产量（g）	蒸腾系数	蒸腾效率
出苗至拔节	1 028.7	1.9	7.0	146.9	6.8
拔节至抽穗	29 145.7	53.6	100.4	290.3	3.5
抽穗至开花	11 223.9	20.6	126.0	90.5	11.2
开花至灌浆	1 357.2	2.5	25.9	52.4	19.1
灌浆至成熟	11 655.0	21.4	255.2	51.8	19.3
出苗至成熟	544 10.5	100.0	484.5	112.3	8.9

表4-2　谷子各生育时期需水量

生育时期	苗期	拔节	孕穗	灌浆	乳熟到成熟
土壤水分占田间持水量（%）	40	60～80	80～100	60～80	50
成500 g籽实需水量（g）	49 995	83 760	103 365	135 725	110 100

综上所述，谷子各生育期的需水规律为前期耐旱，需水量少；中期喜水，需水最多；后期怕涝，需水较少。根据此规律，旱地可选择合适品种，调节播期，使谷子需水规律与当地降水规律相统一。水浇地可合理灌溉，达到高产的目的。

二、谷子需水量与需水关键期

（一）谷子全生育期耗水量和水分利用

谷子的需水量在1 500～1 950 t/hm^2，与其他作物相比，谷子的需水量较少，这主要是因为谷子抗旱能力强；另一方面，是由于谷子生育期短，耗水时间短所致。

谷子在不同的生态条件下，全生育期耗水量差异较大。在山西省晋东南地区为1 921.5～2 563.5 t/hm^2，在山东省为4 034.25～4 460.4 t/hm^2，在吉林省吉林市为2 550～3 000 t/hm^2。

山西省农业科学院古世禄等采用盆栽试验和田间试验，分析了谷子水分利用的特性及其与生态因素的关系，建立了谷子节水栽培的高产高效技术体系。结果证明，谷子的水分利用效率较高，在试验条件下达到8.90 g/（kg·盆），比各种主要粮食作物高18.6%～106.9%。不同生育阶段，以抽穗后的结实阶段水分利用效率最高，为19.09～19.32 g/（kg·盆），比幼苗期高1.81～1.84倍，比拔节孕穗阶段高4.55～4.61倍。

盆栽试验证明，晋谷10号谷子，全生育期124 d，共积累干物质484.5 g/盆，蒸腾耗水54.411 kg/盆，平均每消耗1 kg水分生产干物质8.90 g/盆（表4–3），表明谷子的水分利用效率较高，是半干旱地区的支柱作物。

表4–3　谷子不同生育阶段的水分利用效率(盆栽试验)

生育阶段	天数（d）	干物质（g/盆）	耗水量（kg/盆）	水分利用效率[g/（kg·盆）]
幼苗阶段	32	7.0	1.029	6.80
拔节孕穗	35	100.4	29.140	3.44
抽穗开花	9	126.0	11.224	11.23
开花灌浆	4	25.9	1.357	19.09
灌浆成熟	44	225.2	11.655	19.32
全生育期	124	484.5	54.411	8.9

表4–3资料表明，在谷子一生中，以拔节孕穗阶段水分利用效率最低，仅3.44 g/（kg·盆），在开花灌浆和灌浆成熟2个阶段水分利用效率最高，分别为19.09 g/（kg·盆）和19.32 g/（kg·盆），比幼苗期高1.81倍和1.84倍，比拔节孕穗阶段高4.55倍和4.61倍。其余生育阶段的水分利用效率，介于两者之间。

谷子水分利用效率与干物质量呈正相关关系，与耗水量呈负相关关系。不同阶段，由于生育中心不同，谷子的干物质积累和蒸腾耗水情况各异。开花灌浆和灌浆成熟阶段生育中心是籽粒形成期，体内需要积累大量有机营养，但需水量却大大减少，因而此时干物质积累的强度较大，为5.12 ~ 6.48 g/（盆·d），耗水强度较小，仅0.26 ~ 0.34 kg/（盆·d），如表4- 4所示。同时生育天数较多，阶段积累量占全量的比率，干物质比耗水量大112.0% ~ 117.3%，所以此期水分利用效率最高。拔节孕穗阶段生育中心是茎叶生长，叶面积急剧增长，蒸腾耗水强度大量增加，比开花灌浆和灌浆成熟阶段大1. 4 ~ 2. 2倍。同时生育天数也较多，因而阶段耗水量最大，平均为29. 14 kg/盆，比开花灌浆和灌浆成熟阶段大20.5倍和1.5倍。而干物质积累强度仅为开花灌浆和灌浆成熟阶段的4.3% ~ 56.1%，阶段干物质量占全量的比率比耗水量小61.4%，所以该时期水分利用效率最低。抽穗开花阶段干物质积累强度和耗水强度都最大，但干物质积累量占全量比率大于耗水量，因而水分利用效率也较高。幼苗阶段干物质积累和耗水强度都最低，二者积累比率相差不多，因而水分利用效率也较低。

表4–4　谷子不同生育阶段干物质积累强度和耗水强度

生育阶段	天数（d）	干物质积累强度		耗水强度	
		g/d	%	kg/d	%
幼苗阶段	32	0.22	24.2	0.03	6.8
拔节孕穗	35	2.87	73.4	0.83	188.6
抽穗开花	9	14.0	358.1	1.25	284.1
开花灌浆	4	6.48	165.7	0.34	77.3
灌浆成熟	44	5.12	130.9	0.26	59.1
全生育期	124	3.91	100.0	0.44	100.0

土壤水分对谷子生长和产量影响很大。在生育前半期，尽管不同供水对耗水量和干物质的作用是显著的，但对其水分利用效率的影响却不明显，抽穗以后在不同水分条件下虽然干物质的变异不明显，但耗水量却差异极大，因此，水分利用效率相差悬殊。土壤持水量由40%提高到90%时，水分利用效率降低33.8%，达到差异极显著水平（表4–5）。

表4–5　土壤水分对谷子水分利用效率的影响(盆栽试验)

土壤持水量（%）	出苗到抽穗期			抽穗到成熟期		
	干物质（g）	耗水量（kg）	水分利用效率（g/kg）	干物质（g）	耗水量（kg）	水分利用效率（g/kg）
40	97.27	21.72	4.48	118.80	22.86	5.20
70	128.46	30.23	4.25	118.99	29.43	4.04
90	121.81	29.16	4.19	103.57	30.22	3.44
F	11.76	18.01	1.11	1.86	25.72	14.66

（二）谷子需水临界期与合理灌溉

谷子的需水临界期在拔节至抽穗阶段和开花灌浆阶段。在拔节至抽穗阶段，孕穗的不同时期，经干旱处理试验表明，谷子在孕穗期吸收水分最多，但以小花原基分化到花粉母细胞四分体时期，对干旱反应最敏感。此期如遇干旱可减产9.2%，说明此期为谷子需水临界期。因此，保证孕穗期的水分供应，对于谷子高产是十分重要的，能消除“卡脖旱”。谷子在开花灌浆期对水分也比较敏感，缺水时，空秕粒增加，从而降低产量。相关研究表明，干旱处理比对照的秕粒率高27.6%，产量降低24%。因此，灌浆期又称为谷子的需水第二临界期。

孕穗期补充和增加灌水量，可促进幼穗分化，显著增加粒数和提高产量。试验表明，孕穗期灌水可比对照增产13.2%，千粒重比对照增加7.67%，秕谷率减少3.6%。当然灌水的增产效果与同期降雨次数及降雨量有很大的关系。如河北承德地区农业科学研究所试验表明，谷子孕穗到开花期耗水量在109.9 mm，如同期降雨量为89.1 mm，灌水处理比对照增产69.3%；降雨量为125.5 mm的情况下，灌水处理与对照产量基本持平；如同期降雨量为200 mm，显著高出谷子在该阶段对水分的要求，结果灌水反而减产1.8%。试验表明，在雨量较少而干旱时，灌水增产效果比较明显；在雨量较多时，可以少灌水或不灌水。

灌浆到成熟期是谷子籽粒形成期，光合产物及体内贮藏的物质大量向穗部输送，需水量逐渐减少。此期土壤水分以保持土壤田间持水量的50%～60%为宜，过多或过少都会阻止体内营养物质向穗部的运转。后期土壤水分过多，会造成土壤通气性变差，影响根系的正常呼吸，产生还原物质为害根部，从而引起根细胞生活机能的衰退，使根系吸水吸肥功能减退，进一步影响到地上部的功能器官，从而导致地上部的早衰，最终影响到产量。

第二节　谷子节水种植技术

谷子具有四大突出优点：抗旱、耐瘠、适应性强、稳产性好，因此人们亲切地称其为“草田庄稼”“铁秆庄稼”。但实际上谷子却是喜水（关键生育阶段最不耐旱）、喜肥（对施肥反应极敏感）、喜光的高产作物，是既抗旱又喜水、既耐瘠又喜肥的矛盾统一体。在旱作农业、节水农业中有着不可替代的优势，也是辽宁西部风沙干旱区的主要粮食作物之一。同时小米营养丰富，含有较高的蛋白质、丰富的赖氨酸和维生素，深受城乡人民群众的喜爱。辽宁省西部地处风沙、干旱地带，年平均降水422 mm 左右，但多分布在7、8 月份，春季已成十年九旱。必须刻不容缓地高度重视旱作农业、节水农业。加快农业种植结构调整，大力发展谷子抗旱节水栽培，提高水分利用率，以期充分发挥谷子抗旱、耐旱、耐瘠优势，谷子旱作高产栽培不仅是提高作物产量的有效措施，也是增加农民收入、实现旱区农业可持续发展的要求。结合此种作物的生长习性来讲，要想保证其产量，就必须注重整地、选种、耕种及田间管理等环节。

一、抗旱播种保苗技术

1. 深沟浅播法

将表层干土推开，把谷子种在湿土上，也可前犁开沟，后耧播种。

2. 早种顶凌谷

趁土壤返浆之后，墒情好，及时播种容易出苗。

3. 干土寄种法

久旱无雨，墒情极差时，将种子播在土中镇压，等待降雨谷苗就会出齐。采取此种方法应注意：表土8 cm土壤含水量应控制在4%以下，种子不能萌动，否则会引起种子萌动发芽，但无力拱土出苗，纵然有少量出苗，也会有“烧苗”现象；寄种后如遇暴雨，要及时松土，破除板结，以利出苗。

4. 冲沟等雨法

先按一定的行距开沟，降雨后立即播种，再用湿土覆盖。

二、膜下滴灌节水种植技术

1. 选地

采用膜下滴灌种植谷子的田块选择土层深厚、土质疏松、保水保肥能力强的中等肥力以上的平地、缓坡地为宜，以水浇地为首选。前茬以豆类、薯类和玉米等作物为好，切忌重茬，一般轮作期限为3～4年。

2. 整地施肥

秋深翻秋整地，蓄水保墒，结合深翻和整地耙压施入基肥，每亩施优质腐熟农家肥2 000～3 000 kg。旱地覆膜谷子每亩产量目标400 kg，亩保苗1万～1.2万株，亩施尿素20 kg、磷酸二铵10 kg、硫酸钾3 kg；或亩用尿素10 kg、谷子专用肥28 kg。然后，再将土壤整平耙细，做到土平上虚下实，为一次播种保全苗创造良好条件。

3. 播种

辽西地区一般在5月10日开始播种。每亩谷子播种量在0.5 kg左右，播种深度通常在3～4 cm，播后镇压，播种采用膜下滴灌种植方式。

4. 铺滴灌带

采用全覆膜或半覆膜种植的，播种镇压后人工在小垄中间开沟3 cm深、5 cm宽，然后沿沟走向铺滴灌带，每隔3～5 m压土固定。铺滴灌带后，再覆盖地膜。

5. 放苗定苗，压青苗

覆膜滴灌的谷子要及时放苗和定苗，当幼苗长到4叶1心至5叶期时，采取一次放苗、定苗。方法是按穴距要求人工破膜引苗，每穴留苗1～3株，并及时用土封严放苗孔。谷子机械穴播有时会出现下种不匀和鸭嘴下种口堵塞现象，谷子籽粒较小，所含能量物质较少，加之干旱等原因，易造成谷子缺苗断垄，所以出苗后要及时人工查补苗，并人工辅助放苗。

压青苗，实践证明，压青苗对防倒伏有明显作用，在2 叶1 心或3 叶1 心期采用人工或机械在谷苗上拉一遍木头磙子，控上促下，利于地上部第三茎节长度缩短，粗度增加，有效分蘖数增多，起到抗风防倒作用，可增产15%～17%。

三、地膜覆盖集雨保墒节水种植技术

谷子地膜覆盖栽培的核心技术包括平膜穴播种植技术和垄膜覆盖膜侧沟播技术，在这两种技术基础上，也发展了如不同带幅垄膜覆盖膜侧沟播方式、地膜与秸秆组合覆盖方式、地膜覆盖与保水剂组合方式以及地膜与补水灌溉组合方式等衍生技术。就两种技术而言，平膜穴播技术前期增温快，保墒效果较好，但集水效果较差，抓苗较难；垄膜覆盖膜侧沟播技术前期增温保墒不如平膜穴播技术，但它把膜面集雨就地入渗、覆膜抑蒸保墒增温、机械播种和垄沟种植技术融为一体，能保证谷子全苗壮苗、促进生长发育、提高有限降水的利用效率，显著提高谷子产量。

1. 平膜穴播栽培技术

覆膜时不起垄，选用80 cm宽薄膜覆盖，垄面宽60 cm，膜间距20 cm，覆膜时间以土壤墒情确定，土壤墒情较好时，可边整地边覆膜；土壤墒情差时，可待雨抢墒覆膜。覆膜要紧贴垄面，两边用土压实，每隔4~5 m 要压1条土腰带。用谷子穴播机点播，每个膜面上种3 行谷子，行距25 cm，穴距12 cm，每穴下籽3~5 粒，定苗时每穴留苗2~3 株，留苗密度比露地栽培宜高5 000~10 000株/亩。穴播机点播后镇压1 次，使种子与土壤完全接触。

2. 垄膜覆盖膜侧沟播技术

以50~60 cm为1带，垄底宽25~30 cm，垄高10 cm，垄间距25 cm左右，沟垄相间，垄背覆膜引流，沟内集雨种植。使用膜侧沟播机和35~40 cm 幅宽、厚0.006~0.008 mm 薄膜，起垄、覆膜、播种可一次完成。每垄两侧各种1 行谷子，沟内共种2 行谷子，宽行距30~35 cm，窄行距15~20 cm，留苗密度比露地栽培宜高5 000~10 000株/亩。

第三节　谷子高产栽培技术

一、地块选择与整地保墒

谷子耐涝性很差，应选择岗地，低洼地不宜种谷子。谷子对土壤质地要求不严，但以微酸性或中性土壤为宜，轻盐碱地也可。新垦的生荒地种谷子比较好。选择地势平坦、土层深厚的地块，待上茬作物收获后，伏秋翻地，随后起垄纳雨蓄墒。春整地一定要在播种前顶凌耙细耢平，起新垄并用磙子镇压提墒，达到待播状态，有利于一次播种保全苗。谷子对茬口比较敏感，适合种谷子的茬口排序：绿豆（或小豆）、大豆、马铃薯、甘薯、麦类、玉米、高粱和甜菜等。高粱茬和甜菜茬后期易脱肥，因此需要增施肥料，尤其是有机肥。谷子忌重迎茬。但实在倒不开茬时，宁种重茬不种迎茬。谷子喜光、喜通风，所以不耐阴，不宜和高秆作物进行间作。

二、建立合理轮作方式

谷田切忌连作，其害处是病虫害严重，杂草滋生，地力减退，水分利用率下降，产量低下。要逐步建立大豆—谷子—玉米或大豆—谷子—玉米的合理轮作方式。大豆茬土层深厚，养分和水分比较充足。玉米茬也是谷子抗旱节水栽培的理想前茬。玉米施肥量大，除其本身当年利用消耗一部分外，多数留在土壤中，供下茬作物利用。加之玉米为开苗、中耕作物，杂草少，水分充足，地面干净。所以，在土壤肥力差，土壤水分不足的地方，改善种植结构，实行合理轮作，创造良好的农田生态系统，充分利用土壤水分，实现养分、水分的良性循环，是旱地谷子创高产的一个重要条件。

三、播种

（一）播前种子处理

晒种，播前选晴天翻晒2～3 d→"盐水"选种（"三洗"种子，第一洗先把谷子种倒入清水中均匀搅动，漂去草籽、秕谷和杂质；第二洗捞出下沉的谷子种倒入10%盐水中，再一次漂去浮在盐水面上的粃粒、半粃粒；第三洗把用盐水浸泡过的谷子种用清水洗2～3遍，除去表面的盐粉，然后摊在席子或编织袋上晾干）→药剂拌种。用30%高巧包衣谷子种，可以防虫防病，促进根系生长，平均增加18%的产量；0.3%瑞毒霉拌种可防止谷子白发病；75%粉锈宁或立克秀及其他病害。

（二）适期播种

根据辽宁省西部旱区降水的季节分配规律，掌握好播种期，使谷子的需水规律与当地的降水季节分配相适应，使苗期处于雨季来临前的少雨季节。等到雨季来临时进入孕穗、抽穗期，躲过"胎里旱"和"卡脖旱"是谷子充分利用自然降水、防旱增产的主要措施，有利于培育壮苗。不同播期试验证明，辽宁省西部谷子最适宜的播种期为5月10 日前后。

（三）播种量、播种密度及方式

确定播种量主要应根据种子发芽率、播前整地质量等情况。如种子发芽率高、种子质量好，土壤墒情好，地下害虫少，整地质量高，播种量可以少些。一般机械覆膜播种每亩播种量应控制在0.2～0.3 kg；人工播种每亩播种量应控制在0.4～0.5 kg，如果土壤黏重，整地质量差，春旱严重的地块，每亩播种量应在0.5～0.75 kg。人工点种为了控制播种量，可在种子里混拌炒熟的秕谷子，效果较好。

考虑到光照、水肥分配、根系伸展等因素，谷子的株距不宜低于5 cm。谷子不宜过密，但也不能过稀，过稀不但减产而且植株间缺少了相互依靠更容易发生倒伏。亩留苗2.5万～2.8万株，土壤较好的地块留苗2.8 万株左右，贫瘠、旱地、坡地留苗2.5 万株左右。播种方式有两种：一种是宽窄行种植，另一种是等行距种植。种植方式要采用全膜双垄沟覆盖种植或垄膜沟膜侧种植。由于谷粒小、胚乳养分少，谷芽细弱、拱土能力差，所以播种覆土宜偏浅，以镇压后2～3 cm为宜。在土壤水分多的地块，还可以适当浅一些。但在春风大、旱情严重的地方，播种太浅，种子容易被风刮跑或种子处在干土层中不能吸水萌发，就有缺苗断垄，甚至有毁地重播的危险。如天气干旱，干土层太厚，覆土也不可过深，而应采取抗旱播种。

四、施肥

增施肥料是谷子高产的关键。增施有机肥，巧施化肥，结合整地施优质腐熟的农家肥30 000 ~ 37 500 kg/hm^2。施足底肥，培育壮苗。谷子每产出100 kg籽粒，需吸收纯N 2.5 ~ 3.0 kg、P_2O_5 1.2 ~ 1.4 kg、K_2O 2.0 ~ 3.8 kg，N：P_2O_5：K_2O=1.0：0.5：0.8。缺锌地块每公顷再配施15 kg硫酸锌作底肥。种肥适宜浅施，随种子同时播下，磷酸二铵150 ~ 180 kg/hm^2，促进幼苗根系发育良好生长，增强抗旱性。追肥分一次性追肥和分次追肥两种方法。一次性追肥，一般每公顷追施尿素150 kg，在拔节期随第一次浇水施入。谷子追施尿素在225 ~ 300 kg时，应分2次施入，第一次在拔节期，第二次在孕穗期，最晚在抽穗前10 d施入。高产田宜重施孕穗肥。

五、化学除草

播后苗前土壤封闭除草。①配方1。每公顷用50%扑草净可湿性粉剂750 ~ 1 200 g，兑水750 L喷施，防除一年生禾本科及阔叶杂草，对马齿苋和反枝苋效果最好。②配方2。每公顷用38% 莠去津悬浮剂3 200 ~ 4 000 mL，兑水750 L喷施，防除一年生禾本科及阔叶杂草。③配方3。每公顷用44% 单嘧磺隆·扑灭津可湿性粉剂2 000 g，兑水750 L，防除一年生单、双子叶杂草。

六、适量灌水

虽然谷子由于生育期短，耗水量少，蒸腾系数小，蒸腾效率高，有着较高的经济用水能力，但在谷子需水临界期却不能受旱。此时适量灌水能促进谷子生长发育，提高作物生产率，使耗水系数相对降低。浇水时间一般是当谷子拔节后10 ~ 15 d，土壤含水量下降到20%时浇1次透水，浇后及时中耕松土。孕穗期需水量逐渐增加，至穗分化后期的小花分化期是谷子需水第一临界期，对水分十分敏感，从小花分化期一直持续到抽穗前都需大水猛浇，充分浇足、浇透。抽穗期需水量猛增，抽穗前8 d至抽穗期是谷子高产的两个最关键期之一，如果谷子一生仅有一次浇水机会，当绝对首选在抽穗前几天浇抽穗水，其次才是孕穗水、灌浆水。

七、适时收获

适时收获是丰产丰收的重要环节。收割早了，会因籽粒不饱满而减产，“谷子伤镰一把糠”。收割过晚，因风磨而落粒也会造成减产。如遇到连雨天，谷粒还会在穗上发芽，不仅影响产量，还会影响质量。当穗子背面没有青粒，籽粒变硬时应及时收获。

八、病虫害防治

选择高效、低毒、无残留农药，在生长期共喷2 次农药，在幼苗期喷1次（安泰森或多菌灵+ 甲维盐或高效氟氯氰菊酯）；拔节期喷1次百泰或甲霜锰锌。

九、选用节水抗旱品种

1. 朝谷13号

【品种来源】 辽宁省水土保持研究所选育，2004年3月通过国家谷子品种鉴定委员会鉴定。

【特征特性】 该品种幼苗黄绿色，芽鞘绿色，主茎高140 ~ 150 cm，穗长18 ~ 25 cm，穗纺锤形，码紧，浅紫色刺毛，刚毛短。单穗粒重13 ~ 15 g，千粒重2.9 ~ 3.0 g。籽粒圆形，黄谷黄米，米质粳性，出谷率84% ~ 86%。籽、草比为1：1.2。抗倒伏、抗病性强。

【产量表现】 一般亩产350 ~ 400 kg，高产地块在500 kg以上。

【适宜范围】 辽西地区及自然条件相似地区种植。

2. 朝谷14号

【品种来源】 朝谷14号是辽宁省水土保持研究所选育，2007年3月通过辽宁省非主要农作物品种备案办公室备案登记。

【特征特性】 该品种幼苗绿色，芽鞘绿色，秆高110 ~ 120 cm，矮秆耐密植。穗筒形，松紧适中，刚毛短，绿色。穗长18 ~ 22 cm，穗粒重14 ~ 16 g，千粒重2.9 ~ 3.1 g，褐谷黄米，米质粳性，出谷率78% ~ 82%，出米率74% ~ 76%。生育期115 ~ 120 d，属于中熟品种。抗旱性强，抗倒伏性强，高抗谷子白发病、黑穗病、谷瘟病和锈病。

【产量表现】 一般亩产300 ~ 350 kg。

【适宜范围】 辽西地区及自然条件相似地区种植。

3. 朝谷15号

【品种来源】 朝谷15号是辽宁省水土保持研究所选育，2007年通过辽宁省非主要农作物品种备案办公室备案登记，2009年通过国家谷子品种鉴定委员会鉴定。第九届全国食用粟鉴定会被评为国家二级优质米。

【特征特性】 该品种幼苗绿色，芽鞘浅紫色，株高120 ~ 140 cm，生育期115 d左右。穗纺锤形，码紧，刚毛中长，护颖绿色，穗长23 ~ 25 cm，单穗粒重14 ~ 18 g，出谷率80% ~ 85%，千粒重3.0 ~ 3.1 g，黄谷黄米，米质粳性。籽粒蛋白质含量10.5%，脂肪含量为2 .6%，粗淀粉含量为81.04%。该品种突出特点是穗部经济性状良好，活秆成熟，抗旱性强，茎秆坚韧抗倒伏，高抗锈病、白发病、黑穗病、谷瘟病。

【产量表现】 一般亩产400 ~ 450 kg，高产地块在600 kg以上。

【适宜范围】 辽宁朝阳、内蒙古赤峰、陕西延安、河北省承德地区春播种植。

4. 朝谷19号

【品种来源】 朝谷19号由辽宁省水土保持研究所选育，2013年通过国家谷子品种鉴定委员会鉴定。

【特征特性】 该品种幼苗黄色，芽鞘绿色，株高155.08 cm，生育期121 d左右。穗呈纺锤形，穗码松紧适中，刚毛中长，护颖绿色，穗长24.39 cm，穗重18.27 g，单穗粒重15.35 g，出谷率83.97%，千粒重3.35克，黄谷黄米，米质粳性。该品种突出特点是穗部经济性状良好，活秆成熟。抗逆性较强，抗倒性为2级，耐旱性、谷瘟病、纹枯病均为3级，谷锈病为1级，黑穗病、线虫病未发生，白发病发病率为0.65%，红叶病发病率为6.4%，蛀茎率为1.75%。

【产量表现】 一般亩产350 ~ 450 kg。

【适宜范围】 辽西干旱半干旱地区及自然条件相似地区种植。

5. 朝谷58

【品种来源】 朝谷58由辽宁省水土保持研究所选育，2012年通过辽宁省非主要农作物品种备案办公室备案登记。

【特征特性】 该品种幼苗、芽鞘绿色，株高155 cm，根系发达，茎秆粗壮，主茎节数14.6节，穗纺锤形，短刺毛、绿色，码中紧，主穗长20.2 cm，单穗粒重11.91 g，千粒重2.7 g，出谷率80% ~ 83%，黄谷黄米。生育期119 d，抗除草剂、抗旱性强，茎秆坚韧抗倒伏，高抗白发病、黑穗病、谷瘟病，抗锈病。

【产量表现】 一般亩产350 ~ 450 kg，高产地块600 kg以上。该品种是抗除草剂型谷子专用品种。在谷子4 ~ 5叶期，根据苗情每亩用间苗剂80 ~ 100 mL兑水30 ~ 40 kg喷雾，苗少的部分不要喷施间苗剂。注意在晴朗无风、12 h无雨的条件下喷雾。垄内和垄背都要均匀喷雾，并确保不使药剂飘散到其他谷田或作物上。

【适宜范围】 辽西地区及自然条件相似地区种植。

6. 朝谷59

【品种来源】 朝谷59由辽宁省水土保持研究所选育，2012年通过辽宁省非主要农作物品种备案办公室备案登记。

【特征特性】 在辽西地区生育期119 d左右，株高180～186 cm，穗长28～30 cm，黄谷，高产优质、抗病性强，适宜在辽西及类似地区种植。

【产量表现】 一般亩产350～400 kg，高产地块可达600 kg。

【栽培要点】 4月下旬至5月上旬播种，每亩播种量0.50～0.75 kg，坡地留苗2.5万～3.0万株，平地留苗3.0万～3.5万株。亩施农家肥2 000 kg，口肥磷酸二铵10 kg，追尿素10 kg。

【适宜范围】 辽西干旱半干旱及自然条件相似地区种植。

7. 朝谷60

【品种来源】 朝谷60由辽宁省水土保持研究所选育，2013年通过辽宁省非主要农作物品种备案办公室备案登记。

【特征特性】 该品种平均生育期117 d，株高173 cm，主茎节数15.1个，主穗长23.8 cm，穗纺锤形，粒色深黄，穗粒重18.66 g，千粒重3.04 g。

【产量表现】 一般亩产350～450 kg，高产地块在500 kg以上。

【适宜范围】 辽西干旱半干旱及自然条件相似地区种植。

8. 燕谷18号

【品种来源】 燕谷18号由辽宁省水土保持研究所选育，2011年通过国家谷子品种鉴定委员会鉴定。第八届全国食用粟鉴定会被评为国家二级优质米。

【特征特性】 该品种幼苗绿色，株高130～140 cm，穗长25～28 cm，单穗重20～25 g，单穗粒重15～20 g，出谷率78%～82%，褐谷、黄米，米质粳性，千粒重3.2克。生育期110～120 d，属早熟品种。抗旱性强，抗倒伏性强，高抗谷瘟病、白发病、锈病、纹枯病。

【产量表现】 一般亩产350～450 kg，高产地块可达580 kg。

【适宜范围】 辽宁西部、吉林省吉林市等地区及自然条件相似的其他地区种植。

9. 晋谷57号

【品种来源】 山西省农科院经济作物研究所富硒系列品种选育的又一次创新。2012年在全国第九届优质食用粟评选中被评为一级优质米。

【特征特性】 晋谷57号幼苗叶片、叶鞘为绿色，穗呈纺锤形，刺毛短，主茎高165 cm，穗长35.6 cm，支穗密度3.65个/ cm，穗码松紧适中。单株穗重18.25 g，穗粒重14.8 g，千粒重3.0 g，出谷率81.1%。吕梁地区春播生育期123 d，属中晚熟类型品种。经农业部谷物及制品质量监督检验测试中心（哈尔滨）化验，粗蛋白含量14.37%、粗脂肪3.44%、赖氨酸0.28%，碱硝值3.6级，胶稠度125 mm，含钙11.5 mg/100g、铁4.25 mg/100 g、锌27.1 mg/ kg，直链淀粉占脱脂样品的17.85%，尤其硒含量达0.064 mg/ kg，属富硒谷子。晋谷57 号茎秆粗壮，穗部大小随地力条件影响明显，增产潜力大，籽粒饱满，抗旱性强，成熟时保绿性强，有利于干物质积累转化。经过田间考察鉴定，以及对山西省不同地区白发病菌种的接种鉴定试验表明，该品种白发病发病率为3.23%，属中抗白发病品种，高抗黑穗病、谷锈病、谷瘟病等病害，轻感红叶病，综合性状表现良好，具有广谱抗性。

【产量表现】 2014 年在山西省适宜区域试验示范面积203 hm^2，平均产量5 820 kg/hm^2，比对照品种“长农35号”（5 305.35 kg/hm^2）增产9.7%，增产显著。

10. 冀谷31

【品种来源】 由河北省农林科学院谷子研究所选育。2009 年在全国第八届优质米鉴评会上被评为“一级优质米”。

【特征特性】 生育期89 d，褐谷黄米，高抗除草剂，能化学间苗化学除草，管理简单，品质好，产量较高。该品种抗倒性、抗旱性、耐涝性均为一级，谷瘟病抗性二级，谷锈病和纹枯病抗性三级。

【产量表现】 2013年和2014年在黄骅市常郭镇西排村示范种植，夏播平均亩产350 kg，经济效益显著。

11. 晋谷54号

【品种来源】 晋谷54号2003年以晋谷21号为母本，以晋谷20号为父本组配而成。

【特征特性】 该品种幼苗叶色绿，叶鞘紫色，生育期125 d，根系健壮、发达，田间生长均匀。一般年份单秆不分蘖，特殊干旱年份茎基部有分蘖2~3个，主茎高158~170 cm，茎秆节数、叶片数分别为16 节、16 片，短刚毛，穗长23~25 cm，穗棍棒形，穗码松紧适中，主穗重、穗粒重、千粒重分别为28~32 g、22~25 g、3.1 g，出谷率、出米率分别为77%、72%，米色黄，谷色白，粳性。耐瘠薄，抗旱，轻感红叶病。经农业部谷物品质监督检测中心分析：品质优异具富硒特色，蛋白质11.23%，脂肪4.28 %，直链淀粉13.98%，硒44.78 微克/ kg，钙、铁、锌分别为161、36.88、30.29 mg/ kg，维生素B_1为0.51 mg/100 g。小米色、香、味俱全，烹饪节能，获2008 年第七届全国优质食用粟鉴评“一级优质米”奖。

【产量表现】 2010—2011年，参加山西省中晚熟区域试验，2年13点次100%增产，平均产量3 823.5 kg/hm^2，比对照长农35号平均增产8.3%。

第五章
大豆节水与高产栽培技术

大豆起源于我国，从黑龙江到海南岛，从辽东半岛到新疆伊犁盆地均有大豆栽培，目前集存种子资源约1.7万份，类型极其丰富。近年来，伴随着世界各国对植物蛋白需求的不断增加，各地大豆生产发展迅速。但是由于大豆是耗水肥量较多的作物，生产同等重量的干物质，大豆所耗费的水、肥量大约比粮谷作物多30%和50%，加之近年来北方水资源供需矛盾的加剧、土壤肥力下降迅速，这给北方干旱和半干旱地区的大豆产业的发展带来了较大影响。

第一节 大豆需水规律

大豆是耗水量较多的作物，形成1 kg干物质一般需要消耗水580 ~ 744 kg，全生育期需水量在325 ~ 625 mm之间，随种植大豆所在地理位置、生态环境、气象因素、品种类别、播期等因素有所变化。北方大豆区气候特点是气温比较低，日照长。对于大豆不同产量水平，大豆生长状况、叶面积和干物质积累状况不同，辽宁不同地区需水量呈现出差异（表5-1），以单产150 kg/亩和300 kg/亩的大豆相比，需水量差异在100 mm以上，最多相差180 mm。

大豆全生育期的耗水量与产量的关系密切，在一定范围内随着需水量的增加而增加，但当田间持水量超过一定范围时，产量增加的速度会逐渐减慢，最后以至停止，大豆的耗水量与产量是一种曲线关系。同时，大豆不同生育时期（阶段）的耗水量并不是均一的，据丁希泉等在吉林省公主岭进行的大豆需水量研究表明，大豆全生育期总耗水量为450 ~ 550 mm，各生育阶段耗水占总耗水量的百分比如下：播种—出苗占4%，出苗—分枝占13.4%，分枝—开花占16.8%，开花—结荚占22.0%，结荚—鼓粒占24.7%，鼓粒—成熟占19.1%，即越到生育后期耗水量越多。同时不同生育阶段的日耗水量也各不相同，苗期1.5 ~ 2.4 mm，分枝期4.5 mm，开花—结荚期耗水量最多，每日耗水6.5 mm，鼓粒期降为4.5 mm，鼓粒—成熟期为3.1 mm。

表5-1　辽宁不同地区大豆不同降水频率下需水量（mm）

地区	产量水平（kg）	95%降水频率年型	75%降水频率年型
辽东地区	150	374.6	419.7
	200	417.3	466.5
	250	454.5	529.4
	300	484.1	542.4
辽中地区	150	380.0	388.1
	200	473.8	514.7
	250	540.8	522.1
	300	559.7	571.4
辽西地区	150	541.1	577.1
	200	600.8	641.7
	250	661.3	705.3
	300	721.4	769.3

大豆的灌溉

（一）灌水时期

在田间水分管理中较多采用浇关键水的灌溉制度，结合当地气候条件和大豆的需水规律，在大豆需水关键时期进行补充灌溉。大豆开花结荚期和鼓粒期对水分较为敏感，是水分临界期。严重干旱时也要根据具体土壤水分指标（表5-2），当土壤田间持水量处于土壤含水量下限指标时，进行合理灌溉。

表5-2　大豆不同生育时期耕层土壤水分指标

生育时期	土壤含水量下限指标（占田间持水量，%）	适宜值（占田间持水量，%）	土壤含水量上限指标（占田间持水量，%）
幼苗期	55	65～70	80
花序形成期	65	75～85	90
开花结荚期	65	75～85	90
成熟期	60	70～75	80

（二）灌水量

大豆每次灌水量应根据生育阶段、土壤性质、灌水方法而定，计算公式为：

$$M=\eta_{节}\cdot r_d\cdot H\cdot(Q_{上}-Q_{下})Q_{田}\cdot S_{田}/\eta_{田} \quad (5-1)$$

式中M为灌水量，m^3；$\eta_{节}$为灌水量折减系数，由作物生育阶段和灌水方式确定，一般为0.5～0.7，生育前期和非需水临界期取低值，其他生育时期取高值，点浇点灌、坐水种、小管出流、渗灌、穴灌取低值，喷灌、沟灌等取高值；r_d为土壤容重，一般为1.30 g/cm³；H为作物不同生育阶段的计划湿润层深度（表5-3）；$Q_{上}$、$Q_{下}$为土壤含水量上下限指标（表5-2）；$Q_{田}$为田间持水量；$S_{田}$为农田面积（m^2）；$\eta_{田}$为田间水分利用系数，一般取0.80～0.95，点浇点灌、坐水种、小管出流、渗灌、穴灌取高值。

表5-3 大豆不同生育阶段土壤计划湿润层深度

生育时期	土壤计划湿润层深度（m）	生育时期	土壤计划湿润层深度（m）
幼苗期	0.40	花序形成期	0.40～0.50
开花结荚期	0.50～0.60	成熟期	0.60

第二节 大豆节水种植技术

水分和养分资源是大豆生产的重要物质基础，是一对联姻互补、互相作用的因子。随着农业科学技术的迅速发展和农业生产水平的提高，大豆生产中水肥利用效率有了明显的提高。

一、大豆田间蓄水技术

我国北方地区受季风影响较大，土壤含水量有明显的周期变化。对于北方干旱半干旱地区，如何能够充分利用降雨，减少田间棵间蒸发是提高水分利用率，降低大豆生产成本的关键。根据土壤水分的变化规律，我国北方旱农地区常采用以下几项蓄水保墒技术。

（一）深翻耕

深翻耕是我国传统的耕作方法，主要的工具为铧式犁，一般由畜力或机械牵引，并与耙、耱、镇压等耕作措施配套进行。深翻耕能够使原来紧实的耕层变得疏松，增加土壤通透性，提高土壤蓄水能力，同时能够把作物残茬和有机肥翻到耕层内，有利于充分发挥肥效，并且有助于消灭杂草和病虫害。但是，翻耕后留下疏松而裸露的蒸发面，在风吹日晒下容易损失水分，产生水蚀和风蚀，同时还容易加快有机质的矿化，长期连续翻耕会降低土壤潜在肥力，并且易形成犁底层，不利于作物生长。

一般深翻最好在大豆收获后立即进行，翻耕深度的确定要考虑气候、土壤状况、农机具性能及经济效益等因素。一般畜耕深度在13～16 cm，机耕宜在20～25 cm，最好打破犁底层，就我国北方总体看，翻耕18～22 cm是较为适宜的范围。至于春耕，一般则宜浅不宜深，宜早不宜迟。春耕可以在早春土壤化冻15 cm时进行，利用土壤含水量高、墒情较好这一有利时机，进行土壤耕作、镇压、起垄、深施底肥，以达到疏松土壤、保持土壤墒情的目的。

（二）深松耕

深松耕就是用无壁犁、松土铲、凿型铲对土层进行全面的或间隔的深位疏松土层而不翻转土层的一种土壤耕作方式，可以克服深翻耕散失水分多、工作效率低等缺点。据辽宁省农业科学院测定，在雨季来临之前，深松深度20 cm，可使耕层土壤含水量提高1.35%，多储水153.86 m^3/ hm^2，大豆单产提高8.7%。深松作业时间应在前茬作物收获后立即进行，或在大豆生长期雨季来临之前进行，深松深度以能打破犁底层即可。在深松之前进行测量，根据犁底层的深度决定深松作业深度，一般以小型拖拉机或畜力进行传统翻耕作业的，耕作深度不超过20 cm，深松深度可达25 cm左右。

（三）等高垄沟耕种法

1. 平播起垄

播种时采用隔犁条播，行距一般为50～60 cm，播种后及时进行镇压，在雨季来临之前结合中耕在作物根部培土成垄，并每隔1～2 m做1个土挡，以防止横向发生径流。

2. 水平沟种植法

该技术是在春季进行垄下播种，一方面加深了播种深度，可以利用土壤深层的水分；另一方面可以起到聚水的作用，使春季少量的降雨得到充分的利用，满足大豆苗期生长对水分的需要。在雨季来临进行中耕培土起垄，将原来的播种沟合成垄，原来的垄改为沟，以达到蓄水和排水的双重作用，同时有效地除掉田间杂草。利用该技术一般可使种床土壤含水量提高1.86%～3.39%，出苗率提高7.6%～11.2%，产量提高13.7%～29.9%。

3. 旱地微集水耕作法

半干旱地区雨水中70%～80%以径流形式流失掉，仅有20%～30%被作物利用，作物的生产潜力由于水分的限制降低了67%～75%。另外，在半干旱地区<10 mm的降雨发生频率占到70%以上，每年的无效降雨相当于2次以上的灌水量和具有4 500 kg/hm^2的生产潜力。旱地集水栽培技术是利用农业径流原理，在无灌溉条件的旱作农田上，用人工或机械起垄、沟垄相间、垄上覆膜、沟内种植的方法，使天然降水通过聚水面汇聚于播种沟内。特别是在春季干旱、土壤墒情较

差的条件下，可使5 mm左右的微量降水通过汇聚而变成能使作物种子发芽的有效水，从而实现"微水变小水，小水变中水，中水变大水"，最大限度地蓄纳降水，达到抗旱保墒的目的。

4. 水平等高耕作

水平等高耕作是在坡地上采用的一种集水蓄墒耕作技术，有时也称作横坡耕种或等高种植。它是在田面的缓坡地上改变原来的顺坡耕作为横坡耕作。所有在坡地上耕种措施，如翻耕、播种、中耕等均沿水平等高线进行。这样操作，地上自然形成许多等高蓄水的小犁沟和作物行，可以拦截径流，增加降水的入渗率。在坡度不大的坡地上，如小于5° 情况下，实行等高耕作可达到一定程度的集水、增渗、增产的目的。

5. 修建梯田

在丘陵沟壑地区，田面坡度较大，修建梯田具有较好的蓄水增墒效果。根据修造的方法和地面形式的不同，梯田一般又分为水平梯田、坡式梯田、隔坡梯田、反坡梯田等几种类型。由于修造梯田地坎的材料不同，又可分为石坎梯田与土坎梯田。兴修水平梯田，最重要的是严格保留表层活土层，应采取"里切外垫，生土搬家，死土深翻，活土还原"的办法，严格保留活土层，才能使土壤肥力受到的影响最小。新修梯田过程中，还应配合增施有机肥料，使土壤肥力有所提高，当年即可增产。

6. 少（免）耕技术

少耕免耕技术是近40年来发展起来的新型耕作方法。目前，少耕免耕法主要有垄作少耕法、轮翻少耕法、深松少耕法、耙茬少耕法、免中耕法、贴茬播种、秸秆覆盖免耕法等。其关键是依靠生物的作用进行耕作，保持土壤原有层次结构。采用免耕法能保持作物老根遗留在土壤中，大小不同的根孔和蚯蚓等小动物活动遗留在土壤的洞穴。在免耕的条件下，这些地下渠道不会被深翻、深耕所截断或破坏。因而在接近地表会形成一个结构良好、孔隙度高的土层，并随着免耕的连续，在每次种植中，都将有新的根系穿插。在根系穿插过程中累积有机物质，并借助微生物的帮助，可形成水稳性团粒结构，可以保持一个不经耕翻通透性较好的土体结构。在植物残体的覆盖下，潮湿土壤里蚯蚓的活动大大增加，它们可以把部分覆盖物翻入土中，蚯蚓本身便发挥了"生物犁"的作用，它们的排泄物就是很好的团粒。可以说免耕法是用生物进行耕作的方法。大豆在进行少免耕时，应注意不同作物之间的轮作。

二、大豆田间保墒技术

（一）覆盖保墒

覆盖是一种极有效的保墒措施。各种覆盖方式均有减少土壤蒸发的明显效果，但其对土壤综合因子及作物生长的影响，却因覆盖材料、覆盖时期以及覆盖厚度等而有所不同。

1. 秸秆覆盖

秸秆覆盖改善了农田水分状况，农田覆盖一层秸秆，一方面可使土壤免受雨滴的直接冲击，保护表层土壤结构，防止地面板结，提高土壤的入渗能力和持水能力；另一方面可以切断蒸发表面与下层土壤的毛管联系，减弱土壤空气与大气之间的乱流交换强度，有效地抑制土壤蒸发。

大豆秸秆覆盖以分枝期为宜，秸秆覆盖前，结合中耕除草，追施尿素45 ~ 75 kg/hm^2，然后用粉碎的玉米秸秆5 250 ~ 6 000 kg/hm^2，均匀地覆盖在棵间或行间。

2. 地膜覆盖

地膜覆盖的抑蒸保墒作用明显，覆盖地膜切断了土壤水分同近地表层空气的水分交换，可有效地抑制土壤水分的蒸发，促进水分在表层土壤聚集，因而具有明显保墒提墒作用。大豆地膜覆盖一般采用垄作覆盖的方式，雨量较少地区和水源不足的灌溉地区一般为低垄双行覆盖，宽窄行种植，在窄行上筑垄，垄高6 ~ 10 cm，垄宽66 ~ 80 cm，垄上覆盖薄膜，每垄种2行作物；雨量较多的湿润地区选用高垄双行覆盖，垄高约16 cm。

3. 土壤保墒剂

土壤保墒增温剂是一种田间化学覆盖剂，又称液体覆盖膜。它是一种用高分子化学物质制成的乳状液，喷洒到土壤表面后，很快在地表形成一层覆盖膜，达到抑制土壤水分蒸发，提墒保墒，增加土壤含水量的目的。使用土壤保墒剂时，首先要将田块整平，尽可能压碎大土块，并在喷洒前浇足底墒水，施足底肥。按照120 ~ 1 500 kg/hm^{2}的剂量，稀释成5 ~ 6倍乳液，用药布或纱布过滤后，均匀喷洒于田间表面。

（二）耕作保墒

1. 耙耱保墒

耙耱保墒是通过耙耱土地而达到保墒的一种耕作措施。耙耱是耙地和耱地的总称，耙地是利用钉齿和圆盘耙在犁耕后、收获后、播种前和幼苗期常用的表土耕作措施之一；耱地是利用耱子进行表土耕作措施之一。耙地和耱地常常联合进行，具有碎土、平地和轻度镇压土壤的作用。同时在表土形成极薄的干土覆盖层，具有明显的保墒效果。

2. 镇压保墒及提墒

镇压是利用农用镇压工具产生的机械压力压紧耕层表面及压碎土块的表土耕作措施。镇压具有平整土面、增加土壤和种子的接触，更主要的是能够将土壤下层的水分提升到上层，同时防止水分蒸发，即兼具提墒和保墒的作用。

3. 中耕保墒

中耕是指作物生长期对土壤进行的耕作措施，如通常说的锄地、耪地、铲地、蹚地等都属于中耕的范围。中耕的时期是作物从出苗至封垄期。由于降水、灌溉、踩踏、机压等多种原因使表土板结或杂草丛生，严重影响作物的正常生长发育，这时必须进行中耕。中耕的作用在于疏松表土，切断毛管水的上升，减少水分蒸发；破除土壤板结，改善土壤通气，增加降水入渗以纳蓄降雨；便于提高地温，加速养分的转化，以利作物的生长发育；可以消灭杂草，减少水分、养料等非生产性的消耗。中耕结合培土更能防止倒伏，提高农作物的产量和质量。中耕既能蓄水保墒，又能提温降温。辽宁省农业科学院连续2年在阜新试验区开展了针对半干旱区的中耕保墒蓄水耕作效果研究。根据测定，从7月10日至11月10日中耕处理的平均每公顷水分贮量比正常耕作处理的水分贮量多176.25 t，产量增加10.35%。

4. 保水剂

既可以在地表散施、沟(穴)施，也可以在地面喷施。地面散施是在播种时将保水剂直接撒于地表，使土壤表面形成一层覆盖的保水膜，以此来抑制土壤蒸发，用量一般为36～75 kg/hm^2。沟施是直接将种子和保水剂一同均匀地撒入种植沟内，然后覆土耙平。穴施是先将保水剂撒入穴内与土掺和，然后播种覆土。沟（穴）施保水剂用量一般为22.5～75.0 kg/hm^2。地面喷施是将保水剂配成一定浓度的溶液，均匀喷洒在地面，使之形成一层薄膜，减少地面蒸发，配置保水剂的体积分数一般为1%～2%。

三、大豆节水灌溉技术

（一）灌溉的依据

1. 田间土壤含水量

土壤水分状况是决定是否需要灌溉的重要依据。黑龙江省龙江灌溉试验站根据当地春大豆不同生育时期对土壤水分的要求，计算出了相应的适宜土壤含水量（占田间最大持水量之百分比）下限和上限：幼苗期60%～65%，分枝期65%～70%，开花结荚期70%～80%，鼓粒期70%～85%，成熟期65%。吉林省白城农业科学研究所确定的各生育时期灌溉的下限指标（占田间持水量之百分比）为：苗期40%，开花期之后为60%。当田间持水量已经下降到上述指标的下限时，就应当及时进行灌溉。

2. 大豆体内含水量

正常情况，大豆植株体内含水量会维持在69%～75%以上。当含水量降至59%～64%时，叶缘会萎蔫，开花数减少，落花落荚明显增加，据王滔等调查，山东省夏大豆品种丰收黄初花期植株含水量在77.9%时生育正常，而含水低于74.5%时即呈现旱象，需要灌溉。张文明和贺观钦指出，随着生育推进，大豆植株体内相对含水量有下降的趋势。因此，不同生育阶段，适宜灌溉的生理指标也是不同的。江苏省夏大豆苏协1号各生育时期提出了如下灌溉生理指标：苗期相对含水量为82.71%，开花期为73.35%，结荚期为66.79%，鼓粒期为62.73%。要维持夏大豆叶片正常的光合、呼吸等生理活动，叶片水势应在-100 kPa以上，以-50 kPa比较适宜。另外，大豆细胞汁液浓度或渗透势、气孔状况等也是评价灌水状况的有效指标。除了掌握上述生理指标外，经常观察大豆植株的长相也是十分重要的。如发现在晴天中午大豆叶片萎蔫，叶柄下垂，到傍晚又恢复正常状态时，即说明植株缺水，应及时灌溉以保持大豆体内水分的平衡。

3. 自然降水

自然降水与大豆需水完全吻合的机会是很少的。据颜春起对小兴安岭西南的赵光地区多年定位观测的结果，以大豆每公顷产1 950 kg计，分枝以前和鼓粒以后，当地自然降水的保证率为80%，而开花结荚期的保证率只有60%。所以，我们可以根据自然降水量、田间蒸发量及作物需水量之间的差额，来确定灌水量。

（二）大豆不同生育时期的水分管理

1. 造墒播种

由于大豆籽粒较大，且蛋白质和脂肪含量高，发芽时需要吸收较多的水分，因此墒情不好的时候，播前需要进行造墒播种，以保证大豆发芽对水分的要求，为苗全、苗齐、苗壮奠定基础。

2. 幼苗期

大豆幼苗期需水较少，若土壤湿度过大，易使幼苗节间伸长，不抗倒伏，或结荚部位高，坐荚少，产量低。因此，大豆幼苗期一般不宜灌溉，应适当蹲苗以促进根系下扎。

3. 分枝期

分枝期营养生长开始进入旺盛阶段，大豆对水分的要求也逐渐增多，保持适宜的土壤水分，才能促进分枝生长和花芽分化，但是分枝期灌水量宜小不宜大。

4. 开花结荚期

开花结荚期是大豆生长最旺盛时期，耗水量已达到最高阶段，大豆对水分的需要量急剧增加。春大豆开花结荚期在7月中旬至8月中下旬，虽然正值雨季，但由于作物蒸腾和田间蒸发量较大，也是经常发生水分亏缺的时期，所以此时灌水量较大。

5. 鼓粒期

此时大豆对水分十分敏感，鼓粒前期遇到干旱将会影响籽粒的正常发育，单株荚数和粒数下降；鼓粒中后期缺水，对籽粒及产量的影响相对较小，所以要注意对鼓粒前期的水分供应。

（三）主要灌水技术

1. 坐水播种技术

干旱半干旱地区春季旱情较为严重，如何保证大豆出苗及植株正常生长是大豆稳产丰产的前提。抗旱坐水播种技术，是在旱区当播种时遇有旱情，土壤含水量低，不能确保全苗时采用的技术措施。生产实践表明，坐水种植是保障干旱半干旱区大豆正常发芽、生长及提高作物产量的有效技术措施之一。该措施的主要技术要点为：铧尖调整到比开沟器铧尖低3～5 cm处，开沟深度一般为6～10 cm，宽度为10～15 cm。在种床表土下面施水，根据土壤墒情和作物种类合理确定施水量，使其土壤含水量满足种子出苗需要。播种采用机械精（少）量播种，每穴播1～3粒种子，做到不重播、不漏播。播种深度2.5～3.5 cm，播深一致，深度偏差0.5 cm，合格率≥75.0%。播种后及时镇压，镇压器中心线与种床中心线重合，其偏差不得大于4 cm。

2. 喷灌技术

喷灌是利用加压设备将灌溉水源加压或利用地形落差将灌溉水通过管网输送到田间，经喷头喷射到空中，形成细小的水滴，均匀喷洒在农田或大豆叶面，为作物正常生长提供必要水分条件的一种灌水方法。与传统地面灌水方法相比，具有节约用水、节省劳动力、适应性强等特点。

3. 微灌技术

微灌技术是指按照作物生长所需要的水和养分，利用专门设备或自然水头加压，在通过低压管道系统与安装在末级管道上的孔口或特制灌水器，将水和大豆生长所需要的养分变成细小的水流或水滴准确直接地送到大豆根区附近，均匀、适量地施于大豆根层附近的土壤表面或土层中的灌水方法。与传统的地面灌溉和喷灌相比，微灌只以少量的水湿润大豆根区附近的部分土壤，因此又叫作局部灌溉。适宜于大豆生产的微灌技术有滴灌、渗灌、微喷灌等。

（1）滴灌。通过安装在毛管上的滴头、孔口或滴灌带等灌水器将水以一滴一滴地、缓慢而均匀地滴在作物根区附近土壤中的灌水形式。由于滴头的流量很小，只湿润滴头所在位置的土壤，也只有此处的土壤水分处于饱和状态，土壤水分主要借助于土壤毛管张力作用入渗和扩散。因此较喷灌具有更高的节水增产效果，同时还可以结合灌溉给作物施肥，能够提高肥效1倍以上。不过由于其滴头的出流孔口小、流程长，流速又非常缓慢，易结垢和堵塞，因此应对水源进行严格的过滤处理。

（2）渗灌。通过埋在作物主要根系活动层的渗灌管直接向作物供应水分、空气和可溶性肥料的土壤环境控制方法，以渗流的形式借毛细管作用自下而上湿润作物根部周围的土壤。是一种既能充分满足植物的水分需要，又能有效地减少在灌溉中水分流失的灌溉方法。由于它减少土壤表层的土壤蒸发，是用水量最省的一种微灌技术。

（3）微喷灌。介于喷灌和滴灌之间的一种灌溉，属于局部灌溉，它是利用塑料管道输水，通过折射式、辐射式或旋转式微型喷头将水喷洒在土壤或作物表面的一种灌水形式。与一般的喷灌相比，微喷头的工作压力明显下降，有利于节约能源、节省设备投资，同时又可以提高空气湿度，具有调节田间小气候的优点。也可结合微喷灌进行作物施肥，提高肥效，一般可使作物增产30%。微喷灌与滴灌相比，喷头比滴头湿润面积大，出流孔较大，水流速度也明显加快，减少了堵塞的可能性。

4. 地面灌溉节水新技术

鉴于我国水资源与能源短缺，经济实力不足，广大农村地区的技术管理水平较低的现实，大面积推广喷、微灌等先进灌水技术还受到一定限制，因此在今后相当长的一段时间内，我国还仍需大力研究和推广节水型地面灌水技术。目前，我国农业科技人员在大豆生产实践中，已经总结出许多先进实用的地面节水灌溉技术。

（1）沟灌节水技术。沟灌是地面灌溉中普遍应用于大豆生产的一种较好的灌水方法。目前，我国北方地区实施沟灌的主要问题是沟灌灌水技术要求未得到严格执行，普遍采用大水漫灌，水的浪费现象十分严重。近年来，随着田间灌溉现代化的迅速发展，以及节水灌溉技术的研究和推广，使得传统的沟灌技术已有了很大的改进和提高。

封闭式直形沟沟灌技术。该技术主要适用于土壤透水性较强、地面坡度较小的地块。一般封闭沟沟距0.5～0.6 m，沟深0.15～0.25 m，沟长为30～50 m。当地面坡度为1/1 000～1/400时，单沟流量一般为0.5～1.0 L/s，灌水定额为300～600 m^3/hm^2。

灌水时，将3 ~ 5条灌水沟划为一组。

方形沟沟灌技术。主要适用于地形较为复杂，地面坡度较陡（1/50 ~ 1/200）的地段。灌水沟长一般2 ~ 10 m，地面坡度陡时宜短，坡度缓时宜长。每5 ~ 10条灌水沟为一组，组间留一条沟作为输水沟，就成为一个方形沟组。灌水时，从输水沟下段第一方形组开沟，由下而上浇灌。方形沟沟灌需要借掌握沟内蓄水深度来控制灌水定额。一般沟中水深蓄到10 ~ 13 cm时，灌水定额可达600 m^3/hm^2。

细流沟灌灌水技术。用短管（或虹吸管）从输水沟上开一小口引水。流量较小，单沟流量为0.1 ~ 0.3 L/s。灌水沟内水深一般不超过沟深的1/2，为1/5 ~ 2/5沟深。因此，细流沟灌在灌水过程中，水流在灌水沟内，边流动边下渗，直到全部灌溉水量均渗入土壤计划湿润层内为止。一般放水停止后在沟内不会形成积水，故属于在灌水沟内不存蓄水的封闭沟类型。

细流沟灌主要技术要素：入沟流量控制在0.2 ~ 0.4 L/s为最适宜，大于0.5 L/s时沟内将产生严重冲刷，湿润均匀度差；中、轻壤土，地面坡度在0.01 ~ 0.02时，沟长一般控制在60 ~ 120 m。灌水沟在灌水前开挖，以免损伤大豆苗，沟断面宜小，一般沟底宽为12 ~ 13 cm，上口宽25 ~ 30 cm，深度8 ~ 10 cm，间距60 cm。

沟垄灌水技术。在播种前，根据作物行距的要求，先在田块上按2行作物形成一个沟垄，在垄上种植2行作物，垄间形成灌水沟，留作灌水使用。该灌水技术适宜于宽窄行种植，具有保持垄部土壤通气性，兼具灌水、排水双重作用。但是，修筑沟垄比较费工，且沟垄部位蒸发面大，容易跑墒。

（2）地膜覆盖灌溉技术。大豆地膜覆盖灌水法，是在地面上覆膜，通过放苗孔、专用膜孔、膜缝等渗水、湿润土壤的局部灌水技术，适宜在干旱半干旱地区透水性强的沙性土壤中应用。

膜侧沟灌。一种早期采用的薄膜灌水方法，它是指在灌水沟垄背部位铺膜，灌溉水流在膜侧的灌水沟中流动，并通过膜侧入渗到作物根系区的土壤内。膜侧沟灌的灌水技术要素与传统的沟灌法相同，适合于垄背窄膜覆盖，一般膜宽70 ~ 90 cm。

膜上灌溉。在地膜覆盖栽培的基础上，在灌水沟内铺膜，其灌溉水流在膜上流动，并通过膜孔（放苗孔或专用灌水孔）或膜缝入渗到大豆根部土壤中。与传统的地面沟灌水方法相比，膜上灌溉方法改善了大豆生长的微生态环境，增加了土壤温度，减少了作物棵间土壤蒸发和深层渗漏，土壤不板结、不冲刷，可以大大提高灌水的均匀度和田间水有效利用率，有利于大豆节水增产和品质提高。

膜下灌溉。膜下灌溉可分为膜下沟灌和膜下滴灌。膜下沟灌是将地膜盖在灌水沟上，灌溉水流在膜下的灌水沟中流动，以减少土壤水分蒸发。其入沟量、灌水技术要素、田间水利用率和灌水均匀度与传统沟灌大致相同。膜下滴灌主要是将滴灌管铺设在膜下，以减少土壤棵间蒸发，提高水的利用效率。该方法更适合于干旱半干旱地区大豆的生产。

（四）大豆化学调控节水技术

1. 保水剂

保水剂又称吸水剂，是具有较强吸水性能的高分子材料，吸收水分的数量相当于本身重量的几十倍、几百倍，甚至千倍，在干旱环境条件下，能将所含水分通过扩散缓慢渗出来，并具有反复吸水和失水的特性。

一般用粒度在120目即0.125 mm粒径以上的保水剂与营养物、农药和细土等混合制成种衣剂，其中保水剂的含量依作物和地区特点而定，一般为5%～20%，种衣剂再作拌种或丸衣化，可大大提高出苗率，使根系发达，促进苗齐、苗壮，还能节水、省工和增产。

2. 抗旱剂

抗旱剂又称为抗蒸腾剂，主要成分为黄腐酸，用来抑制作物蒸腾，减少土壤水分损耗，起保水、节水和缓解干旱的作用。目前我国应用较多的是抗旱剂1号进行拌种或喷施。

（1）拌种。播前按大豆种子量称取0.2%的抗旱剂1号，配制成浓度为2%的棕黑色药液，将药液均匀地撒在种子上，搅拌均匀，风干后播种。

（2）喷施。当大豆在开花至结荚鼓粒期，遇到干旱，可用抗旱剂1号75～80 g/hm^2，兑水喷施。喷施时间应选择在无风天上午10点以前或下午4点以后喷施，24 h内遇雨需重喷。

第三节　大豆高产栽培技术

一、整地

大豆要求的土壤状况是，活土层较深，既要透气良好，又要蓄水保肥，地面平整细碎。玉米茬春整地时，实行顶浆扣垄并镇压。有深翻基础的原垄玉米茬，早春拾净茬子，耢平达到播种状态。

二、轮作倒茬

大豆对前作要求不严格，凡有耕翻基础的谷类作物，如小麦、玉米、高粱等作物都是大豆的适宜前茬。大豆最忌重茬和迎茬。东北地区较适宜的轮作方式为玉米—玉米—大豆。

三、播种

1. 种子质量

要求品种的纯度应高于96%，发芽率高于95%，含水量低于13%。挑选种子时，应剔除病斑粒、虫食粒、杂质，使种子净度高于97%。

2. 播种期及播种密度

春播大豆，当春天气温稳定通过8℃时，即可开始播种。辽宁省5月初是大豆的适宜播种期。播种后覆土厚度3～5 cm。过浅，种子容易落干；过深，子叶出土困难。播种后及时喷施除草剂，如氟乐灵、赛克津等。播种密度，辽宁省中部地区一般亩保苗10 000～12 000株，辽东地区适宜保苗数8 000～10 000株/亩，辽西地区适宜保苗数多在12 000株/亩以上。

四、田间管理

适时间苗，间苗宜在大豆齐苗后，第一片复叶展开前进行，拔除弱苗、病苗和小苗。及时中耕除草，破除地面板结，松土培根。大豆开花结荚期，如遇干旱，要及时灌溉，一般可增产10%～20%。

五、施肥技术

大豆需要的矿质营养种类全，且数量多。大豆根系需要从土壤中吸收N、P、K、Ca、Mg、Mn、Zn、Cu、B、Mo、Co等多种营养元素，其中每生产100 kg大豆籽粒，根系要从土壤中吸收7.2 kgN、1.8 kgP_2O_5、4.0 kgK_2O。因此合理高效使用肥料是实现大豆高产的关键之一。

（一）测土配方施肥技术

测土配方施肥就是通过土壤测试，提出既能满足大豆高产优质对土壤养分的需要，又能符合经济要求的一季大豆总施肥量。测土配方施肥的方法有很多，目前在我国推广应用的配方施肥技术有土壤肥力指标法、肥料效应函数法和养分平衡施肥法等。这些技术在农业生产上已获得巨大经济效益和社会效益。

1. 土壤肥力指标法

该方法是根据校验研究所确定的“高”“中”“低”等指标等级确定相应的施肥建议。只要获得土壤测试值，就可以确定施肥量，方法简便易行，缺点是半定量性质。在取得土壤测试结果以后，将测定值与该养分的分级标准进行比较，以确定测试土壤的该养分是属于“高”“中”“低”的哪一级，根据不同级别确定施肥量。一般在“低”级时，施入养分量与作物取走量的比为2∶1；在“中”级时，施入养分量与作物取走量的比为1∶1；在“高”级时，施入养分量与作物取走量的比为0∶1，即不需要施肥。当然在进行施肥指导时，还应根据当地具体条件，如土壤水分含量、秸秆是否还田、有机肥的供应等再做调整。

2. 养分平衡施肥法

该方法是根据一定的产量要求计算肥料需用量。其公式为:

$$W=(U-N)/(C-R) \tag{5-2}$$

式中：W为肥料需要量（kg/hm^2）；U为大豆的养分总吸收量（kg/hm^2），U=目标产量×每公顷产量的养分需要量；N为土壤供肥量（kg/hm^2）；C为肥料养分含量（%）；R为肥料当季利用率（%）。

目标产量是施肥欲达目标之一。目标产量指标拟定的恰当与否，是关系到所确定的施肥量是否经济合理的关键所在。近年来各地区根据土壤肥力水平经过大量的田间试验提出目标产量的计算公式，即$y=x/(a+bx)$，其中a、b是用无肥区产量（x）与完全施肥区产量（y）的回归关系计算出来的。在实践生产中目标产量也可以结合当地3年作物平均产量加上一定的增产率进行确定。作物养分吸收量是指构成一定经济产量所需的养分量。它随作物品种、产量水平、栽培技术和土壤、气候条件等因素而变化，在一定品种和栽培条件下，作物养分吸收量的变幅不大。一般土壤供肥量可视作不施某种养分小区的作物对该养分的吸收量，它与土壤有效养分含量之间存在着一定的函数关系，可依此函数算出土壤供肥量。肥料当季利用率依作物种类、肥料品种、土壤类型、气候条件、栽培管理和施肥技术等因素而变化，应根据当地试验数据确定。在实际应用中，应用一个比较简单的三要素肥力测定试验，加上土壤和植株的分析测定，就可以得出目标产量法需要的各种参数。

（二）大豆的矿质营养

1. 氮素营养

尽管大豆一生根瘤菌可以从空气中固定45.0～67.5 kg/hm^{2}的氮素，但在苗期，大豆根瘤的数量少而小，植株尚不能充分利用根瘤菌共生固氮以满足自身需要，需要依靠吸收土壤中的氮素生长，播种时施入适量的氮肥，可在此时起到补充氮素的作用；当大豆进入开花结荚时期，大豆植株积累氮素速度迅速加快，并达最高值，在大豆花期追施氮肥，化肥的利用及作用效果较好，一般结合中耕追施尿素45～75 kg/hm^{2}或硫酸铵60～100 kg/hm^2；大豆鼓粒期以后，根瘤菌的固氮能力开始衰退，有时会出现缺氮现象，即植株下部叶片绿色变浅，呈淡绿色，以后逐渐变黄而枯干，此时进行叶面喷施氮肥，可满足植株对氮素的需求。

2. 磷素营养

大豆是需磷肥较多的一种作物，随着大豆产量的提高，吸收磷肥的量几乎成比例增加。大豆生育早期可利用种子中的磷素，随着植株生长发育，植株中磷的含量逐渐增加，直至结荚期达高峰，以后开始下降。其中苗期至开花期，对磷素最为敏感，此期缺磷则生育不良，即使在生育后期供应充足的磷素也很难恢复。缺磷症状一般表现为叶色变深，呈浓绿或墨绿色；叶片变小，叶形尖而窄，且向上直立；植株瘦小，生长缓慢。严重缺磷时，茎秆可能出现红色。开花后缺磷，叶片上出现棕色斑点。

3. 钾素营养

大豆缺钾时，老叶尖部边缘变黄，逐渐皱缩而向下卷曲，但叶片中部仍可保持绿色。生育后期缺钾时，上部小叶叶柄变成棕褐色，叶片下垂而死亡。大豆植株对钾的吸收主要在幼苗期至开花结荚期。大豆吸收钾素最快的时间比氮素、磷素早1～2周。大豆缺钾现象出现也较早，在分枝期前后就可以看到缺钾症状。因此，钾肥宜作基肥或种肥施入土中。

4. 钙素营养

大豆有“石灰植物”之称，从大豆生长发育的早期开始，对钙的吸收量不断增加，在开花结荚期达到最高值，以后逐渐下降。大豆缺钙时，新的细胞不能形成，细胞分裂受到阻碍，根容易软化腐烂。缺钙时，茎和根的生长点及幼叶首先表现出症状，生长点死亡，植株呈簇生状。缺钙植株的叶尖与叶缘变黄，枯焦坏死，植株茎秆软弱，易早衰，结实少或不结实。在酸性土壤中施少量的石灰，在碱性土壤中施少量的石膏，对补钙有良好作用。在钙充足的土壤中，大豆植株生长繁茂，根瘤生长的数量多而大，固氮作用强。土壤中的钙含量丰富，能促进磷和铵态氮的吸收，但土壤中钙过多，会影响钾和镁的吸收比例，使土壤呈碱性反应，这对于多种微量元素的有效性有阻碍作用，大豆植株常出现缺铁、硼、锰等症状。

5. 微量元素营养

由于大豆对微量元素的需要量极少，加之多数土壤均可满足大豆的需要，所以微量元素在大豆上的使用常被忽视。但有大量的试验研究表明，为大豆补充适量的微量元素，具有较好的增产和提高其他肥料利用率的效果。

（三）大豆高效施肥技术

我国北方春旱严重，施肥方法和土壤管理直接影响土壤墒情和作物对水、肥的利用率。改春施肥为秋施肥，增施有机肥，可有效地提高大豆的水肥利用效率。关键技术如下：

1. 以底肥为主

一般将全部有机肥、大部分磷肥、钾肥及80%～90%的氮肥作底肥施用，少量的磷肥及钾肥作种肥，10%～20%的氮肥用作追肥。

2. 秋施底肥

结合秋耕，将底肥（包括有机肥和化肥）施入农田。施肥适宜深度以20～25 cm为佳。

3. 分层施肥

大豆种肥应采取分层深施的方法，可根据选用的机具情况将化肥施在种子的正下方、侧下方或侧面，要求肥料与种子间有5 cm以上的土壤分隔层。施肥深度视地温和土壤类型而定，低温冷凉区施肥要浅些，高岗温暖区施肥要深些，黏重土壤施肥浅些，壤性土壤施肥深些。

六、适时收获

根据当地的栽培制度、气象条件、品种熟性和田间长相灵活掌握收获时期。人工收获在落叶90%时进行；机械收获则在叶片全部落净、豆粒归圆时进行。保证收获质量，减少损失。

第六章

小豆、绿豆节水与高产栽培技术

小豆在北方半干旱地区的种植面积及产量虽然远不及玉米等大宗作物，但由于小豆生育期短，适应性广，具有固氮养地功能，同时又是禾本科、薯类和林果等间、套作的适宜作物和良好的前茬，因此在北方半干旱区农作制度改革和种植业结构调整中起着重要的作用。同时小豆及其制品也是北方半干旱区创汇的重要农副产品。

第一节　小豆与绿豆需水规律

小豆需水量较多，但不同生育阶段需水量也有较大差异，苗期植株小，生长慢需水量较少，耐旱能力较强，在半干旱区一般只要田间出苗情况良好，苗期不进行灌溉。但在特殊年份严重干旱时，由于苗小根少，吸水能力差，也需适量灌溉。现蕾至结荚期是小豆营养生长和生殖生长最快的时期，同时是小豆一生中需水最多的时期，也是需水最关键时期，即水分临界期。此时要求田间土壤中应保持充足的水分，如果气候干燥，土壤水分不足会造成小豆出现大量落花落荚的现象。一般有条件的地方可在此时期灌水1～2次，以延长开花结荚时间，增加单株结荚数和单荚粒数。鼓粒灌浆期是小豆生殖生长旺盛时期，同样需要一定量的水分。此时期水分不足，会使小豆荚瘪粒小，减产明显，甚至绝产，应视天气和土壤水分情况合理灌溉。灌水时应采用沟灌、畦灌或引进微灌节水设备进行灌溉，切忌大水漫灌。

与小豆相比，绿豆较为耐旱，因此有“涝小豆、旱绿豆”的说法。在田间最大持水量低于50%的情况下，可正常出苗、开花、结荚。绿豆怕涝，不耐水淹，土壤过湿易引起绿豆倒伏，一般情况下，只要田间苗出齐出全，苗期不进行灌溉，进行蹲苗。当旱情较严重时，由于苗小根少，吸水能力差，会影响其生长发育，应进行灌溉。3叶期以后需水量逐渐增加，现蕾期为绿豆的需水临界期，花荚期达到需水高峰，要求土壤中有充足的水分，花期如遇连阴雨天，落花落荚严重。因此在此期间，如遇干旱应适当灌溉，灌溉时切忌大水漫灌，如积水2～3 d，会造成植株死亡。

第二节　小豆节水高产种植技术

一、品种选择

辽宁省农业科学院进行的小豆品种引进试验结果表明：辽小豆1号、辽红小豆2号、珍珠白小豆、辽引红小豆1号及辽宁省农家品种大红袍等较为适宜辽西地区种植。

二、整地技术

合理深翻，细致整地，能改善土壤环境，熟化土壤，蓄水保墒，提高土壤肥力，减少杂草，是小豆高产的前提。一般春播种植，要在秋季前茬作物收获后，及时进行秋翻，秋翻深度为16～25 cm，结合施入一定量的优质有机肥，接着进行精细耙地、耱地和镇压。拟实行平播的土地，秋季耕耙压连续作业后即可留待翌年春季直接播种；拟实行垄播的，在翌年春季顶浆打垄并镇压。若秋季来不及翻耕，也可在翌年春季进行顶浆翻耕、施肥和耙耱。夏播种植，如麦豆双茬种植，要在小麦收获后及时进行浅耕，以10～15 cm为宜，施入一定量的基肥，随即进行耙耱，细碎表土，并立即进行播种。

三、抗旱播种技术

（一）播种期

尽管小豆在风沙半干旱地区自4月下旬至 6月底均可播种，但是播种期的早晚对小豆的产量和品质具有较大影响，过早或过晚都不适宜，要根据当地的气候条件和耕作制度及时播种。一般应掌握春播适时。夏播抢早的原则。春播当地温稳定在14℃以上时即可播种，一般在4月下旬至5月中旬进行，夏播以6月中下旬播种为宜。

（二）播种方法

小豆的播种方法主要是条播和点播，单作以条播为主，间作、套种和零星种植常用点播。播种量一般条播30～45 kg/hm^2，间作、套种应根据小豆实际种植面积而定。播种过程中，还应注意播深要一致，一般为3～4 cm。点播忌深，当播种时0～10 cm土壤含水量低于9%时，需要进行造墒播种（坐水播种）。

（三）种植密度

小豆的种植密度与品种特性、气候条件、土壤肥力、播种早晚和留苗方式等因素有关。一般应掌握早熟宜密，晚熟宜稀；春播宜稀，夏播宜密；肥地宜稀，旱薄地宜密；气温高的地区宜稀，气温低的地区宜密的原则。在一般栽培条件下，以10万～24万株/hm^{2}为宜。对春播中熟品种，行距50～60 cm，株距12～16 cm。夏播早熟品种，行距50～60 cm，株距8～12 cm。瘠薄地夏播早熟品种，行距45～50 cm，株距8～10 cm。

四、施肥技术

1. 基肥

根据风沙半干旱区特点及各地经验，一般肥力中等或低下的地块，施腐熟过的有机肥15～20 t/hm^2，肥力较高的地块施7.5～15.0 t/hm^2。并与下列化肥充分混拌后施用。施用基肥时，应注意化肥与种子必须隔离，相距5 cm以上，以防烧种。化肥配方为(每公顷用量)：

（1）尿素45～60 kg、磷酸二铵60～75 kg、硫酸钾75～90 kg（或氯化钾60～75 kg）。

（2）硫酸铵75～90 kg、过磷酸钙225～270 kg、硫酸钾75～90 kg（或氯化钾60～75 kg）。

2. 追肥

虽然小豆是需肥较多的作物，但由于其自身具有固氮能力，所以耐瘠性较强，一般在中等肥力以上的地块无须追肥。不过，如果在瘠薄地上种植，想要获得高产，则必须适量追施一定的肥料。追肥分为根际追肥和叶面喷施，根际追肥结合封垄前最后一次中耕，追施硫酸铵60～90 kg/hm^{2}或尿素40～50 kg/hm^2；也可以根据小豆需肥状况，在初花期至鼓粒期进行叶面喷施，用尿素9～10 kg/hm^{2}加磷酸二氢钾1.5 kg溶于500 kg水中喷施，同时可根据缺素状况加入微量元素肥料，如硼砂、钼酸铵、硫酸锰、硫酸镁、硫酸锌等。

五、主要田间管理技术

1. 化学除草

由于苗期生长缓慢，长势较弱，若苗期不注意除草，容易使植株间杂草丛生，造成草荒，对小豆根系发育及营养生长造成严重影响。因此对小豆苗期田间杂草的控制十分重要。在播后出苗前，用72%都尔乳油1 500～3 000 mL/hm^{2}或48%拉索乳油2 250～3 000 mL/hm^2，兑水200 kg均匀喷洒在土壤表面。出苗后，在杂草3～5叶时，可使用15%精稳杀得乳油（750～1 000 mL/hm^2）、拿捕净（1 500 mL/hm^2）、10%禾草克乳油（1 000～1 300 mL/hm^2）等化学药剂对小豆田间杂草进行茎叶处理，喷药用水量为600～750 kg/hm^2。

2. 补苗定苗

小豆出苗后及时查苗，缺苗少苗时及时补种，也可采用坐水补种。在幼苗出齐后，2片真叶展开时进行人工间苗，按计划种植密度一次定苗，剔除病株、弱株和杂株。

3. 中耕培土

小豆定苗后，应注意及时进行中耕保墒、锄草灭荒、培土防倒等田间管理工作。中耕最直接的作用是能消灭田间杂草，疏松土壤，调节水肥气热状况，促进根系发育，增强根瘤菌固氮能力。一般小豆生育期内在开花前需中耕2～3次，第一次中耕在2～4叶期进行，定苗之后浅耕一遍，以破除板结，铲除杂草或提高地温，增强根瘤菌的活动能力；在分枝期进行2次深耕，提高土壤蓄水能力；开花前期即封垄前进行第3次浅耕，以起到增根防倒伏的作用。

六、适时收获

小豆一般上下部荚果成熟不一致，尤其是无限结荚习性的小豆更为明显，往往基部荚果已成熟，而上部的荚仍为青绿色或正在灌浆鼓粒。收获过早粒色不佳，粒形不整齐，瘪粒较多，品质较差；收获过晚易裂荚落荚，且籽粒光泽褪色，粒色加深，异色粒增多，外观品质降低。因此要根据品种特性，适时采收。小面积种植时，当植株上有1/2荚达成熟荚色时，可用人工分批分期摘荚采收。大面积种植时当75%荚色变为该品种固有的成熟时的荚色即为适宜收获期。到达收获期时应及时收割，一般10：00前或16：00以后收割为宜，避开中午以防止炸荚丢粒。收割后可堆成小垛放置1～2 d，使其后熟，使部分干物质向未成熟的籽粒中输送，但不要堆放时间过长，以防籽粒霉烂，要及时晾晒脱粒。收获脱粒时，严防人为或机械混杂，降低小豆商品质量。

七、病虫害防治

风沙半干旱区小豆生育期内的主要虫害有蚜虫、红蜘蛛、豆荚螟等，主要病害有病毒病、锈病、枯萎病等。防治时要根据不同病虫害的为害特点，及时、快速、高效、有针对性地加以防治。

（一）主要病害及防治方法

小豆病毒病

【症状识别】 小豆病毒病是由多种病毒单一或复合侵染的一类系统病害，也是小豆产区普遍发生的病害之一。其田间症状主要表现为植株生长缓慢，花叶呈黄绿相间斑驳、皱缩，叶脉弯曲，叶肉呈泡状凸起，叶缘下卷，严重时致叶脉坏死。一般减产幅度达50%～80%，甚至绝收。

【防治方法】 及时防治蚜虫，并拔除病株；用1.5%植病灵Ⅱ号乳油1 000倍液进行喷雾。

（二）主要虫害及防治方法

1. 小豆蚜虫

【症状识别】 小豆生育前期的主要害虫之一。小豆出苗后，有翅蚜虫开始迁飞于小豆植株上，通过孤雌方式大量繁殖，以成虫、若虫聚集在小豆幼芽、嫩茎、顶端心叶和嫩叶背部、花蕾、花序及内荚等处吸食汁液，受害植株生长矮小，叶片卷缩，顶梢节间缩短，影响开花结实，甚至造成叶片脱落全株死亡，而且它还传播多种病毒病。豆蚜一年可发生几十代，以卵越冬。

【防治方法】 选用抗（耐）虫的品种；保护食蚜瓢虫等害虫的天敌；释放蚜虫天敌日本豆蚜茧蜂（用蜂量为105万头/hm^2）；药剂防治可采用5%爱福丁4 000倍液，或5%来福灵乳油150～300 mL/hm^2或50%抗蚜威150～225 g/hm^2，加水600～1 000 kg喷雾。

2. 红蜘蛛

【发生规律】 在北方地区红蜘蛛每年发生10余代。以雌成螨群集在土缝、树皮和杂草根部过冬，春季气温回升到5～7℃时，越冬雌虫出蛰活动，先在小蓟、蒲公英、车前草等杂草上繁殖，6—7月转到小豆等作物上，在叶背吐丝拉网群集为害，为害盛期在7月下旬，8月上旬渐少，6—7月间如遇到连续高温干旱则繁殖快、为害重。最适温度29～30℃，最适相对湿度为35%～55%。雨水多或增加豆田湿度对红蜘蛛的卵和成、若螨的发育都不利，能使数量下降。耕作粗放、杂草多或生长稀疏田块发生多，常从田边点片发生，再蔓延全田。其幼螨、若螨和成螨均以刺吸式口器在植物叶背面吸取汁液，呈黄白斑点和红斑，猖獗为害时，全叶变黄、枯焦。

【防治方法】 选用抗（耐）虫的品种；清除田间和田边杂草；药剂防治早期可用20%三氯杀螨醇乳油1 000～2 000倍液，或1.8%爱福丁乳油5 000～9 000倍液喷洒；全田发生时，可用50%抗蚜威150～225 g/hm^2，加水600～1 000 kg喷雾。

3. 豆荚螟

【发生规律】 豆荚螟是豆类作物主要的蛀荚害虫。每年2～3代，以老熟幼虫在土中做茧越冬。4月下旬至6月成虫羽化，产卵于小豆植株上，孵化后1～3龄幼虫吐丝结网为害嫩茎尖、花蕾及花器，3龄后蛀食豆荚豆粒，导致初荚期豆荚干瘪，鼓粒期豆粒常被蛀成缺刻、食尽或霉烂，而且豆荚螟还能转荚为害。一般幼虫在豆荚内蛀食20 d左右，在小豆成熟前从豆荚钻出入土越冬。

【防治方法】 收获后及时深翻土壤；豆荚螟雌虫产卵盛期，释放赤眼蜂30万～45万头/hm^2；秋季在豆荚螟幼虫脱离豆荚前，将白僵菌与细土按1：10混合，用菌土75 kg/hm^{2}撒于豆田上，可将准备越冬的幼虫消灭；或在低龄幼虫阶段用Bt乳剂200倍液进行喷雾防治；也可以用50%马拉硫磷乳剂（1 100～1 500 mL/hm^2）1 000倍液或20%氰戊菊酯乳油（300～450 mL/hm^2）2000～3000倍液喷雾。

4. 地下害虫

【症状识别】 地下害虫在小豆幼苗为害症状十分明显。可将幼茎幼根咬断，造成缺苗断垄，严重的甚至毁种。杂草一般是地下害虫产卵寄主和幼虫取食寄主，早春铲除田边地头杂草，可减轻为害。

【防治方法】 一般可以用50%辛硫磷乳油50 mL，兑水500 g，拌40～50 kg小豆种子；或用50%辛硫磷乳油1 500 mL/hm^2，加水7.5 kg，拌300 kg细干土制成毒土，施入垄沟中；也可以用糖醋液、黑光灯、投敌百虫毒饵等方法进行诱杀。

第三节　绿豆节水高产种植技术

绿豆适应性很强，对土壤要求不严格，生育期也较短，可以平作，也可以填闲补种，或利用田埂地边、斜坡隙地种植，或作为轮作换茬作物，是半干旱地区重要的抗旱作物，其产品也是半干旱地区重要出口创汇的优势农产品。

一、品种选择

辽宁省农业科学院近几年连续在辽西地区进行的绿豆不同品种产量及抗旱性比较试验结果表明，辽绿5号、辽绿6号、辽绿26号、大鹦哥绿522、中绿1号、中绿2号等小豆品种较为适宜在辽西风沙半干旱地区种植。

二、整地技术

春播绿豆可在前茬作物收获后进行早秋深耕，耕深15～25 cm，有条件的地方结合耕地施有机肥22.5～45.0 t/hm^2。播种前浅耕细耙，做到疏松适度，地面平整，满足绿豆发芽和生长发育的需要。夏播绿豆多在麦收后复播，在小麦收获后及早整地，耕深10～15 cm为宜，疏松土壤，清理根茬，掩埋底肥，减少杂草。套种绿豆因受条件限制，无法进行整地，应加强套种作物的中耕管理，为绿豆播种创造条件。

三、播种技术

1. 播种期

绿豆生育期短，播种适宜期长，一般可春播又可夏播。一般播期为4月下旬至6月中旬。按照春播适时，夏播抢早的原则。春播在当地温度稳定在14℃以上时即可播种，一般在4月下旬至5月中旬进行，夏播以6月中旬播种为宜。

2. 种子处理

绿豆种子分批成熟，其籽粒饱满度和发芽能力也不同，在绿豆播种前要对种子进行精选，以此提高种子质量和纯度。要求播种用的种子净度≥95%、纯度≥95%、发芽率≥85%。在播前一星期内，选择在晴朗天气将种子摊放在阳光下晾晒1～2次，每次5～6 h。摊晒时，种子厚度5～6 cm，并经常翻动。有条件的地区还可对种子进行药剂处理。

3. 播种方法

绿豆的播种方法有条播、穴播和撒播，以条播为多。条播要防止覆土过深、下籽过稠或漏播，并要求行宽一致，一般行距40～50 cm，播深2～4 cm。间作、套作和零星种植大多是穴播，每穴3～4粒，行距50～60 cm。播种量一般为22.5～30.0 kg/hm^2。播种时墒情较差、坷垃较多、土壤沙性较大的地块，播后应及时镇压，以减少土壤内部空隙，增加表层水分，促进种子早出苗、出全苗，根系生长良好。

4. 播种密度

合理的种植密度是产量构成的重要因素。一般直立或丛生品种，保持在12.0万～22.5万株/hm^2，半蔓生品种保持在11万～18万株/hm^2。间作套种的种植密度，应根据主栽作物的种类、品种、种植形式及绿豆的实际播种面积进行相应的调整。

四、施肥技术

绿豆施肥应掌握以有机肥和无机肥混合使用的原则。田间施肥量应视土壤肥力情况和生产水平而定。在土壤含氮量偏低(全氮低于0.05%)的情况下，施用少量氮肥有利于根瘤形成，能促使绿豆苗期植株健壮生长。在土壤肥力较高(有机质含量高于2%，全氮高于0.1%)的条件下，不施氮肥。春播绿豆结合春耕一次性把底肥施入土壤之中，夏播绿豆往往来不及施底肥，可用30～75 kg/hm^{2}尿素或75 kg/hm^{2}复合肥作种肥。

五、主要田间管理技术

1. 补苗定苗

绿豆出苗后应及时查苗、间苗、补苗。如发现密度过大时，为使幼苗分布均匀，个体发育良好，应在第1片复叶展开后间苗，在第2片复叶展开后定苗。按既定的密度要求，去弱苗、病苗、小苗、杂苗，留壮苗、大苗，实行单株留苗。若有缺苗断垄现象，应尽早补种。

2. 中耕培土

在绿豆生长初期，田间易发生杂草。在开花封垄前应中耕2～3次，即在第1片复叶展开后结合间苗进行第一次浅锄；在定苗后，进行第二次中耕；到分枝期进行第三次深中耕并进行培土。

六、适时收获

绿豆多数品种为无限结荚习性，农家品种又有炸荚落粒现象，许多绿豆品种是分批分期开花，同时也分批分期结荚。一般植株上有60%～70%的荚成熟后，应适时收摘。以后每隔6～8 d收摘1次，效果最好。对大面积生产的绿豆地块，应选用熟期一致，成熟时不炸荚的绿豆品种，当70%～80%的豆荚成熟后，在早晨或傍晚时收获。收下的绿豆应及时晾晒、脱粒、清选、熏蒸后，贮藏于冷凉干燥处。

七、病虫害防治

（一）主要病害及防治方法

病毒病

【症状识别】　田间主要表现为花叶、斑驳、皱缩花叶和皱缩小叶丛生花叶等。在我国主要受豆蚜传播或种子带毒。

【防治方法】　主要策略是防蚜虫。为害绿豆的蚜虫主要有豆蚜、豌豆蚜、棉长管蚜和棉蚜虫，其中以豆蚜为害最重。

（二）主要虫害及防治方法

1. 小地老虎

【发生规律】　小地老虎每年可发生2～7代。以蛹或幼虫在土中越冬，成虫夜间活动交配产卵。小地老虎幼虫在3龄期以前群集为害绿豆幼苗的生长点和嫩叶，4龄以后的幼虫分散为害，白天潜伏于土中或杂草根系附近，夜间出来啮食幼茎，造成缺苗。成虫有强大的迁飞能力，常在傍晚活动，对甜、酸、酒味和黑光灯趋性较强。小地老虎发生的最适宜温度为11～22℃。幼虫喜湿，前茬作物为绿肥或蔬菜地，则发生量较多。低洼地、地下水位高的地块、耕作粗放杂草多的土壤为害较重。

【防治方法】 用糖醋液或黑光灯诱杀成虫；或将泡桐树叶用水浸泡湿后，每公顷地上均匀放1 000～1 200片叶子，第二天捉拿幼虫捕杀；也可在种植前将新鲜菜叶浸入90%敌百虫晶体400倍液中10 min，傍晚放入田间诱杀；幼虫在3龄前，可用90%敌百虫1 000倍液，或2.5%溴氰菊酯3000倍液，或20%蔬果磷3 000倍液喷洒，或2.5%敌百虫粉剂喷洒防治；也可于傍晚在靠近地面的幼苗嫩茎处施用毒饵或用90%敌百虫晶体1 000倍液，或50%辛硫磷乳剂1 500倍液灌根；3龄以后幼虫，可在早晨拨开被咬断幼苗附近的表土，顺行捕捉。

2. 蚜虫

【发生规律】 主要以成虫、若虫聚集在嫩茎、幼芽、顶端心叶和嫩叶背面、花蕾、花瓣及嫩果荚上刺吸汁液为害，是绿豆苗期的主要害虫之一。蚜虫一年可发生20多代，主要以无翅胎生雌蚜和若虫在背风向阳的地堰、沟边和路旁的杂草上过冬，少量以卵越冬。蚜虫在绿豆幼苗期开始迁入，以孤雌生殖繁殖为害，严重时使植株矮小，叶片卷缩，生长不良，影响开花结实，甚至全株死亡，而且它还是病毒病的传毒媒介。蚜虫繁殖的快慢与绿豆苗龄和温度、湿度密切相关，一般苗期重，中后期较轻。温度高于25℃、相对湿度60%～80%时发生严重。

【防治方法】 间苗后及时选用苦参素1 000倍液，或高效氯氰菊酯、5%爱福丁4 000倍液，或90%固体敌百虫100 g加水50 kg喷雾。

3. 红蜘蛛

【发生规律】 红蜘蛛以成虫或若虫在叶片背面吸食汁液。一年可发生10～20代。一般在5月底到7月上旬发生，高温低湿时为害严重。

【防治方法】 40%氧化乐果乳剂1200倍液，或50%马拉硫磷乳油1 000倍液，或50%三氯杀螨醇1 500～2 000倍液以及杀螨剂等。

4. 绿豆象

【发生规律】 绿豆象以幼虫蛀食各种豆类，对绿豆、小豆、豇豆为害最重。在粮仓内和田间均能繁殖为害，是绿豆主要的仓库害虫。绿豆象一年可发生4～6代，如环境适宜可达11代。以幼虫在豆粒内越冬，翌年春天化蛹，羽化为成虫，从豆粒内爬出。成虫善飞，在仓储粮豆粒上或田间嫩豆荚上产卵。每头雌成虫可以产卵70～80粒，以第2～4 d产卵量最大。成虫寿命一般5～20 d，完成一代需24～45 d。绿豆象在24～30℃、相对湿度68%～90%时发育最快，低于或高于此限，发育进度减慢，10℃以下停止发育。

【防治方法】 鼓粒后期是绿豆象成虫发生盛期，采用0.6%氧化苦参碱1 000倍液或5%爱福丁5 000倍液喷雾；仓储时采用磷化铝熏蒸，将绿豆放入密封的仓库中，按贮存空间1～2片/m^3磷化铝的比例进行熏蒸，不仅能杀死成虫，还可杀死豆粒中的幼虫和卵，且不影响食用和种子发芽。一般农户可取1～2片（3.3 g/片）装到小纱布袋内，埋入250 kg绿豆中，用塑料薄膜密封保存（注意：该药片遇潮湿就产生毒气）；小型容器或水泥池贮藏时，也可在绿豆表面覆盖15～20 cm厚的草木灰或细沙土，防止外来绿豆象成虫在绿豆表面产卵；对贮存量很少的农户，可将绿豆装入塑料袋中，夏季连续晒3～7 d，可使各种虫态的豆象在高温下致死；另外，也可利用绿豆象对花生油敏感，闻触到花生油后不产卵的特性，用0.1%花生油敷于种子表面，放在塑料袋内封闭。

第七章 马铃薯节水与高产栽培技术

马铃薯又名洋芋、土豆，是粮、菜兼用型作物，世界上栽培广泛，从南纬40° 到北纬70° 的广大区域内均有种植。2003年我国马铃薯种植面积达423万hm^2，占世界马铃薯种植面积的20%，占亚洲马铃薯种植面积的60%，辽宁省种植面积达12.5万hm^2。截至2007年，我国马铃薯种植面积已达470多万hm^2，已成为世界马铃薯第一大生产国，占世界种植面积的25%左右，占亚洲种植面积的60%左右。全国马铃薯总产量达到7500多万吨，约占世界的19%，亚洲的70%。目前，全国平均单产只有14 t/hm^2，但各个地区之间生产水平差别较大。我国马铃薯单产的前5位依次为山东（29.8 t/hm^2）、新疆（28.9 t/hm^2）、安徽（26.8 t/hm^2）、吉林（22.1 t/hm^2）和广东（21.5 t/hm^2）。

辽宁省各地的积温、日照等气候条件和土壤条件都适合马铃薯的生长，具备了马铃薯生产的地理条件。但辽宁省各地水资源分布不均，而且一年当中多集中在7、8、9月。辽宁省种植马铃薯90%为二季作，3月中下旬至4月初播种，7月中下旬前收获完毕，整个马铃薯生长季正处于辽宁省干旱少雨季节，马铃薯又是需水量较大的作物，生长季缺水严重影响马铃薯产量，是制约马铃薯产业发展的瓶颈。当前，马铃薯灌水绝大多数采用大水漫灌的形式，造成水资源的巨大浪费。马铃薯膜下滴灌节水技术比漫灌节水40%～50%、节肥30%，增产20%，同时改善马铃薯的品质，提高商品率。马铃薯膜下滴灌节水技术的推广与应用，是提高水资源利用率、节约种植成本、提高种植效益的有效措施。

第一节 马铃薯需水规律

一、马铃薯不同生育期需水规律

马铃薯在整个生育过程需要有充足的水分。生育过程的需水量与植株大小、叶的蒸腾量、土壤蒸发量、温度等有密切关系。根据研究结果，每亩产块茎2 000 kg，需水量为480～560 t。这是一般土壤条件下的理论数据，而实际马铃薯的产量与需水量情况有时差异较大，原因在于需水量与土壤性质、气候条件、品种、植株生长期长短等有很大关系。

马铃薯各生育阶段的需水量不同。马铃薯发芽期，所需的水分主要靠种薯自身供应。如芽块大一点(30～40 g)，土壤墒情只要能保持“潮黄墒”（土壤持水量达到65%左右）就可以保证出苗，这个时期抗旱能力较强。

在幼苗期，由于苗小，叶面积小，加之气温不高，蒸腾量也不大，所以耗水量比较少，但土壤也应该保持一定的含水量，满足幼苗生长的需要。一般幼苗期耗水量占全生育期总耗水量的10%。如果这个时期水分太多，反而会妨碍根系的发育，降低后期的抗旱能力；如果水分不足，地上部分的发育受到阻碍，植株就会生长缓慢，发棵不旺，植株矮叶子小，花蕾易脱落。此期灌水量10～15 m^3/亩。

块茎形成期：马铃薯植株的地上茎叶逐渐开始旺盛生长，根系和叶面积生长逐日激增，植株蒸腾量迅速增大，此时，植株需要充足的水分和营养，以保证植株各器官的迅速形成，从而为块茎的增长打好基础，这一时期耗水量占全生育期总耗水量的30%左右。该期如果水分不足，植株生长迟缓，块茎数减少，严重影响产量。此期灌水量30～40 m^3/亩。

块茎膨大期：即从开始开花到落花后1周，是马铃薯需水最敏感的时期，也是需水数量最多的时期。这一时期，植株体内的营养分配由供应茎叶迅速生长为主，转变为主要满足块茎迅速膨大为主，这时茎叶的生长速度明显减缓。据测定，这个阶段的需水量占全生育期需水总量的一半以上，土壤相对含水量达到70%～80%。如果这个时期缺水干旱，块茎就会停止生长。以后即使再降雨或有水分供应，植株和块茎恢复生长后，块茎容易出现二次生长，形成串薯等畸形薯块，降低产品质量。但水分也不能过大，如果水分过大，茎叶就易出现疯长的现象。这不仅大量消耗了营养，而且会使茎叶细嫩倒伏，为病害的侵染造成了有利的条件。此期灌水量50～60 m^3/亩。

淀粉积累期：需要适量的水分供应，以保证植株叶面积的寿命和养分向块茎转移，该期耗水量约占全生育期需水量的10%。此期切忌水分过多，因为如果水分太大，土壤过于潮湿，块茎的气孔开裂外翻，就会造成薯皮粗糙，有的地方把这种现象叫“起泡”。这种薯皮易被病菌侵入，对贮藏不利。如造成田间烂薯，将严重减产。此期灌水量10～15m^3/亩。

二、马铃薯灌溉制度

马铃薯各生育期灌水制度：

（1）苗期需水量少，气温低，叶的蒸腾量小，一般不灌水。

（2）幼苗期在40 cm土层内保持田间最大持水量的65%左右为宜。

（3）块茎形成期，以60 cm土层内保持田间最大持水量的75%～80%为宜。该期严重缺水的标志是花蕾早期脱落、植株生长缓慢、叶色浓绿、叶片变厚等。

（4）块茎增长期，以60 cm土层内保持田间最大持水量的75%～80%为宜。如早熟品种在初花、盛花及终花阶段，晚熟品种在盛花、终花及花后1周内，应根据降雨情况来决定灌溉措施。灌水勿过多，以免引起茎叶徒长。

（5）淀粉积累期，以60 cm土层内保持田间最大持水量的60%左右。

（6）成熟收获期，收获前15 d停止灌溉，以确保收获的块茎周皮充分老化，便于贮运。

二季作区全生育期滴水6～8次，亩滴水总量80～120 m^3，每次亩灌水量在15～20 m^3。一季作区全生育期滴水10～13次，亩灌水总量150～200 m^3，每次亩灌水量在15～20 m^3。开花期是马铃薯需水关键期，不能缺水。

马铃薯怕旱又怕涝，浇水应及时，并应小水勤浇。但浇水过多过大反而又影响马铃薯的正常生长和块茎膨大。同时，应注意雨后及时排除田间积水，尤其是生长后期排水更为重要，以免积水时间过长造成烂薯。

三、马铃薯生长发育特性

1. 喜凉

马铃薯植株的生长及块茎的膨大，有喜欢冷凉的特性。由于马铃薯的原产地南美洲安第斯山为高山气候冷凉区，年平均气温为5～10℃，最高月平均气温为21℃左右，所以，马铃薯植株和块茎在生物学上就形成了只有在冷凉气候条件下才能很好生长的自然特性。特别是在结薯期，叶片中的有机营养，只有在夜间温度低的情况下才能输送到块茎里。因此，马铃薯非常适合在高寒冷凉的地带种植。在马铃薯种植上，我们必须满足它的生长需要，这样才能达到增产增收的种植目的。我国马铃薯的主产区大多分布在东北、华北北部、西北和西南高山地区。虽然经人工驯化、培养，选育出早熟、中熟、晚熟等不同生育期的马铃薯品种，但在南方气温较高的地方，仍然要选择气温适宜的冬季种植马铃薯，不然也不会有理想的收成。

2. 分枝性

马铃薯的地上茎、地下茎、匍匐茎、块茎都有分枝的能力。地上茎分枝长成枝杈，不同品种马铃薯的分枝多少和早晚不一样。一般早熟品种分枝晚，分枝数少，而且大多是上部分枝；晚熟品种分枝早，分枝数量多，多为下部分枝。地下茎的分枝，在地下的环境中形成了匍匐茎，其尖端膨大就长成了块茎。匍匐茎的节上有时也长出分枝，只不过它尖端结的块茎不如原匍匐茎结的块茎大。块茎在生长过程中，如果遇到特殊情况，它的分枝就形成了畸形的薯块。上年收获的块茎，在下年种植时，从芽眼长出新植株，这也是由茎分枝的特性所决定的。如果没有这一特性，利用块茎进行无性繁殖就不可能了。另外，地上的分枝也能长成块茎。当地下茎的输导组织(筛管)受到破坏时，叶子制造的有机营养向下输送受到阻碍，就会把营养贮存在地上茎基部的小分枝里，逐渐膨大成为小块茎，呈绿色，一般是几个或十几个堆簇在一起，这种小块茎叫气生薯，不能食用。

3. 再生性

把马铃薯的主茎或分枝从植株上取下来，给它一定的条件，满足它对水分、温度、空气的要求，下部节上就能长出新根（实际是不定根），上部节的腋芽也能长成新的植株。如果植株地上茎的上部遭到破坏，其下部很快就能从叶腋长出新的枝条，来接替被损坏部分的制造营养和上下输送营养的功能，使下部薯块继续生长。马铃薯对雹灾和冻害的抵御能力强的原因，就是它具有很强的再生特性。在生产和科研上可利用这一特性，进行“育芽掰苗移栽”“剪枝扦插”和“压蔓”等来扩大繁殖倍数，加快新品种的推广速度。特别是近年来，在种薯生产上普遍应用的茎尖组织培养生产脱毒种薯的新技术，仅用非常小的茎尖组织，就能培育成脱毒苗。脱毒苗的切段扩繁，微型薯生产中的剪顶扦插等，都大大加快了繁殖速度，收到了明显的经济效益。

4. 休眠性

新收获的块茎，如果放在最适宜的发芽条件下，即20℃的温度、90%的湿度、20%氧气浓度的环境中，几十天也不会发芽，如同睡觉休息一样，这种现象叫块茎的休眠。这是马铃薯在发育过程中，为抵御不良环境而形成的一种适应性。休眠的块茎，呼吸微弱，维持着最低的生命活动，经过一定的贮藏时间，“睡醒”了才能发芽。马铃薯从收获到萌芽所经历的时间叫休眠期。

休眠期的长短和品种有很大关系。有的品种休眠期很短，有的品种休眠期则很长。20℃的贮存条件下，中薯系列和郑薯2号等休眠期比较短，大约45 d；早大白、费乌瑞他、尤金、克新4号等品种的休眠期是60 ~ 90 d；晋薯2号、克新1号、高原7号等晚熟品种的休眠期则要90 d以上。一般早熟品种比晚熟品种休眠时间长。同一品种，如果贮藏条件不同，则休眠期长短也不一样，即贮藏温度高的休眠期缩短，贮藏温度低的休眠期会延长。另外，幼嫩块茎的休眠期比完全成熟块茎的长，微型种薯比同一品种的大种薯休眠期长。

在块茎的自然休眠期中，根据需要可以用物理或化学的人工方法打破休眠，让它提前发芽。块茎的休眠特性，在马铃薯的生产、贮藏和利用上都有着重要的作用。在用块茎作种薯时，它的休眠解除程度，直接影响着田间出苗的早晚、出苗率、整齐度、苗势及马铃薯的产量。贮藏马铃薯块茎时，要根据所贮品种休眠期的长短，安排贮藏时间和控制窖温，防止块茎在贮藏过程中过早发芽，失去使用价值。

第二节　马铃薯节水高产种植技术

马铃薯节水种植一般采取膜下滴灌形式。膜下滴灌栽培马铃薯一般采取以下两种种植形式：一种是一膜一带等行距种植，这种种植形式一般行距60 cm，膜下每行铺一条滴灌带，薯块位于滴灌带一侧；另一种是一膜一带双行大小垄种植，这种种植形式一般行距100～120 cm，小行距30 cm ，大行距70～90 cm，膜下小垄上铺一条滴灌带，薯块位于滴灌带两侧。

一、播前整地

前茬作物收获后，伏天深耕晒垡，接纳降水，熟化土壤。秋季深耕，耕后打糖收墒，要求达到地面平整，土壤细绵，无前作根茬。马铃薯靠地下茎膨大形成经济产量，应选择土地深厚，肥力中上等，结构疏松的轻沙壤土。整地应做到深、松、平、净。即深耕达到25～30 cm，并细犁细耙，疏松结构。同时达到土碎无坷垃，干净无杂物。

二、轮作倒茬

种植马铃薯应选择土质疏松、肥沃、土层深厚、灌水方便的地块，忌重茬。轮作可减少病害，利用抗病品种结合轮作对防止癌肿病、线虫病尤为必要。另外，连作的马铃薯，由于营养吸收单一，可使土壤中钾肥含量很快下降，影响土壤肥力和下一茬产量，对种地养地、培肥地力大为不利。

大田栽培时，前茬以豆类、小麦、玉米等茬口为佳。在菜田栽培时，前茬作物以葱、蒜、萝卜等为好，这样既有利于把病害发病率压到最低限度，同时马铃薯生长期间茎叶覆盖地面，多数一年生杂草受到抑制或不能结籽，对减少草害有重要作用。茄科作物不宜作前茬，如番茄、茄子、辣椒等，同时，白菜、甘蓝也不是理想的前茬作物，因为它们与马铃薯有相同的病害。

三、马铃薯种薯脱毒

在田间，当带毒蚜虫把病毒传给植株时，病毒在植株体内增殖，经7~20 d就可运转到地下块茎，使块茎也带毒。这样的块茎作种子就不是无毒种薯了。试验结果表明，用大田薯留种，产量每年要递减20%左右。产量的降低与气候有密切的关系，在全国各个地方差异很大，在黄河以南地区，马铃薯退化很快，每年必须更换品种。而在北方气候冷凉地区，马铃薯退化则相对比较慢。因此为了获得高产，不能用大田薯留种子，而必须每年更换脱毒种薯，才能保证年年高产稳产。

"种薯"是指作为种子用的薯块。"脱毒种薯"是指马铃薯种薯经过一系列物理、化学、生物或其他技术措施清除薯块体内的病毒后，获得的经检测无病毒或极少有病毒侵染的种薯。利用茎尖脱毒复壮技术生产无病毒种薯，是20世纪50年代以来在马铃薯种薯生产上的一大贡献。茎尖脱毒是利用病毒在植物组织中分布不均匀性和病毒愈靠近根、茎顶端分生组织愈少的原理，而切取很小的刚分生的茎尖组织来实现，其切取的茎尖（生长点）大小常为0.2～0.3 mm，只带1～2个叶原基。概括而言，马铃薯脱毒复壮就是采用现代生物技术手段，把病毒从马铃薯植株体内除掉，使植株重新恢复到原来的健康状态，从而达到优质高产的目的。目前生产中常采用的脱毒复壮方法主要是指用茎尖组织培养技术来脱除病毒，主要步骤如下。

1. 选择优良单株

在进行茎尖组织培养之前，应于生长期间在田间选择具有本品种典型性、生育健壮、病症表现少或没有、产量高的单株用于茎尖剥离。

2. 汰除已感染马铃薯纺锤块茎类病毒的单株

因为马铃薯纺锤块茎类病毒不能通过茎尖组织培养方法脱除掉。

3. 取材和消毒

当入选的无性系通过休眠期后，可采用下列两种方法获得无菌苗：

（1）将块茎用自来水充分洗净后，用75%的酒精浸泡3～5 s，然后置于0.1%升汞溶液中灭菌10 min，再用无菌水冲洗5次。最后将块茎切成2 cm见方小块，每块带1个芽眼，于无菌三角瓶中培养。

（2）将块茎于温室内催芽播种，在芽长到4～5 cm、叶片未充分展开时剪芽。剪芽过晚，生长点易出现花芽分化而影响剥离。幼苗剪下剥去外层大叶片，将所有的芽放到干烧杯中，用纱布封口，用自来水冲洗0.5 h。控干水，然后在无菌室内严格消毒。

4. 茎尖剥离和接种

在无菌条件下，将已消毒灭菌的幼芽置于40倍的解剖镜下。然后用解剖针剥去幼叶，露出带有叶原基的圆滑生长点，再用消毒过的无菌刀（或解剖针）切下大约0.2 mm长、带1～2个叶原基的茎尖，随即将其置于有培养基的试管中，封好试管口。

5. 培养

接种于试管中的茎尖放于培养室内培养。培养条件是：温度25℃，光照时间为16 h/d，光照强度为2 000～3 000 Lx。在正常情况下，茎尖培养30～40 d就可见到其明显增长。这时可转入无生长调节剂的培养基中培养，经过4～5个月的培养，就可发育成有3～4个叶片的小植株。

茎尖培养获得的植株，不一定就没有了病毒，必须通过病毒检测鉴定出无病毒的株系。检测方法有4种：一是指示植物法；二是酶联免疫吸附法；三是分子生物学方法；四是电镜检测法。其中前两种方法比较常用。

通过检测获得的无毒株系，是否保持了原来品种特性，还需做进一步鉴定，因为在茎尖培养过程中，剥离的茎尖越小越易发生变异。鉴定的简单方法是将所有的株系种植到田间进行性状观察。

6. 种薯脱毒苗组培快速繁育技术

试管苗快速扩繁是马铃薯脱毒种薯繁育的第一步，只有繁殖出足够数量的试管苗，才能保证生产出大量的脱毒微型小薯。试管苗扩繁一般采用简易MS培养基，15～20 d扩转1次，扩繁倍数为1∶5左右。在最后一次扩繁时可以采用液体培养基培养茎段，不仅便于移栽，而且降低了成本，大大提高工作效率。在快繁过程中，由于操作及其他一些原因，难免受到病菌病毒的侵染感染，造成退化，要进行病毒抽检。只有经过再次茎尖脱毒才能复壮更新。

四、马铃薯困种和晒种

把出窖后经过严格挑选的种薯，装在麻袋或塑料网袋里，或用席帘等围起来，还可以堆放于空房子、日光温室和仓库等处，使温度保持在10～15℃，有散射光线即可。经过15 d左右，当芽眼刚刚萌动见到小白芽锥时，就可以切芽播种了，称为困种。

如果种薯数量少，又有方便地方，可把种薯摊开为2～3层，摆放在光线充足的房间或日光温室内，使温度保持在10～15℃，让阳光晒着，并经常翻动，当薯皮发绿，芽眼睁眼(萌动)时，就可以切芽播种了，这称为晒种。

困种和晒种的主要作用是：提高种薯体温，促使解除休眠，促进发芽，以统一发芽进度，进一步淘汰病劣薯块，使出苗整齐一致，不缺苗，出壮苗。

五、种薯催芽和切芽

1. 催芽

目前马铃薯的催芽方法很多，归纳起来主要有3种方式：一是先整薯切块，再覆土催大芽，然后播种；二是先整薯直接催大芽，再带芽切块、播种；三是前两个方法结合起来，先整薯催小芽，切块，再覆土催大芽，播种。第二种方法比较简单，与晒种方法相近，一般在室内可进行。把未切的种薯铺在有充足阳光的室内、温室、塑料大棚的地上，铺2 ~ 3层，经常翻动，让每个块茎都充分见光，经过40 d左右，当芽长到1.0 ~ 1.5 cm，芽短而粗，节间短缩，色深发紫，基部有根点时，就可切芽播种，但切芽时要小心，别损伤幼芽。由于顶端优势作用，顶芽长势非常快，而侧芽很慢，往往顶芽有2 cm长，而侧芽只有0.5 cm左右，顶芽和侧芽的长势明显不同。因此，在切块和播种时最好将顶芽和侧芽分开存放并播种，这样可保证田间出苗率比较整齐一致，否则，田间出苗率整齐度差异较大。一些品种休眠期比较短，贮存期间温度较高，出窖时已发芽的也可采用此方法。第一种方法催芽过程中常常出现烂薯现象，发芽率一般只有90%左右。但发的芽质量较好，有须根系长出，田间出苗率较好。第三种方法催芽效果最好，粗壮芽率可达100%，须根系发育较多，并且一些匍匐茎也已长出，田间出苗率整齐度好，增产和早熟效果明显。此外，各地根据不同的气候等实际情况，还创造出箱式催芽、育芽移栽等多种方法。

2. 切芽

比较好的切芽方法是根据薯顶部芽眼出芽快而整齐的特性(即顶芽优势)，较小薯块由顶端向基部纵切为二，中等薯块纵切为四，大薯块先从基部按芽眼顺序切块，到薯块上部再纵切为四，使顶部芽眼均匀地分布在切块上。每个芽块的重量最好达到50 g，最小不能低于30 g。大芽块是丰产种植技术的主要内容之一。切芽，要把薯肉都切到芽块上，不要留“薯楔子”，不能只把芽眼附近的薯肉带上，而把其余薯肉留下，更不能把芽块挖成小薄片或小锥体等。具体说，50 g左右的薯块不用切，可以用整薯做种；60 ~ 100 g的种薯，可以从顶芽顺劈一刀，切成2块；110 ~ 150 g的种薯，先将尾部切下1/3，然后再从顶芽劈开，这样就切成3块；160 ~ 200 g的种薯，先顺顶芽劈开后，再从中间横切一刀，共切成4块；更大的种薯，可先从尾部切下1/4，然后将余下部分从顶芽顺切一刀，再在中间横切一刀，共切成5块。这种切法，芽块都能达到标准，而且省工，切得快。

通过切芽块，还可对种薯做进一步的挑选，发现老龄薯、畸形薯、不同肉色薯(杂薯)，可随切随挑出去，病薯更应坚决去除。凡发现块茎表皮有病症的，应随时剔除。感染了青枯病、环腐病的种薯从表皮上是不易识别的，要在切开后才能发现病症。病薯一般均是沿着维管束形成黄圈并有锈点，薯尾较明显，严重时可挤出乳白色或乳黄色的菌脓，遇这类病害的薯块时一定要把使用过的切刀进行消毒。若不消毒切刀，继续切块就会造成病菌大量传染，切刀成为青枯病、环腐病传染的主要媒介物。故在切块时要多准备几把刀，以利于在切薯消毒时轮流使用。切刀消毒方法有以下几种：用0.2%的升汞水，浸刀10 min即可达到灭菌效果；切块时烧一锅开水，并在开水中撒一把食盐，将切刀在沸水中消毒8 ~ 10 min；切块时遇病薯后，把切刀插入炉火中消毒；用瓶装酒精，把切刀插入瓶中消毒，一般浸3 ~ 5 min将刀拿出，待酒精挥发后再切块。

六、适时适量播种

适时早播可以早收早上市，获得较高的收益。适时播种需要根据土壤温度和种薯质量而定。一般10 cm深的土壤温度稳定在5 ~ 7℃时播种比较安全。因马铃薯通过休眠后，在7℃的条件下即可发芽和缓慢地生长，土温上升到12℃左右幼芽可迅速生长。早播比一般的播期早结薯，也可以提前收获，避开各地的后期高温。而且田间烂薯少，退化现象轻，种性好。一般来说，在当地晚霜期前20 ~ 30 d，气温稳定在5℃以上时即可播种。二季作区的春播适期在3月中下旬至4月上旬，一季作区的适宜播期应从4月下旬到5月上旬。促早熟栽培，由于采用早熟品种催大芽，且在播后盖地膜，播期可以提早10 ~ 15 d，但在出苗后要注意防止霜冻。春季栽培的各项技术措施应在“早”字上下功夫，一定要做到在当地断霜时齐苗，炎热雨季到来时保产量。经验证明，播种适期后每推迟5 d，减产10% ~ 20%。

播种量要根据品种特性、栽培密度来确定，一般情况下，二季作栽培，密度为4 000~5 000株/亩，用种量175~200 kg/亩；一季作栽培，密度为3 000~4 000株/亩，用种量125 ~ 150 kg/亩。

七、施肥

1. 底肥

马铃薯高产地块每亩要施腐熟农家肥5 000 kg左右，一般也应施入3 000 kg。此外，马铃薯对钾肥的需求量最大，每亩还应再施入钾肥30 ~ 50 kg，增产效果才比较明显。施足基肥有利于前期根系发育和幼苗健康生长。基肥又分有机肥和化肥，作基肥施用的化肥最好和有机肥料混合后施用，特别是播种时施肥，把化肥和有机肥料混合施用比较安全，不致发生烧根等不良影响。“二要得法”是指马铃薯施肥有原则：应以农家肥为主，化肥为辅；以基肥为主，叶面追肥为辅。在施肥方法上，基肥以集中施用为宜。集中施肥能使较少的肥料发挥较大的作用，尤其在沙性大的土壤上，肥料养分容易流失，集中施肥有利于马铃薯根系发育过程把肥料网罗包围起来，减少养分流失。特别是硝酸铵类的化肥，其中硝态氮在沙土中不易被吸附，容易流失，集中施用效果更好。

采用膜下滴灌技术种植马铃薯的地块，有机肥和较难溶的化肥（磷肥）作基肥播前一次施入，旋耕后播种，可溶性氮、钾等化肥采用滴灌随水分期施入。

2. 追肥

结合滴灌，按马铃薯不同生育时期的需肥量随滴灌施入。全生育期施肥总量（纯）为20 kg/亩，氮：磷：钾配比为1：0.8：1.5。

（1）氮肥。苗期施入30%，花期施入50%，后期施入20%，在所有氮肥中，尿素及硝酸铵最适合于滴灌施肥，因为施用这两种肥料的堵塞风险最小。氨水一般不推荐滴灌施肥，因为氨水会增加水的pH，pH的增加会导致钙、镁、磷在灌溉水中沉淀，堵塞滴头。硫酸铵及硝酸钙是水溶性肥，但也有堵塞风险。

（2）磷肥。一般采取基肥施入，不建议采用滴灌追施磷肥，防止堵塞滴灌系统。大部分固态磷肥由于溶解度低而不能注入灌溉系统中，如需补充磷肥可在滴灌系统中注入适量磷酸，但不能长时间使用，防止马铃薯缺锌。

（3）钾肥。滴灌施肥常用的钾肥有氯化钾和硝酸钾。硫酸钾也可作为滴灌肥料，但溶解度不如氯化钾和硝酸钾，磷酸钾溶解度低，不要注入滴灌系统中。钾肥在苗期施入30%，花期施入25%，后期施入45%。

八、收获和贮藏

1. 收获

马铃薯在茎叶淡黄，基部叶片已枯黄脱落，匍匐茎干缩，块茎表皮木质化不再膨大时，即可收获。收获要在晴天进行。收获后应将薯块分级，放于阴凉处，摊晒2～3 d，防止暴晒、雨淋。收获前7 d，停止灌水和喷施化学药剂。

收获方式有人工刨收和半机械化两种，小面积种植多采用人工刨收，费工费时，效率较低；半机械化收获采用机械灭秧、机械铲收，并将马铃薯置于地表，人工分级装袋。收获速度快、效率高，面积较大地块多采用这种方式。

2. 贮藏

马铃薯在贮藏期间块茎重量的自然损耗是不大的，伤热、受冻、腐烂所造成的损失是最主要的。因此要了解和掌握马铃薯贮藏过程与环境条件的关系及对环境条件的要求，采用科学管理方法，最大限度地减少贮藏期间的损失。

首先，仓库或窖要清理、消毒，通风换气，使库（窖）内湿气排除、温度下降。对要入库（窖）的马铃薯，先晾晒，使其在库（窖）外度过后熟期，然后装袋码垛，垛不要高，一般码5袋高，两列并排为一行，行与行之间要留0.5 m左右的通风道，行的长度视库（窖）的大小来定。包装袋最好选用网眼袋，利于通气散热。要用木杠将袋子与地面隔开，利于地热及土地湿气的散失。

（1）温度。马铃薯贮藏期间的温度调节最为关键。因为贮藏温度是块茎贮藏寿命的主要因素之一。环境温度过低，块茎会受冻；环境温度过高会使薯堆伤热，导致烂薯。一般情况下，当环境温度在-3~-1℃时，9 h块茎就冻硬；-5℃时2 h块茎就受冻。长期在0℃左右环境中贮藏块茎，芽的生长和萌发受到抑制，生命力减弱。高温下贮藏，块茎打破休眠的时间较短，也易引起烂薯。最适宜的贮存温度是，商品薯4~5℃，种薯1~3℃，加工用的块茎以7~8℃为宜。

（2）湿度。环境湿度是影响马铃薯贮藏的又一重要因素。保持贮藏环境内的适宜湿度，有利于减少块茎失水损耗；但是库(窖)内过于潮湿，块茎上会凝结小水滴，也叫"出汗"现象。一方面会促使块茎在贮藏中后期发芽并长出须根；另一方面由于湿度大，还会为一些病原菌和腐生菌的侵染创造条件，导致发病和腐烂。相反，如果贮藏环境过于干燥，虽可减少腐烂，但极易导致薯块失水皱缩，同样降低块茎的商品性和种用性。马铃薯无论商品薯还是种薯，最适宜的贮藏湿度应为空气相对湿度的85%~90%。

（3）光照。商品薯贮藏应避免见光，光可使薯皮变绿，龙葵素含量增加，降低食用品质。种薯在贮藏期间见光，可抑制幼芽的生长，防止出现徒长芽。此外，种薯变绿后有抑制病菌侵染的作用，避免烂薯。

（4）氧气。贮藏期间要注意适量通风，保证块茎有足够氧气进行呼吸，同时排出多余二氧化碳。

（5）薯块品质。影响马铃薯块茎贮藏的内部因素有两个：一是品种的耐贮性；二是块茎的成熟度。在同样的贮藏条件下，有的品种耐贮性强，有的品种耐贮性差，因此应选择适于当地贮藏条件的品种。另外成熟度好的块茎，表皮木栓化程度高，收获和运输过程中不易擦伤，贮藏期间失水少，不易皱缩。此外，成熟度好的块茎，其内部淀粉等干物质积累充足，大大增强了耐贮性。未成熟的块茎，由于表皮幼嫩，未形成木栓层，收获和运输过程中易受擦伤，为病菌侵入创造了条件。由于幼嫩块茎含水量高，干物质积累少，缺乏对不良环境的抵抗能力，因此贮藏过程中易失水皱缩和发生腐烂。

九、马铃薯病虫害防治

（一）主要病害及防治方法

1. 黑痣病

【症状识别】 侵染幼芽顶部的病斑导致晚出苗或不出苗。轻微下陷的褐色溃疡斑在大小和形状上有所不同，感染顶部和地表处或近地表处的地下茎。溃疡可能围绕着茎，导致气生块茎的形成，植株枯萎和死亡。环绕在顶部可能导致不结薯。在块茎表面上形成各种大小和形状不规则的、坚硬的、深褐色菌核（真菌休眠体）。可能在茎基部形成白色的菌丝体，但对植株为害不大。

【发生规律】 由真菌引起的茎溃疡，黑痣病几乎在所有土壤中存在，因为它们寄主非常广泛，存活在植物残渣上和以菌核形式存活，容易在块茎上传播。它能在较大温度范围内生长。当外界条件不适宜快速出苗时，如低温和土壤过湿，它会对幼芽产生极大的为害。

【防治方法】 首先是使用无病种薯，不要用带有黑痣的薯块作种，尽量压低菌源；其次是轮作倒茬，菌核可在土壤里长期存活，马铃薯田与谷物或牧草进行长时间的轮作， 可降低发病率；第三是适当晚播和浅播，这样地温高些，促进早出苗，减少幼芽在土壤中的时间，从而降低发病率；第四是化学防治，以前多采取土壤消毒的方法，可以采用每亩多菌灵2 kg混加福美双2 kg拌土，撒施于地面，再翻地。随着科学技术的发展，出现了许多新的杀菌剂，对土传病害有特效，采取拌种和喷雾的方法，有较好的效果。当土壤感染不严重时，对种薯处理可以有效地降低种薯传染。用木霉和双核丝核菌作为生物防治可减轻此病害。

2. 疮痂病

【症状识别】 疮痂病主要为害块茎。开始在块茎表皮发生褐色斑点，以后逐渐扩大，破坏表皮组织，病斑中部下凹，形成疮痂状褐斑。病菌主要从皮孔侵入，表皮组织被破坏后，易被软腐病菌入侵，造成块茎腐烂。

【防治方法】

（1）在块茎生长期间，保持土壤湿度，防止干旱。

（2）实行轮作，在易感疮痂病的红甜菜叶、甜菜、萝卜、甘蓝、胡萝卜、欧洲萝卜等块根作物地块上不宜种植马铃薯。

（3）种植马铃薯地块上，避免施用石灰，保持土壤pH在5.0～5.2。

（4）选用黄麻子、豫薯1号、榆薯1号、鲁引1号等高抗疮痂病的品种。

（5）药剂防治：可用0.2%福尔马林溶液在播种前浸2 h，或用对苯二酚100 g，加水100 L配成0.1%的溶液，于播种前浸种30 min，而后取出晾干播种；“酸性疮痂”可在发病初期使用65%代森锰锌可湿性粉剂1 000倍液混克菌康800～1 500倍液，或使用72%农用链霉素2 000倍液进行喷施2～3次，间隔7～10 d。

3. 晚疫病

【症状识别】 在田间识别晚疫病，主要是看叶片。一般在叶尖或边缘出现淡褐色病斑，病斑的外围有晕圈，湿度较大时病斑就向外扩展。叶面如开水烫过一样，为黑绿色，发软，叶背有白霉(晚疫病的孢子囊梗和孢子囊)。严重的全叶变为黑绿色，空气干燥就枯萎，空气湿润，叶片便腐烂。叶柄和茎上也会出现黑褐色病斑和白霉，植株倒伏甚至死亡。块茎感病后，表皮出现褐色病斑，起初不变形，后来随侵染加深，病斑向下凹陷并发硬。如果湿度大，软腐病菌入侵又变软腐烂，呈梨渣子样。

【防治方法】

（1）降低菌源。播种前，每130 kg用种量，用50 g75%百菌清、72%克露、25%甲霜灵等任一种农药，加水2～3 L，用喷雾器均匀喷在芽块上，以麻袋或塑料布覆盖闷12～24 h；或将相同剂量药剂，加细灰或细土2～3 kg，混合均匀后拌在芽块上，再用来播种，以尽量杀死附在种薯上的晚疫病菌。

（2）药剂防治。当田间湿度过大、或接近阴雨天，即发病前用药剂喷雾预防。可以选用25%甲霜灵混70%代森锰锌600倍液，或80%大生600倍液混90%疫霜灵600～800倍液，或可杀得1 000～2 000倍液等，喷施马铃薯植株，起杀菌保护作用，每隔7～10 d喷药1次；发病期，可选用72%的克露600倍液，或64%杀毒矾可湿性粉剂，亩用量为100～150 g，加水50 L稀释，用喷雾器均匀喷施马铃薯苗。每隔7 d喷1次，交替换药，以防使用同一药剂使病菌产生抗药性。

4. 环腐病

【症状识别】田间马铃薯植株如果被环腐病侵染，一般都在开花期出现症状。先从下部叶片开始，逐渐向上发展到全株。初期叶脉间褪绿，逐渐变黄，叶片边缘由黄变枯，向上卷曲。常出现部分枝叶萎蔫。还有一种是矮化丛生类型，初期萎蔫症状不明显，长到后期才表现出萎蔫。这种病菌主要生活在茎和块茎的输导组织中，所以块茎和地上茎的基部横向切开后，可见周围一圈输导组织变为黄色或褐色，或环状腐烂，用手一挤，就流出白色菌脓，薯肉与皮层即会分开。

【防治方法】防治环腐病也要采用综合防治的办法。

（1）选购脱毒种薯，引种调种要经过检疫部门严格检疫。

（2）提倡用小整薯播种，不用刀切，避免切刀传病。

（3）播前进行晒种催芽等，对种薯进行处理，可以提前发现病薯，予以淘汰。

（4）对切刀和装种薯器具进行消毒。对库、筐、篓、袋、箱等存放种薯和芽块的设备、家具，都要事先用次氯酸钠、漂白粉、硫黄等杀菌剂进行处理。在分切芽块时，每人用两把刀，轮换使用，这样，总是有一把刀泡在75%的酒精或5%来苏儿等药液中，或开水锅内消毒。

（5）选用抗病品种，如东农303、克新1号、坝薯8号和乌盟601等。

5. 黑胫病

【症状识别】 被侵染植株茎的基部形成墨黑色的腐烂部分且有臭味，因此也叫黑脚病。这是典型的症状，因此而得名。此病可以发生在植株生长的任何阶段。如发芽期被侵染，有可能在出苗前就死亡，造成缺苗；在生长期被侵染，叶片褪绿变黄，小叶边缘向上卷，植株硬直萎蔫，基部变黑，非常容易被拔出，以后慢慢枯死。病株的块茎，先从块茎脐部发生病变，轻的匍匐茎末端变色，然后从脐向里腐烂，重的块茎全部烂掉，并发出恶臭气味。

【防治方法】 目前对马铃薯黑胫病还无有效的治疗药剂，主要防治措施是预防和减轻病菌的侵染，降低发病率。

（1）选购脱毒优质种薯。

（2）播前进行种薯处理。可以进行催芽，淘汰病薯；或用杀菌剂浸种杀死芽块或小种薯上带的病菌。具体方法是：用0.01%～0.05%的溴硝丙二醇溶液浸15～20 min，或用0.05%～0.1%的春雷霉素溶液浸种30 min，或用0.2%高锰酸钾溶液浸种20～30 min，浸后晾干用以播种。

（3）对芽块装载器具及播种工具，经常进行清洁和消毒。

（4）田间发现病株后，应及时拔除销毁，防止再侵染。

（5）选用抗病耐病品种，如克新1号、克新4号、郑薯2号、郑薯3号、高原7号和丰收白等品种。

（二）主要虫害及防治方法

1. 蝼蛄

【症状识别】 也叫拉拉蛄、土狗子。蝼蛄的成虫（翅已长全的）、若虫（翅未长全的）都对马铃薯形成为害。它们用口器和前边的大爪子（前足）把马铃薯的地下茎或根撕成乱丝状，使地上部萎蔫或死亡，也有时咬食芽块，使芽不能生长，造成缺苗。害虫在土中窜掘隧道，使幼根与土壤分离，透风，造成失水，影响苗子生长，甚至死亡。害虫在秋季咬食块茎，使其形成孔洞，或使其易感染腐烂菌造成腐烂。

【生活习性】 蝼蛄的成虫和若虫，都是在地下随土温的变化而上下活动的。越冬时下潜1.2～1.6 m筑洞休眠。春天，地温上升，又上到10 cm深的耕作层为害。白天在地下，夜间到地面活动。夏季气温高时下到20 cm左右深的地方活动，秋天又上到耕作层为害。一般有机质较多、盐碱较轻地里的蝼蛄为害猖獗。

2. 蛴螬

【症状识别】 也叫地蚕，是金龟子的幼虫。在马铃薯田中，它主要为害地下嫩根、地下茎和块茎，进行咬食和钻蛀，断口整齐，使地上茎营养供应不上而枯死。块茎被钻蛀后，导致品质丧失或引起腐烂。成虫(金龟子)还会飞到植株上，咬食叶片。

【生活习性】 蛴螬及其成虫都能越冬，在土中上下垂直活动。成虫在地下40 cm以下，幼虫在90 cm以下越冬，春季再上升到10 cm左右深的耕作层。它喜欢有机质，喜欢在骡马粪中生活。成虫夜间活动，白天潜藏于土中。幼虫有3对胸足，体肥胖，乳白色，常蜷缩成马蹄形，具有假死性。

3. 金针虫

【症状识别】 也叫铁丝虫，是叩头甲的幼虫。以幼虫为害，春季钻蛀芽块、根和地下茎，稍粗的根或茎虽很少被咬断，但会使幼苗逐渐萎蔫或枯死。秋季幼虫钻入块茎，在薯肉内形成一个孔道，降低了块茎的品质，有的还会引起腐烂。

【生活习性】 金针虫的成虫和幼虫，均可钻入土里60 cm以下的地方越冬，钻入时留有虫洞，春季再由虫洞上升到耕作层。夏季土温超过17℃时，它便逐渐下移；秋季地表温度下降后，又进入耕作层为害。幼虫初孵化出来时为白色，随着生长变为黄色，有光泽，体硬，长2～3 cm，细长。

4. 地老虎

【症状识别】 也叫土蚕、切根虫，以幼虫为害。成虫是一种夜蛾，分小地老虎和黄地老虎等多种。地老虎主要为害马铃薯等作物的幼苗，在贴近地面的地方把幼苗咬断，使整棵苗子死掉，并常把咬断的苗拖进虫洞。幼虫低龄时，也咬食嫩叶，使叶片出现缺刻和孔洞。它也会在地下咬食块茎，咬出的孔洞比蛴螬咬的小一些。

【生活习性】 地老虎的幼虫，是黄褐、暗褐或黑褐色的肉虫，一般长3～5 cm。小地老虎喜欢阴湿环境，田间覆盖度大、杂草多、土壤湿度大的地方虫量大；黄地老虎喜欢干旱环境，对湿度要求不高，夏季怕热。它们的成虫都有趋光性和趋糖蜜性。

【防治方法】 上述几种地下害虫各不相同，但又有相同之处。它们都在地下活动，所以防治方法大体一致。

（1）秋季深翻地深耙地。破坏它们的越冬环境，冻死准备越冬的大量幼虫、蛹和成虫，减少越冬数量，减轻翌年为害。

（2）清洁田园。清除田间、田埂、地头、地边和水沟边等处的杂草和杂物，并带出地外处理，以减少幼虫和虫卵数量。

（3）诱杀成虫。利用糖蜜诱杀器和黑光灯、鲜马粪堆、草把等，分别对有趋光性、趋糖蜜性、趋马粪性的成虫进行诱杀，可以减少成虫产卵，降低幼虫数量。

（4）药剂防治。使用毒土和颗粒剂：播种时每亩用1%敌百虫粉剂3～4 kg，加细土10 kg掺匀，顺垄撒于沟内，或用辛硫磷1 000 mL混高效氯氰菊酯500 mL，兑水300 kg，喷于沟内，毒杀苗期为害的地下害虫，或在中耕时把上述农药撒于苗根部，毒杀害虫；灌根处理：用40%的辛硫磷混高效氯氰菊酯，或敌百虫混高效氯氰菊酯800倍液，在苗期灌根，每株50～100 mL；使用毒饵：小面积防治还可以用上述农药，掺在炒熟的麦麸、玉米或糠中，做成毒饵，在晚上撒于田间。

5. 蚜虫

【症状识别】 蚜虫对马铃薯的为害有两种情况。第一种是直接为害。蚜虫群居在叶子背面和幼嫩的顶部取食，刺伤叶片吸取汁液，同时排泄出一种黏性物，堵塞气孔，使叶片皱缩变形，幼嫩部分生长受到妨碍，可直接影响产量；第二种是在取食过程中，把病毒传给健康植株(主要是桃蚜所为)，不仅引起病毒病，造成退化现象，还使病毒在田间扩散，使更多植株发生退化。这种为害比第一种为害造成的损失更为严重。

有些人种植商品薯，对蚜虫防治都不太注意，认为蚜虫的为害并不太严重。可是种薯生产就必须搞好对蚜虫的防治，不然生产出的种薯都会带有病毒，会使翌年种植的商品薯造成田间退化而减产。

【防治方法】

药剂防治，主要有两种施药法。一是穴施有内吸作用的杀虫颗粒剂，如有效成分为70%的灭蚜松，或辛硫磷混高效氯氰菊酯，再拌沙土。使用这2种药，在播种时撒于种薯周围；二是在生长期用药剂喷雾杀蚜。可选用有效成分为10%吡虫啉1 000倍液，或5%的来福灵1 500倍液，或25%的敌杀死1 000～1 500倍液，或2.5%的功夫乳油1 500倍液等农药，亩用药水90 kg，进行田间喷雾，重点喷叶背面。根据虫情，隔10 d再喷1次。

6. 瓢虫

【症状识别】 又叫二十八星瓢虫、花大姐等。除为害马铃薯外，还为害其他茄科或豆科植物，如茄子、番茄及菜豆等。马铃薯瓢虫的成虫、幼虫都能为害，它们聚集在叶子背面咬食叶肉，最后只剩下叶脉，形成网状，使叶片和植株干枯呈黄褐色。这种害虫大发生时，会导致全田薯苗干枯，远看田里一片红褐色。为害轻的可减产10%左右，重的可减产30%以上。

【生活习性】 一般在山区和半山区，特别是有石质山的地方为害较重，因为马铃薯瓢虫多在背风向阳的石缝中以成虫聚集在一起越冬。如遇暖冬，成虫越冬成活率高，容易出现严重为害。一般夏秋之交，瓢虫为害严重。此时成虫、幼虫(刺狗子)和卵同时出现，世代重叠，很难防治。

【防治方法】

（1）防治重点区域。有暖冬、石质山较多的深山区和半山区，距荒山坡较近的马铃薯田。

（2）防治指标。调查100棵马铃薯，有30头成虫，或每100棵有卵100粒，就必须进行药剂防治。

（3）防治时期。在越冬成虫出现盛期和产卵初期，开始进行药剂防治，并要进行连续防治。

（4）具体使用药剂和用量。要选择能杀死成虫、幼虫和卵的农药。可以使用有效成分为40%的辛硫磷混4%高效氯氰菊酯各1 000倍液，或用2.5%敌杀死、5%来福灵、2.5%功夫等菊酯或拟菊酯类制剂分别混80%敌敌畏800倍液，亩用药水100 kg以上进行田间喷雾。如使用2次以上，则最好轮换用药，防止瓢虫产生抗药性。

7. 螨虫

【症状识别】 即红蜘蛛，极小，一般用放大镜才能看见，以叶片的细胞物质为食。螨虫危害可使叶片出现棕褐色而导致失绿斑块，侵染严重时将导致叶片和植株的萎蔫。

【防治方法】 避免温暖、干燥、灌溉不足和过度使用杀虫剂杀死螨虫天敌。螨虫为害严重时（每叶达2～3头）需用杀螨剂，如用40%螨克（双甲脒）乳油加水1 000～2 000倍，或红白螨死1 000倍液，或扫螨净800倍液喷施叶片，重点喷施叶片背面。

8. 潜叶蝇

【症状识别】 潜叶蝇能侵害许多作物。在过度使用杀虫剂毁灭了它们天敌的地区，潜叶蝇是一种严重的马铃薯害虫。这种蝇体形小，幼虫在叶片内部钻出很多坑道，干燥以后将导致植株死亡。

【防治方法】 潜叶蝇有较多的自然天敌，应保护天敌。成虫可以用黏性的黄色诱捕物诱捕。必须防止植株开花前受到近1/3的为害。如果需要，应当使用对成虫或幼虫特别有效的药剂。目前市场上出售的斑潜净是一种很有效的药剂，药剂稀释倍数1 000～2 000倍，每亩用量25～60 g。施药时间最好在清晨或傍晚，忌在晴天中午施药。施药间隔5～7 d，连续用药3～5次，杀蚜虫的药剂都有较好的防效，消除潜叶蝇的为害。

9. 白粉虱及其他粉虱

【症状识别】 细小的成年白粉虱生活在叶片的下表皮，通过吸食植株的汁液而使植株变弱。植物受白粉虱侵害往往是过度使用杀虫剂杀死其天敌而使生态不平衡所导致的恶果。

【防治方法】 防治措施应当着眼于恢复生态平衡和培育白粉虱的有效天敌，因此，应当避免不必要的使用杀虫剂。建议在田块的边缘种植玉米或高粱或交替休闲以促进生物防治的天敌的发育；如果必须打药，应当使用10%扑虱灵乳油1 000倍液，或2.5%灭螨猛乳油1 000倍液，或21%灭杀毙乳油4 000倍液，或2.5%天王星乳油4 000倍液，或2.5%功夫乳油5 000倍液以及20%灭扫利乳油2 000倍液等药剂，它们均可有效地消除粉虱的为害。

（三）主要生理性病害及防治方法

1. 块茎空心病

【症状识别】 把马铃薯块茎切开，有时会见到在块茎中心附近有一个空腔，腔的边缘角状，整个空腔呈放射的星状，空腔壁为白色或浅棕色。空腔附近淀粉含量少，煮熟吃时会感到发硬发脆，这种现象就叫空心。空心病多发生于块茎的髓部，外部无任何症状。一般个大的块茎容易发生空心。空心块茎表面和它所生长的植株上都没有任何症状。大垄深培与小垄浅培对质量有很大影响，特别是用以炸条、炸片的块茎，如果出现空心，会使薯条的长度变短，薯片不整齐，颜色不正常。

【发生规律】 块茎的空心，主要是其生长条件突然过于优越所造成的。在马铃薯生长期，突然遇到极其优越的生长条件，使块茎极度快速地膨大，内部营养转化再利用，逐步使中间干物质越来越少，组织被吸收，从而在中间形成了空洞。一般来说，在马铃薯生长速度比较平稳的地块里，空心现象比马铃薯生长速度上下波动的地块比例要小。在种植密度结构不合理的地块，比如种得太稀，或缺苗太多，造成生长空间太大，都会使空心率增高。钾肥供应不足，也是导致空心率增高的一个因素。另外，空心率高低也与品种的特性有一定关系。

【防治方法】 为防止马铃薯空心病的发生，应选择空心发病率低的品种；适当调整密度，缩小株距，减少缺苗率；使植株营养面积均匀，保证群体结构的良好状态；在管理上保持田间水肥条件平稳；增施钾肥等。

2. 块茎黑心病

【症状识别】 主要是薯块贮藏器受害。在块茎中心部分形成黑至蓝黑色的不规则花纹，由点到块发展成黑心。随着发展严重，可使整个薯块变色。黑心受害处边缘界线明显，后期黑心组织渐变硬化。在室温情况下，黑心部位可以变软和变成墨黑色。不同的块茎对引起黑心的反应有很大的差别。在块茎中心部出现由黑色至蓝色的不规则花纹。缺氧严重时整个块茎都可能变黑。

【发生规律】 由于块茎内部组织供氧不足引致呼吸窒息所造成。在不同的环境条件下，从内部变粉褐色到坏死，直至严重发展形成的黑心，均为缺氧引起。当氧气从块茎组织内部被排除或不能到达内部组织时，黑心会逐渐发展。同时，黑心病情发展受温度的影响。温度较低时，黑心发展较为缓慢；过低的温度（0~2.5℃）黑心发展较为迅速；而且在特高温度下（36~40℃），即便有氧气，但因不能快速通过组织扩散，黑心也会发展。因此，过高、过低的极端温度，过于封闭的贮藏条件（通透性差），均会加重黑心病情。其主要原因是因为氧气不易迅速地通过组织进行扩散。

【防治方法】 注意贮藏期间保持薯堆良好的通气性，并保持适宜的贮藏温度。

3. 块茎畸形

【症状识别】 在收获马铃薯时，经常可以看到与正常块茎不一样的奇形怪状的薯块，比如有的薯块顶端或侧面长出一个小脑袋，有的呈哑铃状，有的在原块茎前端又长出1段匍匐茎，茎端又膨大成块茎形成串薯，也有的在原块茎上长出几个小块茎呈瘤状，还有的在块茎上裂出1条或几条沟，这些奇形怪状的块茎叫畸形薯，或称为二次生长薯或次生薯。

【发生规律】 畸形薯主要是块茎的生长条件发生变化所造成的。薯块在生长时条件发生了变化，生长受到抑制，暂时停止了生长。比如畸形块茎遇到高温和干旱，地温过高或严重缺水。后来，生长条件得到恢复，块茎也恢复了生长。这时进入块茎的有机营养，又重新开辟贮存场所，就形成了明显的二次生长，出现了畸形块茎。总之，不均衡的营养或水分，极端的温度，以及冰雹、霜冻等灾害，都可导致块茎的二次生长。但在同一条件下，也有的品种不出现畸形，这就是品种本身特性的缘故。

【防治方法】 上述问题容易出现在田间高温和干旱的条件下，所以，在生产管理上，要特别注意尽量保持生产条件的稳定，适时灌溉，保持适量的土壤水分和较低的地温。同时注意不选用二次生长严重的品种。

4. 块茎青头

【症状识别】 在收获的马铃薯块茎中，经常发现有一端变成绿色的块茎，俗称青头。这部分除表皮呈绿色外，薯肉内2 cm以上的地方也呈绿色，薯肉内含有大量茄碱(也叫马铃薯素、龙葵素)，味麻辣，人吃下去会中毒，症状为头晕，口吐白沫。青头现象使块茎完全丧失了食用价值，从而降低了商品率和经济效益。

【发生规律】 出现青头的原因是播种深度不够，垄小，培土薄，或是有的品种结薯接近地面，块茎又长得很大，露出了土层，或将土层顶出了缝隙，阳光直接照射或散射到块茎上，使块茎的白色体变成了叶绿体，组织变成绿色。

【防治方法】 种植时应当加大行距、播种深度和培土厚度。必要时对生长着的块茎进行有效的覆盖，比如用稻草等盖在植株的基部。另外，在贮藏过程中，块茎较长时间见到阳光或灯光，也会使表面变绿，与上述青头有同样的毒害作用，所以食用薯一定要避光贮藏。

5. 块茎裂口

【症状识别】 收获时常常可看见有的块茎表面出现有一条或数条纵向裂痕，表面被愈合的周皮组织覆盖，这就是块茎裂口，裂口的宽窄长短不一，严重影响商品率。

【发生规律】 块茎在迅速生长阶段，受旱未能及时灌水和及时追肥，或长期处于高温高湿或高温干旱条件下，块茎的淀粉向表皮溢出，出现"疙瘩"或薯皮溃疡；有的由于内部压力超过表皮的承受能力而产生了裂缝，随着块茎的膨大，裂缝逐渐加宽。有时裂缝逐渐"长平"，收获时只见到"痕迹"。其原因主要是土壤忽干忽湿，块茎在干旱时形成周皮，膨大速度慢，潮湿时植株吸水多，块茎膨大快而使周皮破裂。此外，膨大期土壤肥水偏大，也易引起薯块外皮产生裂痕。

【防治方法】 主要是增施有机肥，保证土壤始终肥力均匀；同时要适时浇水，在块茎膨大期保证土壤有适度的含水量，避免土壤干旱；还要保持土壤良好的透气性。一般可采取高畦栽培，深挖边沟，水沟深度需在50 cm以上，而且做到沟沟相通，遇雨能迅速排走田间积水，同时，要防除田间杂草丛生，雨季来临前经常进行清沟防积水。

十、马铃薯主要栽培品种

首先，选择脱毒马铃薯优良品种，如早大白、费乌瑞它、中薯2号等；其次是块茎的产量高。如单株生产能力强，块茎个大，单株结薯个数适中等；第三是抗逆性和耐性强。在同样情况下，感病轻，少减产或不减产；对自然灾害的抵御能力强，能抗旱、抗涝、抗冻等。对不同土质、不同生态环境有一定的适应能力；第四是块茎的性状优良。薯形好，芽眼浅，耐贮藏等。干物质高，淀粉含量高或适当，食用性好。大中薯率高，商品性好；第五是有其他特殊优点，薯形长得特殊，比如特别长，还原糖含量低，非常适合油炸薯条用等。总之，要选择高产、优质、高效的马铃薯优良品种。

（一）品种分类

当前推广应用的马铃薯品种，按从出苗至成熟的天数多少，可以分为极早熟品种（60 d以内）、早熟品种（61 ~ 70 d）、中早熟品种（71 ~ 85 d）、中熟品种（86 ~ 105 d）、中晚熟品种（106 ~ 120 d）和晚熟品种（120 d以上）。

（二）主要栽培品种

1. 东农303

【特征特性】 株形直立，分枝中等，株高50 cm左右，茎绿色，生长势强，花白色，不能天然结实。块茎扁卵圆形，黄皮黄肉，表皮光滑，大小中等，整齐，芽眼多而浅，结薯集中，休眠期70 d左右，耐贮藏。薯块含淀粉13.1%～14.0%，还原糖0.41%。植株中感晚疫病，块茎抗环腐病、退化慢、怕干旱、耐涝。

【产量表现】 一般每亩产薯块1 500～2 000 kg。

【栽培要点】 适宜密度为每亩栽4 000～4 500株，土壤肥力要求上中等，苗期和孕蕾期不能缺水，不适于干旱地区种植。

【适宜范围】 东北、华北、江苏、广东和上海等地均有种植，综合经济性状良好。

2. 费乌瑞它

【特征特性】 属极早熟菜用型品种，株形直立，茎紫褐色，分枝少，生长势强，株高65 cm左右。叶绿色，花蓝紫色。块茎长椭圆形，浅黄色皮，鲜黄色肉，表皮光滑，芽眼浅而少，块茎大而整齐，结薯集中，块茎膨大较快。休眠期较短。食用品质优，薯块含淀粉12.4%～14.0%，还原糖0.3%。植株易感晚疫病，块茎易感环腐病，轻感青枯病，退化快。

【产量表现】 每亩产1 700 kg，肥水好的地块产量可达3 000 kg。

【栽培要点】 适宜密度为每亩4 000～4 500株，块茎对光敏感，应及早中耕培土，及早进行田间管理，喜水喜肥。

【适宜范围】 该品种适宜性较广，在黑龙江、河北、北京、山东、江苏和广东等地均有种植，是目前山东省和广东省等作为出口商品薯生产的主栽品种，也是国内目前最主要的鲜薯出口品种。

3. 早大白

【特征特性】 属极早熟菜用型品种，株形直立，分枝性中等，株高50 cm左右。叶片绿色，花白色。薯块扁圆，大而整齐，大薯率达90%，白皮白肉，表皮光滑，芽眼较浅，休眠期中等。薯块含淀粉11%～13%，结薯集中、整齐，薯块膨大快。

【产量表现】 一般亩产为2 000 kg左右，肥水好的地块产量可达3 000 kg。

【栽培要点】 适宜栽种密度为每亩5 000株左右。要深栽浅盖，现蕾前完成2次中耕除草，注意防治晚疫病。株形矮小，可与其他作物进行间作套种。

【适宜范围】 适宜于二季作及一季作的早熟栽培，目前在山东、辽宁、河北和江苏等地均有种植。

4. 郑薯3号

【特征特性】 属极早熟菜用型品种，株形直立，分枝中等，株高40 cm。茎绿色，长势中等，花白色。块茎椭圆形，白皮白肉，表皮光滑，大而整齐，芽眼多而浅。结薯集中。生育期为60 d左右。薯块含淀粉12.5%，还原糖含量低。易感晚疫病、环腐病和疮痂病，退化快，不耐涝。

【产量表现】 一般亩产量为1 500 kg。

【栽培要点】 种植密度以亩栽5 500～6 000株为宜。要加强生育前、中期的肥水管理。适宜于二季作栽培及间套作。

5. 中薯2号

【品种来源】 中国农业科学院蔬菜花卉研究所育成。

【特征特性】 属极早熟品种。出苗后50～60 d可收获，生育期从播种到植株生理成熟70 d左右。株形扩散，分枝少，株高50 cm左右，生长势强，茎紫褐色，叶色深绿。花冠紫红色。薯块扁圆形，皮肉淡黄，表皮光滑，芽眼较浅。结薯集中，薯块大而整齐。块茎休眠期40 d左右，耐贮藏。食用品质优良，鲜薯淀粉含量14%～17%，还原糖含量0.2%以下。不感卷叶病毒，易感重花叶病毒和疮痂病。

【产量表现】 一般亩产1 500～2 000 kg，肥水好的高产田可达3 000 kg。

【栽培要点】 栽培密度为每亩3 500～4 500株，对肥水要求较高，干旱、缺水易发生二次生长。植株较矮，可与玉米、棉花等作物间套作。

【适宜范围】 主要适宜在北京、河北、山东、江西、江苏等二季作地区种植，也适宜北方一季作地区和南方冬作区作早熟蔬菜栽培。

6. 中薯4号

【特征特性】 属极早熟品种，出苗后55 d可收获，生育期从播种到植株生理成熟65 d左右。株形直立，株高55 cm左右，分枝数少，枝叶繁茂性中等。茎绿色，基部呈淡紫色，叶深绿色，花冠淡紫色。块茎长椭圆形，淡黄皮淡黄肉，大小中等，表皮光滑，芽眼少而浅。结薯集中，结薯数较多。块茎休眠期50 d左右。蒸食品质优，鲜薯淀粉含量13.3%，还原糖含量0.47%。植株较抗晚疫病，生长后期轻感卷叶病毒病，抗疮痂病，耐瘠薄。

【产量表现】 出苗后60 d收获亩产量可达1 500～2 000 kg，肥水好的高产田可达2 500 kg。

【栽培要点】 较抗病，耐瘠薄， 亩栽4 500～5 000株。播前催芽，施足基肥，加强前期管理，及时培土中耕，促使早发棵早结薯，结薯期和薯块膨大期及时灌溉。

【适宜范围】 二季作区和西南混作区早春蔬菜种植。也适合南方冬闲田、北方一季作地区早熟栽培。

7. 鲁马铃薯一号

【特征特性】 属极早熟菜用型品种，株形开展，分枝中等，株高60～70 cm。茎绿色，长势中等，花白色，易落花落蕾。块茎椭圆，黄皮浅黄肉，表皮光滑，块茎大小中等整齐，芽眼深度中等。结薯集中。块茎休眠期短，耐贮藏。生育期60 d左右。薯块含淀粉13.3%，还原糖0.01%，抗退化，较抗疮痂病。

【产量表现】 一般亩产1 500 kg。

【栽培要点】 适宜密度为亩栽4 000～5 000株，要求肥水充足。

【适宜范围】 适宜于中原二季作区种植，主要分布于山东省。

8. 辽薯6号

【特征特性】 属早熟菜用型品种，株高50 cm，株形直立，茎绿色，叶绿色，复叶橄榄形、侧叶4对，茸毛少，花冠白色，无自然结实，块茎扁圆形，淡黄皮，淡黄肉，表皮略麻，芽眼浅。生育期 70 d，早熟，大、中薯比率75%左右，休眠期80 d，耐贮性较好，块茎干物质含量18.5%、蛋白质1.88%、淀粉13.5%、还原糖0.11%、维生素C含量292 mg/kg（鲜薯），蒸食品味好。中抗马铃薯X病毒，抗马铃薯Y病毒。

【产量表现】 平均亩产2 250 kg，肥水好的高产田可达5 000 kg。

【栽培要点】 4月10日左右播种，亩用种150 kg。适于在平地中上等肥力地块种植，亩保苗4 500株，播种期施底肥80 kg，播种时用地虫克星防治地下害虫。

【适宜范围】 适于在辽宁省沈阳、大连、铁岭、阜新、葫芦岛等二季作地区种植。

9. 超白

【特征特性】 属早熟菜用型品种，植株生育茂盛，长势强，株高40 cm左右。茎绿色粗壮，叶片肥大平展，叶色浓绿，花白色。结薯集中，块茎圆形，白皮白肉，大而整齐，大中薯率为70%以上，表皮光滑。食用品质较好，淀粉含量为12.5%～13.4%。

【产量表现】 平均亩产量为1 500 kg左右，肥水好的高产田可达2 500 kg。

【栽培要点】 适宜密度为每亩5 000株左右。种植中加强田间管理，及时灌溉，重施优质腐熟基肥。株形矮小，可与其他作物进行间作套种。

【适宜范围】 适宜于辽宁、河北、江苏和安徽等地二季作区及城郊种植。

10. 黄麻子

【特征特性】 属早熟鲜食品种，出苗至成熟70 d左右。株形直立，分枝1～2

个，株高40 ~ 50 cm，茎绿色而粗壮，叶色深绿，花冠淡紫色。块茎长椭圆形，薯皮黄色有网纹，薯肉浅黄色，芽眼较多，顶部芽眼较深，结薯集中。耐贮性好。蒸食品味佳、面而香。鲜薯干物质含量21.68%，淀粉含量14.42%，粗蛋白质含量1.98%，还原糖含量0.29%。植株抗晚疫病，块茎抗晚疫病和疮痂病。

【产量表现】 一般每亩产量1 500 ~ 1 700 kg，高产田可达2 500 kg。

【栽培要点】 种植密度以每亩5 000株为宜。采用提早催大芽和利用地膜覆盖栽培可提前成熟。生长期间加强肥水管理，可与玉米、棉花等作物间套作。

【适宜范围】 该品种栽培适应区域较广，在辽宁、吉林、河北、山东等二季作地区和北方一季作区作早熟蔬菜栽培。

采用膜下滴灌节水栽培马铃薯，优良品种的选用要根据以下3个方面来确定。首先是种植目的，种植者可依据市场的需求，决定是种植菜用型马铃薯供应市场，还是种植加工型马铃薯供应加工厂，据此来确定选用哪种类型的优良品种。第二是根据当地的自然条件和生产条件，以及当地的种植习惯与种植方式等方面，来选用不同的优良品种。如城市的远近郊区或有便利交通条件的地方，可选用早熟菜用型优良品种，以便早收获，早上市，多卖钱；在二季作区及有间套作习惯的地方，可考虑下一茬种植以及植株高矮繁茂程度是否遮光等问题，选用早熟株矮、分枝少、结薯集中的优良品种。第三是根据优良品种的特性来选用，选择丰产性好，抗性、耐性强，品种品质优的品种。

第八章

甘薯节水与高产栽培技术

甘薯，又名番薯、山芋、地瓜、红苕、线苕、白薯、金薯、甜薯、朱薯、枕薯等，为蔓生性草本植物。在热带终年长绿，为多年生；在温带经霜冻茎叶枯死，为一年生植物。

甘薯在我国除黑龙江、吉林、甘肃、内蒙古、新疆、青海等省区外，其他各省区均有种植，而以黄淮平原、长江中下游和东南沿海栽培面积较大。淮河以北地区的栽培面积占全国总栽培面积的1/2。目前我国甘薯的消费比例大约是，工业加工占45%，饲用35%左右，食用20%左右。甘薯对保障我国粮食安全起了重要作用。甘薯除具有上述的食用及保健功能外，还是一个重要的能源作物，甘薯晒干率20%～35%，含淀粉15%～30%，世界各国以薯干或淀粉为原料生产乙醇有着悠久的历史。

辽宁省甘薯种植面积在150万亩左右，并呈逐年扩大的趋势。但甘薯科研基础设施投入少，没有形成一套完整的供种体系；品种单一，专用型品种少；品种更新慢，配套节水高产栽培技术不完善，导致单产很低，生产上急需适销对路的专用型品种和与之配套的高产、优质、高效栽培技术。

辽宁省市场以甘薯为原料加工的产品，绝大多数来自外省(如粉条、粉丝、薯片等)，省内只局限在小范围的、生产工艺简单、购销结构狭窄、品种单一不成系列、缺少深加工的初级产品生产阶段，这样就严重地限制了甘薯的发展。具体体现在如下方面：

（1）品种更新滞后。现在种植品种混杂退化较重，品种类型单一，缺少专用品种，如食品加工用的高糖、高胡萝卜素品种，工业加工用的高淀粉品种。

（2）机械化程度较低。甘薯加工相当一部分靠手工，机械化程度低，缺乏先进的科学技术与加工设备，加工后大多数以初级产品形式进入市场，效益低。

（3）加工技术不配套。甘薯多层次加工技术不配套，很多有利用价值的成分作为废品处理。

（4）市场开发乏力。东北这个大市场开发利用得不够，没有真正发挥辽宁省甘薯生产巨大的地理优势。

甘薯节水高产种植技术

甘薯根系发达，枝繁叶茂，生长发育迅速，蒸腾量较大，其地上部和地下部生物产量较高，植株的含水量高达85%～90%，块根水分含量一般在70%左右，所以一生中需水量相当大。据测定在整个生育期间，田间总耗水量为500～800 mm，相当于每亩用水400～600 m^3。不同生长阶段的耗水量并不一样。发根缓苗期和分枝结薯期植物尚未长大，需水不多，两个时期各占耗水量的10%～15%。茎叶生长期需水量猛增，约占总耗水量的40%，薯块迅速增大期占35%。具体到各生长期的土壤相对含水量以保持在70%～80%为好，若土壤水分过多，氧气供应困难，影响块根肥大，薯块水分增多，干物质含量降低。

一、甘薯育苗

1. 育苗方式

建造温床的类型，按热源不同，可分为酿热温床、电热温床和火炕温床3种方式。这里主要介绍电热温床育苗。

2. 电热温床育苗技术要点

通过电热线散热来提高苗床内的土壤和空气温度，以此来保证甘薯育苗成功。

电热温床可在大棚内建平畦苗床，床宽1.2～1.5 m，长度据需要而定，床深20 cm。一般做好苗床后整平踩实地面，开始铺设地热线。甘薯育苗所需功率一般为100～120 W/m^2。两端用两块木板钉上钉子固定电热线，线距7～9 cm，两边密些。布线要求平直，松紧一致。布线行数应为偶数，以使电热线的两个接头位于苗床的一端。电热温床容易控制温度，育苗效果最好，但是成本略高。连电源的接头用绝缘胶布包好，再用防水胶布裹紧，防止漏电。铺好地热线后覆盖10 cm左右的肥沃床土，每平方米掺入50 g磷酸二铵。布线后即可通电升温2 d，当地温升到30℃以上时准备排种育苗。

电热温床育苗自动控温管理方便，但是要注意用电安全，电热线不可随意截断使用。温控仪显示的温度可能与地温计显示的不同，要随时观察以地温计为准调整控制温度。育苗结束，要及时取出电热线，盘好洗净，以备再用。

（1）育苗时间。在当地栽插适期前30 d排种育苗，一般在4月10日左右。

（2）种薯消毒。用50%多菌灵可湿性粉剂800倍液浸种5 min或排种后喷于种薯表面。

（3）排种密度和方法。甘薯排种量控制在20～25 kg/m^2为宜。排种时要注意分清头尾，头部朝上，切忌倒排。应当保持上齐下不齐的排种方法。排放种薯采用斜排式，后排薯顶部压前一排种薯的1/4，不影响薯块的出苗量，也充分利用了苗床面积。

（4）温度管理。种薯排放前，床温应提高到30～33℃。排种后使床温上升到35～37℃，保持3～4 d，然后降到32～35℃范围内，起到催芽防病作用。从薯苗出齐到采苗前3～4 d，温度适当降低。前阶段的温度不低于30℃，以后逐渐降低到25℃左右。大田栽苗前3～4 d，把床温降低到接近大气温度炼苗。

（5）水分管理。排种后盖土以前要浇透水，然后盖土，出苗以前看情况可不浇或少浇。随着薯苗不断长大和通风晒苗，适当增加浇水量，等齐苗以后再浇1次透水。采过一茬苗后立即浇水。在炼苗期、采苗前2～3 d一般以晾晒为主，不需要浇水。

（6）通风炼苗。幼苗全部出齐，新叶开始展开以后，选晴暖天气的上午10时到下午3时适当打开通气孔或支起苗床两头的薄膜通风。剪苗前3～4 d，采取白天晾晒、晚上盖的办法，达到通风、透光炼苗的目的。

（7）合理施肥。每剪（采）1次苗结合浇水追1次肥。肥料种类以氮肥为主。追施化肥要选择苗叶上没有露水的时候。如果叶片上有残留化肥，要及时振落或扫净。如追施尿素，一般不超过25 g/m^2。追肥后立即浇水，迅速发挥肥效。

（8）适时采苗。薯苗高度长到25 cm时，要及时采苗，栽到大田(或苗圃)。

二、选地与整地

甘薯是适应能力极强的作物，对土壤的要求不严，但要获得较高的产量和较好的品质，仍需有良好的土壤条件和耕作管理措施。因此甘薯地块的选择与整地做垄也是甘薯生产中不可忽视的重要环节。

1. 地块选择

选择甘薯地块尽量具备以下几个条件：

（1）具有一定的耕层深度。一般要求耕层深度以25～30 cm为宜。耕层深厚有利于涵蕴并为甘薯根系提供充足的水分、养分、空气等生长条件。

（2）耕层土壤疏松。土层疏松有利于根系氧气充足，维持植株呼吸与同化光合作用的平衡，植株健壮是形成高产的关键。同时提高对钾元素的吸收能力，使钾氮比较高，有利于养分向块根的转运。

（3）土壤肥力适度。肥力过低，甘薯会出现养分缺乏、植株生长不健的现象；肥力过高，特别是氮肥供给过量，元素间不平衡，会出现地上部分旺长而地下经济产量过低的现象。

（4）蓄水保墒能力强。甘薯多种在旱地，很少有灌溉条件，所需水分以天然降水为主。因此土壤要有一定的蓄水保墒能力。沙性过强的地块保水保肥能力弱，容易使养分过多流失，影响甘薯正常生长。

2. 整地做垄

甘薯地块选择好后要科学合理整地做垄。在增施有机肥、培肥改土、黏土掺沙、沙地掺土、深翻耕层的基础上，进一步做好垄，也是实现甘薯增产的关键。

（1）垄的方向。山区、丘陵区旱地地块，做垄方向要平行于等高线（垂直于坡向），也即是做成水平垄，以保证天然降水水分不失。较平整土壤肥沃的地块要尽量做成平直大垄，低洼地块要做到便于排涝。

（2）薯垄规格。大垄垄高30 cm，垄宽垄距1 m；小垄垄高25 cm，垄宽垄距75 ~ 80 cm，每垄栽1行。

总之，合理选择地块，科学做垄是甘薯丰产的一个关键环节。

三、合理施肥

1. 甘薯需肥规律与特点

甘薯的根系发达，吸肥能力强，甘薯是喜钾作物，对钾肥需求最多，氮肥次之，磷肥需求较少。金继运等研究表明，甘薯对氮、磷、钾三要素吸收的总趋势是，前、中期吸收迅速，后期缓慢。

（1）氮素吸收。前、中期速度快，需量大，茎叶生长盛期对氮素的吸收达到高峰，后期茎叶衰退，薯块迅速膨大，对氮素吸收速度变慢，需量减少。

（2）磷素吸收。随着茎叶的生长，吸收量逐渐增大，到薯块膨大期吸收利用量达到高峰。

（3）钾素吸收。从开始生长到收获较氮、磷都高。随着叶蔓的生长，吸收钾量逐渐增大，地上部从盛长逐渐转向缓慢，其叶面积系数开始下降，茎叶重逐渐降低，薯块快速膨大期特别需要吸收大量的钾素。

2. 甘薯施肥期和施肥方法

甘薯是以地下部块根膨大实现产量的，而块根形成的多少和大小，又直接受制于地上部叶茎器官长势的优劣。只有正确地调控地上、地下器官合理发展，甘薯才能达到高产优质。

（1）底肥。甘薯产量高、根系深、生长期长、吸肥力强，必须有足够的底肥，才能在一定的空间和时间上供给养分。甘薯的底肥施用量应占总施肥量的80%以上，以半腐熟的有机肥料为宜。磷、钾化肥也多作底肥施入。在施用底肥时，如果没有有机肥料，施用三元复合肥料25 ~ 30 kg/亩，效果也较好。

底肥的用量也因产量指标和土壤肥瘦而定，如果要获得3 000 kg/亩的鲜薯产量，需施有机肥料3 000～4 000 kg；要获得2 000 kg/亩的鲜薯产量，需施有机肥料2 500 kg。同时，根据土壤肥沃程度、土质的好坏，灵活掌握施肥量。

甘薯大多种植在旱薄地上，缺乏养分的现象比较普遍，而甘薯又是吸肥力很强的作物，因此，补充养分十分重要。一般地块，应施优质有机肥2 m^3/亩，氮、磷、钾复合肥40～50 kg/亩，有机肥在起垄前撒施，化肥在起垄时集中条施。

甘薯对氮素的吸收集中于前期、中期生长阶段，而磷、钾吸收最多的时期却在薯块膨大期，因此，充足的底肥应能保证甘薯不同生育阶段对不同养分的需求。

（2）追肥。甘薯在早期茎叶生长时，需要较多的氮肥和一定量的磷、钾肥，以搭好丰产的架子；在薯块膨大时需要较多的钾肥。只有健壮的茎叶和较多的薯块，才能达到高产。追肥要早且根据底肥施用量的多少和甘薯的长相来确定是否追肥或追肥量的大小。为便于追肥操作，追肥应在封垄前进行追施，甘薯生长后期提倡施用叶面肥。

1）促苗肥。在栽后7 d左右，在肥力低或基肥不足的地块，可以适当施促苗肥，一般在团棵期前，每亩施用尿素3～5 kg，在苗侧下方7～10 cm处穴施，注意小株多施，大株少施，干旱条件下追肥后随即浇水，达到培壮幼苗的作用。

2）壮棵肥。在封垄期若苗情不旺，可追施壮棵结薯肥，促进早结薯和早封垄。分枝结薯期，地下根网形成，薯块开始膨大，吸肥力增强，需要及早追肥，以达到壮株催薯，稳长快长的目的。干旱条件下可以提前施用。施用量视苗情而定，长势差的地块每亩追施尿素3～5 kg或高氮复合肥5～8 kg；长势较好的用量可减少一半，基肥用量多的高产田可以不追肥，或单追钾肥。

3）催薯肥。在中后期若出现茎叶早衰可叶面喷施催薯肥，以钾肥为主，也可以作为裂缝肥施于根部。施肥时期一般在薯块膨大始期，每亩施用硫酸钾5～10 kg。施肥方法以破垄施肥较好，即在垄的一侧，用犁破开1/3，随即施肥。施肥时加水，可尽快发挥其肥效。甘薯是忌氯作物，不能施用含有氯元素的肥料。

4）后期根外追肥。在薯块膨大阶段或收获前30～50 d，可以在午后3时以后，每亩喷施0.3%的磷酸二氢钾溶液75～100 kg，每10～15 d喷1次，共喷2～3次，不但能增产10%以上，还能改进薯块质量。对8月中旬以前茎叶长势差、叶片黄化过早，叶面积系数不足2.5，可喷1%的尿素溶液与0.2%～0.4%的磷酸二氢钾混合液1～2次。喷施时间以晴天下午4—5时为宜。

四、适时栽插与合理密植

春薯应在终霜后5～10 cm地温稳定达到17℃时及时栽插。此外，栽插时用辛硫磷毒土防治地下害虫。拔苗时要将顶部对齐，秧苗从顶心向下留20 cm，多余部分剪掉。带水插秧，呈船底形，水干封埯，留2叶1心。

根据肥地宜稀、薄地宜密的原则，平肥地栽植4 000株/亩左右，山区薄地栽植4 500 ~ 5 000株/亩。

五、田间管理

1. 查苗补缺

脱毒薯苗质量总有差别，人工操作更不可能做到规格完全一样，因此不可避免地出现小苗和缺株现象。一般栽后2 ~ 3 d就应随查随补。

2. 化学除草

甘薯生产中基本上都是育苗移栽，可于移栽前2 ~ 3 d喷施土壤封闭性除草剂。用50%乙草胺乳油150 ~ 200 mL/亩或72%异丙甲草胺乳油175 ~ 250 mL/亩兑水40 kg均匀喷施。苗后处理每亩可选用2%的拿捕净乳油80 ~ 120 mL，或12.5%的盖草能乳油50 ~ 60 mL，或5%的精禾草克乳油50 ~ 60 mL，兑水40 kg左右，于杂草3 ~ 5叶期进行茎叶处理。

3. 中耕

中耕一般在生长前期进行，第一次中耕时要结合培土，使栽插时下塌的垄土复原，封垄前耕第二遍。

4. 控制徒长

由于脱毒薯生长旺盛，分枝多而壮，容易徒长，所以，化学控制徒长，是一项行之有效的增产措施。用15%多效唑80 g/亩，兑水40 kg，在团棵期和封垄期各喷1次，完全可以控制茎叶徒长。

六、收获与贮藏

1. 甘薯收获

一般正常收获期应在9月下旬至10月初。留种用甘薯应在10月1日前收获。甘薯收刨时要做到“三轻”：轻刨、轻运、轻入窖。“五防”：防霜冻、防雨淋、防过夜、防碰伤、防病害。

2. 甘薯贮藏的温度控制

薯块入窖时要不带病、无碰伤、不受冻、不受淹。保持适宜的窖温是贮藏好甘薯的关键。刚入窖时，有加温设备的可采用高温处理，防止黑斑病及软腐病的为害。

高温处理分3个阶段，在升温阶段，从烧火加温到薯堆温度达到35℃需1 ~ 2 d。

加温要猛，温度上升要快，待气温上升到36℃时停火，使温度逐渐达到上下一致，最后使温度稳定在35～37℃；第二阶段为保温阶段，使35～37℃的温度保持4昼夜；第三阶段为降温阶段，当高温保持4昼夜后，应打开全部门窗散热，降温要快，1～2 d以内窖温降至15℃左右，以后即进入常温管理。适宜温度应保持在11～13℃，最低不能低于9℃，最高不应超过15℃。

3. 甘薯贮藏的湿度控制

湿度与细菌繁殖和保持薯块品质有直接关系。湿度大，病菌繁殖快，病害蔓延迅速；湿度小，薯块水分丧失过多，影响薯块品质及发芽能力。贮藏期适宜的相对湿度应在85%～90%。

七、甘薯主要病虫害防治

（一）主要病害及防治方法

1. 黑斑病

【症状识别】 甘薯在幼苗期、生长期和贮藏期均能遭受病菌为害，主要为害块根及幼苗茎基部，不侵染地上部分。茎基部长出黑褐色椭圆形或菱形病斑，稍凹陷。严重时，幼苗呈黑脚状而死，或未出土即烂于土中，种薯变黑腐烂。新形成的薯块，收获前后发病最多，病斑为褐色至黑色，中央稍凹陷，病斑上生有黑色霉状物或刺毛状物，病薯变苦。

【发生规律】 病菌以厚垣孢子和子囊孢子在贮藏窖或苗床及大田的土壤内越冬，有的以菌丝体附在种薯上越冬，成为翌年初侵染来源。病菌主要从伤口侵入，温度在10℃以上就能发病，25～28℃最适宜发病。地势低洼、阴湿、土质黏重利于发病。

【防治方法】

（1）农业措施。实行轮作倒茬，高剪苗。

（2）药剂处理。一是种薯处理，用50%多菌灵可湿性粉剂500倍液浸种薯3～5 min后晾干入窖；二是药剂浸苗消毒，用50%甲基托布津可湿性粉剂500～700倍液，或50%多菌灵2 500～3 000倍液，蘸根6～10 cm、2～3 min。

2. 软腐病

【症状识别】 侵染薯块，患病初期薯肉内组织无明显变化，以后薯块变软，内部腐烂，有酒味。

【发生规律】 病菌附着在被害作物和贮藏窖内越冬，为初次侵染源。病菌从伤口侵入，病组织产生孢囊孢子借气流传播，进行再侵染。

【防治方法】

（1）适时收获，适时入窖，避免霜害。

（2）清洁薯窖，消毒灭菌。旧窖要用硫黄熏蒸（硫黄15 g/m^3）。

（3）种用薯块入窖前用50%甲基托布津可湿性粉剂500～700倍液，或50%多菌灵可湿性粉剂500倍液，浸蘸薯块1～2次，晾干入窖。

3. 茎线虫病

【症状识别】 甘薯茎线虫病又叫空心病，主要为害甘薯块根、茎蔓及秧苗。秧苗根部受害，在表皮上生有褐色晕斑，秧苗发育不良、矮小发黄。茎部症状多在髓部，初为白色，后变为褐色干腐状。块根症状有糠心型和糠皮型。

【发生规律】 甘薯茎线虫的卵、幼虫和成虫可以同时存在于薯块上越冬，也可以幼虫和成虫在土壤和肥料内越冬。

【防治方法】 药剂浸薯苗用50%辛硫磷乳油或40%甲基异柳磷乳剂100倍液浸10 min；药剂处理土壤用5%涕灭威颗粒剂2～3 kg/亩，薯苗移栽时施入穴内。该药田间有效期50～60 d，可有效防治茎线虫病的发生，并兼治其他虫害。

4. 花叶病

【症状识别】 甘薯花叶病又叫甘薯病毒病，育苗时带病种薯发芽数多，叶片全部发病，皱缩细小，叶脉淡黄透明，后期形成花叶状。病苗栽植大田后，叶片畸形，结薯小。

【发生规律】 带病薯块，育苗期长出病苗，病苗栽植大田，又结带毒小薯块。春季温度低最常见，夏季温度高不表现，到晚秋气温降低后，又出现花叶症状。

【防治方法】

（1）采用脱毒种薯，从根本上防止病毒病的发生。

（2）加强苗床检查，发现病苗，连同薯块一起挖除，保证病苗不下大田栽植。

5. 黑痣病

【症状识别】 薯块表皮开始形成淡褐色小斑点，以后逐渐扩大成灰色和黑色不规则大病斑，并产生黑色霉层。有些农民误认为是施化肥所致。

【发生规律】 在30～32℃条件下适宜传播。夏季雨水多时和土壤黏重地块发病重，水传播。

【防治方法】 选用无病种薯，培育无病壮苗，建立无病留种田，实行3年以上轮作制，注意排涝，减少土壤湿度。栽种时用50%多菌灵可湿性粉剂500倍液浸苗。

（二）主要虫害及防治方法

1. 蛴螬

【发生规律】 蛴螬是金龟子的幼虫，为害甘薯的主要有东北大黑鳃金龟、铜绿金龟子等。蛴螬为害与土壤温度有很大关系，在10 cm地温达到10℃时，开始向上移动；16℃时上升至15～20 cm处，17.7～20.0℃时为活动盛期；6—8月地温过高时，多从耕层土壤下移；9—10月温度又下降到20℃左右，又上升表土；地温下降到6℃以下时移至30～40 cm土层越冬。土壤湿度与蛴螬活动关系密切，土壤黏重的发生相对较重，靠近树林的田块产卵多，受害也重。金龟子类趋光性较强，有利于灯光诱杀。

【症状识别】 蛴螬幼虫和成虫均可为害甘薯，以幼虫为害时间最长。金龟子为害甘薯的地上部幼嫩茎叶，蛴螬则为害地下部的块根和纤维根，造成缺株断垄，薯块形成伤口，病菌易乘虚而入，加重田间和贮藏腐烂率。

【防治方法】

（1）春、秋耕地时，在犁后拾净蛴螬。

（2）整地时，每亩放入2～3 kg3%的敌蚂粉或用0.5 kg甲基异柳磷兑细土30 kg做土壤处理。

（3）用黑光灯、杨柳等树枝插于田间诱杀。

（4）结合防治茎线虫病，栽植时用3 000倍甲基异柳磷溶液灌窝。

八、甘薯主要栽培品种

适宜辽西地区的甘薯品种

1. 辽薯20

【品种来源】 辽宁省农业科学院作物研究所以川山紫为母本，徐薯18为父本通过有性杂交于2003年育成。

【特征特性】 该品种生育期130 d（栽植到收获），蔓长3～4 m，分枝5～6个，蔓紫色；叶柄紫色，叶片戟形，浅缺刻，叶片绿色；单株结薯3～4块，结薯集中，易于收获；薯块长纺锤形，紫红皮、紫红肉，烘干率28%，生长势强；田间接种结果，抗根腐病、黑疤病，轻感黑痣病，耐旱性强。

【产量表现】 一般亩产1 500 kg。

【栽培要点】 该品种适宜春薯种植，亩保苗3 000株。

2. 辽薯26

【品种来源】 辽宁省农业科学院作物研究所以辽薯73为母本，鲁薯1号为父本通过有性杂交于2003年育成。

【特征特性】 该品种生育期125 d（栽植到收获），蔓长3 ~ 4 m，平均分枝9.6个，顶叶绿色，叶心圆形，叶脉绿色，茎绿色；生长势强；薯块膨大快，结薯整齐集中，平均单株结薯4.5块，大、中薯率高，薯块长纺锤形，薯皮红色，光滑，薯肉白色，食味较好，烘干率29%；萌芽性好，出苗快、多，薯苗健壮，采苗量大；耐旱性较强。

【产量表现】 一般亩产2 373 kg，管理好的高产地块，亩产达5 000 kg以上。

【栽培要点】 该品种适宜春薯种植，早熟，5月中旬栽植，9月上中旬就可上市，亩保苗5 500株。

3. 辽薯30

【品种来源】 辽薯30是辽宁省农业科学院作物研究所于2003年以川山紫为母本，辽薯73为父本，通过有性杂交系统选育而成。

【特征特性】 该品种生育期130 d（栽植到收获），蔓长2.3 m左右，分枝5 ~ 7个，茎绿色；叶柄基部绿色，叶片心三角形，叶片绿色，叶脉绿色；单株结薯4 ~ 5块，结薯集中，易于收获；薯块长纺锤形，橘黄皮、橘红肉，熟食软甜，烘干率20.71%，适合食用和烘烤。该品种生长势强，耐旱性一般。

【产量表现】 一般亩产2 723.2 kg，管理好的地块，亩产达4 000 kg以上。

【栽培要点】 该品种适宜春薯种植，亩保苗3 500株。

4. 明水1号

【品种来源】 明水1号是彰武县科学技术局与辽宁省农业科学院耕作栽培研究所于2005年由彰武地方品种明水地瓜经系统选育而成。

【特征特性】 该品种属鲜食型品种。萌芽性较好，结薯集中整齐。蔓长1.8 m左右，分枝5 ~ 7个，蔓褐色，茎叶生长势中等；叶脉紫色，叶柄褐色，叶片心形、深绿色，叶边缘平滑，顶叶绿色边缘褐色；单株结薯3 ~ 5块，结薯集中，易于收获；薯块纺锤形，薯皮红色、光滑，薯肉白色。

【产量表现】 平均亩产2 429.3 kg。

【栽培要点】 明水1号在辽宁各地均可种植，适宜密度为4 000株/亩。适于沙壤土种植，平原洼地要做好田间排水工作。培育适龄壮苗，排种量控制在35 kg/m^{2}左右；合理施肥，基肥氮、磷、钾肥配合，生长中后期喷施叶面肥促进生长。

5. 济薯21

【品种来源】 济薯21为山东省农业科学院作物研究所选育，食用型甘薯品种。

【特征特性】 萌芽性中等，长势旺，中长蔓且较细，分枝较多；叶片心形，顶叶绿色带褐边，叶绿色，叶脉紫，茎紫色；薯块纺锤形，红皮黄肉，结薯性较好，大中薯率较高，食味较好；高抗根腐病，感茎线虫病和黑斑病。

【产量表现】 在2004—2005年全国甘薯品种北方薯区区域试验中，山东试点（济南、烟台）2年平均亩产鲜薯2 135.9 kg，薯干683.7 kg，分别比对照徐薯18增产26.9%和35.0%。2007年山东省引种试验平均亩产鲜薯2 389.8 kg，薯干784.8 kg，分别比对照徐薯18增产17.8%和24.0%。干物率32.6%，比对照高1.7%。

【栽培要点】 春薯种植密度为3 500～4 000株/亩，注意防治茎线虫病、黑斑病和地下害虫。

6. 商薯19

【品种来源】 商薯19是由商丘市睢阳区冯桥乡农业服务中心甘薯课题攻关组用SL-01作母本，豫薯7号作父本，进行有性杂交选育而成。2002年5月通过河南省评审认定为豫薯14号，2003年3月通过国家评审认定命名为商薯19。

【特征特性】 商薯19顶叶叶形心脏形带齿，叶色、叶基色、叶柄色、柄基色、茎色均为绿色；中短蔓，基部分枝中等，顶端茸毛少，株形匍匐；薯形纺锤、深紫红皮，肉纯白色，熟食口感好；干面、甜可口，薯块萌芽性好，出苗早、紫叶，出苗率高，大田茎叶生长势强，地下部结薯早而集中；春薯结薯4块左右，夏薯6块左右；高抗茎线虫病、根腐病。

【产量表现】 鲜薯一般亩产2 500～3 000 kg，高产地块可达4 000～5 000 kg。具有耐肥、耐旱、耐湿、耐贮藏的特点，特别适合加工红薯淀粉、粉皮、粉条、粉丝等。

7. 龙薯9号

【品种来源】 龙薯9号是由福建省龙岩市农科所培育的甘薯品种，2004年通过福建省农作物品种审定委员会审定。

【特征特性】 龙薯9号属短蔓高产优质品种，其蔓长0.8～1.0 m，分枝5～8条；脉基微紫，茎叶全绿，叶心脏形，有开花习性；一般结薯3～5块，短纺锤形，红皮橘红肉，整齐光滑；大块率高，口味甜糯，是一个食用烘烤的上等品种。

【产量表现】 适用性强，一般亩产3 800 kg左右。栽后100 d亩产可达2 000 kg，丰产性特好，其结薯特早的性能，比同期栽培的甘薯可提前15 d以上。

8. 红香蕉

【品种来源】 红香蕉是以西农43-1为母本，豫薯10号×绵粉1号为父本杂交选育的地瓜新品种。

【特征特性】 叶色浅绿，叶片小，心脏形，偶有缺刻，茎蔓中长细弱，茎部分枝多，株形匍匐，薯块纺锤形，薯皮橙红，肉色深橘红，结薯多而均匀，薯块整齐，商品率高，表皮光洁美观，市场易销售。品质上等、味甜浓香、面沙无筋，适宜鲜食、烤和加工薯脯，封垄后（结薯期）不徒长，耐旱耐湿，喜大水大肥。后期茎叶易衰，应加强中后期肥水管理。早熟性强，早春覆膜栽培，7—8月即可上市，经济效益高。

【产量表现】 亩产鲜薯3 000 kg左右。

9. 西农431

【品种来源】 西北农业大学朱俊光教授育成。

【特征特性 该品种蔓长1.0 ~ 1.5 m，基部分枝多，蔓、叶、叶脉、叶柄全是浅绿色，叶心脏形。结薯集中，薯块长纺锤形。薯皮橙黄，肉橘红，薯干鲜红，口感极好，香味浓、甜、面沙，出干率32% ~ 35%，是烤红薯、加工薯脯、罐头、鲜薯干、饴糖等保健食品的好原料。抗涝渍，耐低温，高抗黑斑病，耐贮运，生长势好，抗病性强。

【产量表现】 高产稳产，一般亩产量3 500 kg。

【栽培要点】 亩栽株数3 500 ~ 4 000株。

10. 济薯18号

【品种来源】 济薯18号系山东省农业科学院作物研究所与国际马铃薯中心合作，以徐薯18为母本，经放任授粉，获得实生种子选育而成，为高产、优质、抗病的紫色品种。

【特征特性】 蔓短，分枝多，顶叶色绿，叶脉、茎带紫色。鲜薯产量高，鲜薯产量比徐薯18增产10%左右。品质优，薯皮紫，春薯烘干率33%左右，夏薯28%左右，肉质香、甜、糯。早熟，薯块膨大早，早春覆膜栽培，8月中旬可上市。适应能力强。抗根腐病，较抗茎线虫病，抗旱、耐瘠。缺点是抗黑斑病能力差。

第九章 大田蔬菜节水与高产栽培技术

大田蔬菜是需水量较大作物，与其他农作物相比，对水分反应较为敏感。蔬菜是含水量较高作物，如大白菜、甘蓝的含水量达到90%以上，成熟的种子含水量也达到10%～15%。大田蔬菜生长期间灌水较为频繁，灌水及时与否显著影响产量。

第一节 大白菜需水规律

大白菜属十字花科、芸薹属、芸薹种、大白菜亚种二年生草本植物。大白菜叶面积大，蒸腾耗水多，但根系较浅，不能充分利用土壤深层的水分。在不同的生育时期、栽培方法和自然条件下，所需的水分情况是不同的，因此，生育期应供应充足的水分。幼苗期应经常浇水，保持土壤湿润，土壤干旱，极易因高温干旱而发生病毒病；在无雨的情况下，应当采取各种保墒措施，并及时浇水降温，加速出苗。莲座期应当适当控水，浇水过多易引起徒长，影响包心。

大白菜从播种到收获种子为一个生长世代，这个世代包括营养生长和生殖生长2个时期，每个时期又包括若干分期。在正常的栽培条件下，一个生长世代需跨年度，即第一年秋季完成营养生长，翌年春完成生殖生长。

大白菜在各个生长时期发生不同的器官，生长量和生长速度有明显差异，因此各时期应适时、适量浇水才能达到丰产。

一、营养生长时期

这一时期是营养器官生长阶段，末尾还孕育着生殖生长的雏体，包括发芽期、幼苗期、莲座期和结球期。

1. 发芽期

种胚生成幼芽的过程。从播种开始，经过种子萌动、拱土到子叶展开为止，需3～4 d。此期主要消耗种子中贮藏的养分，称作“异养”。因此，种子质量好坏直接影响到发芽、幼苗生长，对于大白菜的结球状况也有强烈的后效应。因此，大白菜发芽期，水分供应必须充足，要注意防止发生“芽干”现象。

2. 幼苗期

从“破心”即基生叶出现开始，到完成第一叶环止。2片基生叶展开后与子叶交叉成十字形，即所谓“拉十字”，然后再形成8片中生叶，即第一叶环。该叶环形成后幼苗呈圆盘状，称作“团棵”。从“破心”到“团棵”，早熟种需15 ~ 17 d，晚熟种约需20 d。大白菜进入幼苗期后，由“异养”过渡到“自养”，即靠自己制造的养分生长。此期生长量不大，但生长速度却相当快。因此，幼苗期必须及时浇水，天气干旱时应2 ~ 3 d浇1次水，保持地面湿润。

3. 莲座期

从“团棵”开始到出现包心长相止。该期要形成中生叶的第二和第三2个叶环。早熟种需21 ~ 22 d，晚熟种需25 ~ 27 d。据调查，莲座期即是营养生长阶段最活跃的时期，也是大白菜生长的关键时期。因此，莲座期充分浇水，保证莲座叶健壮生长是丰产的关键。但浇水要适当节制，注意防止莲座叶徒长而延迟结球，以土壤“见干见湿”为宜。

4. 结球期

顶生叶生长形成叶球的过程。这一时期很长，早熟种需25 ~ 30 d，晚熟种约需45 d。该期又分为前中后3期：前期，外层球叶生长构成叶球的轮廓，称为“抽桶”或“长框”，约15 d(以下指晚熟白菜)；中期，内层球叶生长以充实叶球，称为“灌心”，10余天；后期，外叶养分向球叶转移，叶球体积不再扩大，只是继续充实叶球内部，10余天。结球期是产品器官形成时期，从生长时间看，约占全生长期的1/2。从生长量看，约占单株总量的2/3，特别是结球前中期，是大白菜生长最快时期。大白菜结球期，对水分的要求极为严格，此时要保持土壤湿度在85% ~ 94%，缺水会造成大量的减产。从结球开始到收获，浇水5 ~ 6次，每次间隔6 ~ 7 d。

二、生殖生长时期

大白菜在莲座后期或结球前期已分化出花原基和幼小花芽，但此时以叶球生长为主，且温度渐低，光照时间渐短，不利于花薹抽出。北方在长达100余天的贮藏期内，依靠叶球内的水分和养分，形成了花芽甚至花器完备的幼小花蕾，翌年春定植于露地，完成抽薹、开花、结荚3个阶段。因此，这个时期以土壤“见干见湿”为宜。

第二节 大白菜节水高产种植技术

一、秋播大白菜高产栽培技术

1. 选好茬口

总体上来说大白菜不宜连作，也不宜与其他十字花科蔬菜轮作，以减少病源和虫源。辽阳地区，一般选择收获较早的豌豆、土豆、地膜西瓜等早夏蔬菜以及麦茬为好。

2. 整地做垄

大白菜要求土地平整，土壤细碎，并将田间杂草消灭干净。要大量施用农家肥，结合翻地每亩施腐熟有机肥5 000 kg，过磷酸钙50 kg，尿素20 kg，或复合肥25 kg。在播种前，平整土地以利排水和灌水，防止因积水或缺水而造成病害的发生，影响幼苗的生长与结球。

根据实际情况可选用垄栽、畦栽、高垄栽培的方式种植。辽阳地区多选择垄作栽培，一般垄高10～15 cm，垄面宽20～25 cm，垄面要耙平，使土壤细碎。

3. 适期播种

秋播大白菜主要生长在月均温5～22℃的期间，为了延长生长期以提高产量，常利用幼苗较强的抗热特性而提前在温度较高时播种。当然，适宜的播种期要以具体情况而定，在当年的播种期同期温度低于其他年份时，可适当早播，否则晚播；生长期长的晚熟品种早播，生长期短的早熟品种晚播；沙质土壤发苗快可适当晚播，黏重土壤发苗慢要早播；土壤肥沃，肥料充足，大白菜生长快，可适当晚播。辽阳地区一般早熟、极早熟品种在7月15日左右播种，中熟、中晚熟品种在7月25—31日播种。

4. 间苗、定苗

为防止幼苗拥挤徒长，要及时间苗，一般间苗2～3次。第1次间苗在第一对基生叶展开即“拉十字”时进行；过5～6 d长出2～3片幼叶时进行第2次间苗，剔除杂苗；第3次间苗在幼苗有5～6片叶时进行，苗间距应达到10 cm左右。直播的大白菜在团棵时定苗。在高温干旱年份适当晚间苗、晚定苗，使苗较集中，用以遮盖地面以降低地温和减少病毒病的发生。每次间苗、定苗后应及时浇水，防止幼苗根系松动影响吸水而萎蔫。

5. 合理密植

合理密植是提高产量和商品质量的重要措施。合理密植的程度主要取决于品种特性，不同的品种莲座叶形状不同，合理密度各不相同。一般花心变种的株行距为（40～45）cm×（50～60）cm，每亩2 500株左右；直筒形及小型卵圆形和平头形品种的株行距为（45～55）cm×（55～60）cm，每亩2 200～2 300株；大型的卵圆形和平头品种的株行距为（60～70）cm×（65～80）cm，每亩1 300株左右。

同时，秋播大白菜种植密度因地区、土壤肥力、栽培方式等条件而异。秋播条件下，早播的收获期早宜密植，晚播的宜稀植；土壤肥沃，有机质含量高，根系发育好，土壤能充分供应肥水，植株生长健壮，叶面积大，为减少个体之间相互遮阴应适当稀植，反之就要密植；宽行栽培时可缩小株距，大小行栽培时也可增加密度。在生产上要灵活掌握，合理密植。

6. 中耕除草

秋播大白菜栽培过程中要结合间苗进行中耕3次以上，中耕按照“头锄浅、二锄深、三锄不伤根”的原则进行。第1次中耕是在第1次间苗后，浅铲3～4 cm，以锄小草为主，随后使用小铧犁地；第2次间苗后铲第2遍，深铲5～6 cm，以疏松土壤为主，随后使用中铧犁地；定苗后铲第3遍，把培在垄台上的土铲下来，随后再使用带有培土板（可用草把代替）的中铧犁地，完成培土，方便日后放水灌溉。凡是高垄栽培要遵循“深耪沟、浅耪背”的原则，结合中耕进行除草培垄，以利保护根系、便于排灌。

大白菜的田间杂草繁多，因此要特别重视除草，以提高大白菜的种植效益。除草剂的使用可减少工作量，提高除草效率。一般在播种后、灌水前，每亩用氟乐灵100～200 g加水均匀喷洒地面，除草效果可达90%以上，对菜苗无影响。此外还可每亩用除草醚25%可湿性粉剂0.75～1.0 kg兑水50～100 kg，出苗前喷于地面。

7. 浇水

大白菜在各个生长时期发生不同的器官，生长量和生长速度有明显差异，因此各时期应适时、适量浇水才能达到丰产。

（1）发芽期。水分供应必须充足，要注意防止发生“芽干”现象。幼苗期必须及时浇水，天气干旱时应2～3 d浇1次水，保持地面湿润。

（2）莲座期。充分浇水，保证莲座叶健壮生长是丰产的关键。但浇水要适当节制，注意防止莲座叶徒长而延迟结球，以土壤“见干见湿”为宜。

（3）结球期。对水分的要求极为严格，此时要保持土壤湿度在85%～94%，缺水会造成大量的减产。从结球开始到收获，浇水5～6次，每次间隔6～7 d。

（4）收获期。收获前7～10 d应停止浇水，以免叶球水分过多不耐贮藏。

8. 施肥

合理施肥要掌握如下原则：①以有机肥为主，有机肥与化肥相结合。②以基肥为主，基肥与追肥相结合。③追肥以氮肥为主，氮、磷、钾肥合理配合，适当补充微量元素。④根据土壤养分状况和肥力进行配方施肥。⑤适期施肥。

在播种前结合整地，每亩施过磷酸钙25～30 kg，草木灰100 kg作基肥。在幼苗期需肥量不大，可根据田间肥力情况适当追施化肥，一般每亩追施硫酸铵5.0～7.5 kg。莲座期对养分的吸收量猛增，因此要重视施肥，一般每亩追施硫酸铵15～20 kg，也可追施高质量的有机肥1 000 kg，适当加入草木灰50～100 kg或含钾的化肥7～10 kg；施肥应施在植株间，在植株边沿以外开8～10 cm深的小沟施入肥料，以利吸收。结球前期莲座叶和外层球叶同时旺盛生长，需肥较多，因此在包心开始的前几天应大量追肥。一般每亩施用大粪3 000～4 000 kg，或豆饼50～100 kg，或复合肥25 kg，可开沟沟施，或单株穴施。中熟及晚熟品种的结球期较长，还应在抽筒时施用“补充肥”，可于抽筒前施硫酸铵10～15 kg。

另外，在大白菜拉十字时用0.5%的尿素溶液进行叶面追肥，对促进大白菜的生长有良好的效果。也可喷施磷酸二氢钾，增加叶数，提高植株体内的氮磷钾含量，最终提高白菜的毛菜和净菜产量。

9. 采收

早熟、极早熟大白菜在播种后50～60 d（9月上中旬）叶球逐渐紧实，进入采收期，应及时采收上市。采收时，切除根茎部，剔除外叶、烂叶，分级净菜装筐上市。在切除根茎部剔除外叶时，保留叶球外侧的2～3片叶，以护叶球，装车运至蔬菜市场卖出时再剥去外叶，净菜出售。

中熟品种多在播种后70 d左右（10月上中旬）进入采收期，多用于渍酸菜和短期贮藏，这时菜价一般都较高，要及时采收。中晚熟品种，生长期越长，产量越高，早收因温度高难以贮藏，应尽量延迟收获。但遇到-2℃以下的低温就会受到冻害，因此必须在第一次寒冻以前收获完毕。收获时，可连根拔出，堆放在田间，球顶朝外，根向里，以防冻害。也可用刀或铲砍断主根，但伤口大，在采收后应晾晒使伤口干燥愈合以减少贮藏中腐烂损失。大白菜收获时含水较多，蕴藏热量也很大，收获后需经过晾晒处理，以免入窖后发生高温、高湿而致其腐烂。晾晒一般在晴天将大白菜整齐地排列在田间，使叶球向北，根部向南先晒2～3 d，再翻过来晒2～3 d，以减少外叶所含水分并使伤口愈合。晾晒后可堆积于田间，待天气转冷再入窖贮藏。

二、春播大白菜高产栽培技术

大白菜属于春化敏感型的作物，萌动的种芽在3～13℃的低温下，经过10～30 d即可完成春化阶段，温度愈低，愈能促使其花芽分化，加快抽薹开花。春季适合大白菜生长的时间（日均温10～22℃）较短，播种早，前期遇到低温通过春化，后期遇到高温长日照而未熟抽薹，不能形成叶球，而且春栽大白菜生长后期常遇到高温、多雨等恶劣天气，软腐病、霜霉病及蚜虫、小菜蛾、菜青虫等严重发生，导致大白菜减产或绝收；播种晚，结球期如遇到25℃以上的高温，又不易形成叶球，从而影响生产。因此棚室大白菜在生长过程中最低温度不宜低于13℃，而且要适当选择栽培方式及播种时期，播种时间选择寒尾暖头为宜，以利大白菜早出苗。

1. 大棚栽培

一般采用大棚内套小拱棚育苗，定植于大棚的栽培方式。育苗畦宽1.5 m，采用营养土方、营养钵（直径8 cm）育苗。辽阳地区育苗时间为3月上中旬。幼苗期应注意保温，如果幼苗在5℃以下持续4 d就可能完成春化，如果在13℃以下持续20 d左右，也可能造成春化，不要低温炼苗。适时定植，苗龄25～50 d，5～6片真叶，棚内温度稳定在10℃以上时定植于大棚内，行株距60 cm×（30～40）cm，垄上覆盖地膜。棚内白天气温保持在20～25℃，温度超过时应及时放风降温。夜间气温12～20℃，避免温度过低通过春化引起先期抽薹。

在肥水管理上要一促到底，一般于缓苗后浇第1次水，在晴天上午浇，水量不可过大。植株进入莲座期时浇第2次水，每亩随水冲施尿素20～25 kg，氮、磷、钾三元复合肥40～50 kg。生长中后期大棚内应注意通风，适当增加浇水次数，以充分供给包心时对水分的吸收，但浇水不可过大，水到垄头就可。结球期每亩还应补充氮、磷、钾三元复合肥30～40 kg。大棚栽培，播种期早，可提早上市。

2. 小拱棚育苗露地栽培

一般在播种前7～10 d挖好育苗畦，采用营养钵育苗，播种前育苗畦要浇透水。春季大白菜对播期要求较为严格，播种过早易春化，晚则病害严重、产量低下。因此适期播种是获得高产、优质的基础。辽阳地区一般在3月上中旬播种，4月中下旬定植，6月上旬到7月上旬采收。

育苗播种采用点播的方式，播种前一周准备好育苗畦，并浇透水，覆盖小拱棚提高地温。播种时再用喷壶喷30℃左右的温水补充水分。水渗下后，点播种子，播后覆1 cm厚细土，加盖棚架后覆盖薄膜，夜间加盖草帘保温。从播种到出苗，应将温度控制在20～25℃，以利发芽。从第1片真叶展开至幼苗长成，应使棚内温度白天保持在20～25℃，夜间12～20℃，要根据天气变化揭盖草帘，一般不通风，既要防止高温造成幼苗徒长，又要避免温度过低通过春化引起先期抽薹。在保证温度的前提下，要使苗子多见光，防止因光照不足而造成幼苗细弱。中后期逐步拆开地膜通风，进行炼苗，以利培育壮苗。育苗期间要间苗1～2次。

当幼苗长至4～5片真叶时定植，由于定植时温度尚低，因此应选择晴天进行，以利缓苗。定植时先将苗子从育苗畦中带土起出，放在垄间，要注意轻拿轻放，避免弄碎土坨，损坏根系。然后按株行距挖穴浇水，待水渗下以后，将苗放入穴内，立即覆土并平整垄面，覆土深度以不埋住幼苗子叶为宜。

春天白菜定植时温度较低，缓苗前一般不浇水或少浇水，以利提高地温，促进缓苗。缓苗以后温度渐高，植株对肥水需求量越来越多，此后应一促到底，采用肥水齐攻，直至收获。

3. 采收贮藏

春夏季大白菜成熟后要及时采收，不要延误，以减少腐烂损失。采后及时放入冷库预冷，随后投放市场。

三、大白菜主要病虫害防治

（一）主要病害及防治方法

大白菜病害种类较复杂，分为侵染性病害和生理性病害2类，其中侵染性病害按照引起发病的病原种类又可分为3种：①由病毒引起的病毒病。②由真菌引起的真菌性病害，包括霜霉病、根肿病等。③由细菌引起的细菌性病害，包括软腐病、黑腐病等。生理性病害主要是大白菜干烧心病。

1. 病毒病

【症状识别】 整个生育期均可发病，幼苗期最严重。在幼苗期发病，往往先由心叶开始出现明脉，随后即表现为沿脉褪绿，叶片逐渐出现黄绿相间的花叶。叶片常皱缩不平，质脆，心叶常扭曲畸形，有时叶脉出现坏死的褐斑、条斑或橡皮斑。叶片往往由中脉向一边扭曲。成株期发病，叶片变硬变脆，外叶往往表现为花叶、坏死环斑、沿脉坏死斑或外叶黄化，严重者不能包心。受害晚的植株仍可以包心，但在叶帮、叶脉及叶片上出现很多大小不等的褐色点或黑灰色星状小点，往往使植株半边抽缩、矮化而歪向一边。

【防治方法】

（1）农业防治。选种抗病品种；调整蔬菜布局，合理间、套、轮作，发现病株及时拔除；苗期防蚜至关重要，要尽一切可能把传毒蚜虫消灭在毒源植物上，尤其春季气温升高后对采种株及春播十字花科蔬菜的蚜虫更要早防。

（2）生物防治。发病初期开始喷洒0.5%菇类蛋白多糖水剂300倍液，或2%宁南霉素（菌克毒克）水剂500倍液。

（3）化学防治。发病初期开始喷洒24%混脂酸·铜（毒消）水剂800倍液，或7.5%菌毒·吗啉胍（克毒灵）水剂500倍液，或31%吗啉胍·三氮唑核苷（病毒康）可溶性粉剂800～1 000倍液等进行喷雾。隔10 d防治1次，连续防治2次。

2. 霜霉病

【症状识别】　在幼苗期即可被害，在子叶上形成褐色小点或凹陷斑，潮湿时子叶及子茎上有时出现白色的霉层。真叶期发病在叶正面出现多角形的黄色病斑，潮湿时在叶背面可生出白色霉层。病斑多时，相互连接可引起叶片大面积的枯死。病叶从外向内发展，严重时造成植株不能包心。

【防治方法】

（1）农业防治。精选种子，无病株留种；适时追肥，定期喷施增产菌，每亩使用增产菌30 mL兑水75 L。

（2）生物防治。在中短期测报基础上，发现中心病株后开始喷洒抗生素2507液体发酵产生菌丝体提取的油状物，稀释1 500倍。

（3）化学防治。种子消毒：播种前用种子重量0.3%的25%甲霜灵可湿性粉剂拌种；叶面喷施药剂：70%锰锌·乙铝可湿性粉剂500倍液，或72%锰锌·霜脲（霜消、霜克、疫菌净、富特、克菌宝、无霜等）可湿性粉剂600倍液，或55%福·烯酰（霜尽）可湿性粉剂700倍液，或69%锰锌·烯酰（安克锰锌）可湿性粉剂600倍液等。每亩喷兑好的药液70 L，隔7～10 d喷1次，连喷2～3次。上述混配剂中含有锰锌的可兼治大白菜黑斑病。棚室大白菜霜霉病、白斑病混发地区可选用60%乙磷铝·多菌灵可湿性粉剂600倍液兼治两病，效果明显。

3. 根肿病

【症状识别】　根肿病是芸薹根肿菌引致的病害，仅为害根部。根部发病后可影响地上部分的生长，初发病时叶色变淡，生长迟缓、矮化，发病严重时出现萎蔫症状，以晴天中午明显，起初夜间可恢复，后来则使整株死亡。检查病株根部，形成形状和大小不同的肿瘤，主根肿瘤大而量少，而侧根发病时肿瘤小而量多。

【防治方法】

（1）农业防治。选用抗病品种；实行检疫，封锁病区，禁止从疫区调运种苗至无病区，建立无病留种田，留用无病种子；合理轮作，减少病菌，进行4～5年与非十字花科作物轮作，在春夏季可种植茄科类、豆类等，秋冬季可与大葱轮作，有条件的地区可以与水稻、玉米、小麦、蚕豆等粮食作物轮作；调节土壤酸碱度，增施腐熟农家肥、草木灰、石灰（亩施 100～150 kg），使土壤呈微碱性，减轻病害发生；对已成形的病根勿随意丢弃，集中销毁；加强栽培管理，坚持深沟高畦；控制病区排水，防止病区大水漫灌；病区中耕后对中耕工具、人员所穿鞋子进行消毒。

（2）生物防治。使用云南农大FX-1菌剂加米汤拌种。

（3）化学防治。土壤消毒：病田亩用50%福帅得悬浮剂 300 mL500 倍液播前喷于地表，旋耕混土后播种；病区可使用毒土法防治：播种期使用科佳与1000倍细土（体积比）混匀，与大白菜种子同播；灌根法防治：预防性防治可用敌克松 70%可湿性粉剂 800～1 000 倍液，或50%多菌灵可湿性粉剂800倍液，或75%百菌清可湿性粉剂1 000倍液灌根1次，每株 0.2～0.3 kg，防效可达70%～80%，或小苗期用10%科佳悬浮剂1 000～1 500倍液灌根，一株需要0.4 L药液，间隔7 d再灌1次。

4. 软腐病

【症状识别】 大白菜软腐病，从莲座期到包心期都有发生。常见有3种类型：①外叶呈萎蔫状，莲座期可见菜株于晴天中午萎蔫，但早晚恢复，持续几天后，病株外叶平贴地面，心部或叶球外露，叶柄茎或根茎处髓组织溃烂，流出灰褐色黏稠状物，轻碰病株即倒折溃烂。②病菌由菜帮基部伤口侵入，形成水浸状浸润区，逐渐扩大后变为淡灰褐色，病组织呈黏滑软腐状。③病菌由叶柄或外部叶片边缘，或叶球顶端伤口侵入，引起腐烂。上述3类症状在干燥条件下，腐烂的病叶经日晒逐渐失水变干，呈薄纸状，紧贴叶球。病烂处均产出硫化氢恶臭味，成为本病重要特征，有别于黑腐病。软腐病在贮藏期可继续扩展，造成烂窖。窖藏的大白菜带菌种株，定植后也发病，致采种株提前枯死。

【防治方法】

（1）农业防治。避免与茄科、瓜类及其他十字花科蔬菜连作。

（2）生物防治。用“丰灵”50～100 g拌种子150 g后播种，或采用农抗751，按种子重量的1.0%～1.5%拌种；苗期喷洒“丰灵”每亩100～150 g，加水50 L；用“丰灵”150～250 g兑水100 L，沿菜根挖穴灌入，或在浇水时随水滴入农抗751，每亩 2.5～5.0 L。由于该病苗期侵染期长，侵染部位多，在间苗或二次定苗时再防1次，有利提高防效；喷洒3%中生菌素可湿性粉剂800倍液或72%农用硫酸链霉素可溶性粉剂3 000倍液，隔10 d防治1次，连续防治2～3次。

（3）化学防治。喷洒50%氯溴异氰尿酸可溶性粉剂1 200倍液，或25%络氨铜・锌水剂500倍液，或47%春・王铜(加瑞农)可湿性粉剂750倍液，隔10 d防治1次，连续防治2～3次，还可兼治黑腐病、细菌性角斑病、黑斑病等。但对铜剂敏感的品种须慎用。

5. 黑腐病

【症状识别】 幼苗出土前受害不能出土，或出土后枯死。成株期发病，叶部病斑多从叶缘向内发展，形成“V”字形的黄褐色枯斑。病斑周围淡黄色，病菌从气孔侵入，则在叶片上形成不正形淡黄褐色病斑，有时病斑沿叶脉向下发展成网状黄脉，叶中肋呈淡褐形，病部干腐，叶片向一边歪扭，半边叶片或植株发黄。部分外叶干枯、脱落，严重时植株倒瘫，湿度大时病部产生黄褐色菌溢或油浸状湿腐，干后似透明薄纸。茎基腐烂，植株萎蔫，纵切可见髓中空。种株发病，叶片脱落，花薹髓部暗褐色，最后枯死，叶部病斑“V”字形。黑腐病病株无臭味，有霉菜干味，可区别于软腐病。被黑腐病为害的大白菜易受软腐病菌的感染，从而加重了白菜的受害程度。

【防治方法】

（1）农业防治。温汤浸种：用50℃温水浸种20 min，用冷水降温；与非十字花科作物实行2～3年轮作；加强田间管理：适时播种，苗期适时浇水，合理蹲苗，及时拔除田间病株并带出田外深埋，并对病穴撒石灰消毒。

（2）生物防治。发病初期及时喷药，可用农用链霉素或新植霉素4 000倍液喷雾，或菜丰宁B_1每亩300 g加水60 L喷雾或加水250 L灌根。

（3）化学防治。种子消毒：可用45%代森铵水剂200～400倍液浸种20 min，洗净晾干后播种，或用种子重量0.3%的50%福美双可湿性粉剂拌种；发病初期及时喷药，47%加瑞农可湿性粉剂600～800倍液或70%敌克松可溶性粉剂1 000倍液喷雾。

（二）主要虫害及防治方法

大白菜的虫害主要是小菜蛾、菜青虫、萝卜地种蝇、甜菜夜蛾、蚜虫、黄条跳甲等。

1. 小菜蛾

【症状识别】 初龄幼虫仅能取食叶肉，留下表皮，在菜叶上形成一个个透明的斑，农民称为“开天窗”。3～4龄幼虫可将菜叶食成孔洞和缺刻，严重时全叶被吃成网状。在苗期常集中心叶为害，影响包心。初孵幼虫潜入叶肉取食，2龄初从隧道中退出，取食下表皮和叶肉，留下上表皮呈“开天窗”。3龄后可将叶片吃成孔洞，严重时仅留叶脉。

【防治方法】

（1）农业防治。合理轮作，加强管理，及时防治，避免将虫源带入本田。

（2）物理防治。在成虫发生期，利用小菜蛾的趋光性，设置黑光灯诱杀。

（3）生物防治。用性诱剂防治小菜蛾：把性诱剂放在诱芯里，利用诱捕器诱捕小菜蛾。诱芯是含有人工合成性诱剂的小橡皮塞，把诱芯放到菜田中，性信息素便缓慢挥发扩散，诱集附近小菜蛾雄虫；用绒茧蜂防治小菜蛾：在小菜蛾为害的菜田，释放绒茧蜂，可发挥天敌控制的效果；掌握在卵孵盛期至2龄幼虫发生期，往叶背或心叶喷洒0.2%苦皮藤素乳油1 000倍液，或0.5%藜芦碱醇溶液800倍液，或0.3%印楝素乳油1 000倍液，或0.6%清源保（苦参碱、苦内酯）水剂300倍液，或25%灭幼脲悬浮剂1 000倍液。

（4）化学防治。5%氟虫腈(锐劲特)悬浮剂2 000～2 500倍液，或3%啶虫脒（莫比朗）乳油1 500倍液，或2.5%多杀菌素（菜喜）悬浮剂1 500倍液，或10%虫螨腈（除尽）悬浮剂1 200～1 500倍液。

防治小菜蛾切忌单一种类的农药常年连续地使用，特别应该注意提倡生物防治，减少对化学农药的依赖性。必须用化学农药时，一定做到交替使用或混用，以减缓抗药性产生。

2. 菜青虫

【症状识别】 幼虫食叶，2龄前只能啃食叶肉，留下一层透明的表皮。3龄后可蚕食整个叶片，轻则虫口累累，重则仅剩叶脉，影响植株生长发育和包心，造成减产。同时虫口还能导致软腐病。

【防治方法】

（1）物理防治。提倡采用防虫网。

（2）生物防治。提倡保护菜青虫的天敌昆虫，包括凤蝶金小蜂、微红绒茧蜂、广赤眼蜂、澳洲赤眼蜂等天敌；用菜青虫颗粒体病毒防治菜青虫。每亩用染有此病毒的5龄幼虫尸体10～30条，3～5 g，捣烂后兑水40～50 L，于1～3龄幼虫期、百株有虫10～100头时，喷洒到叶片两面。从定苗至收获共喷1～2次；提倡喷洒1%苦参碱醇溶液800倍液，或0.2%苦皮藤素乳油1 000倍液，或5%藜芦碱醇（虫螨灵）溶液800倍液，或2.5%鱼藤酮乳油100倍液。也可喷洒青虫菌6号悬浮剂800倍液，或绿盾高效Bt 8 000IU/mg可湿性粉剂600倍液，或0.5%楝素杀虫乳油800倍液。

（3）化学防治。首选5%氟虫腈(锐劲特)悬浮剂1 500倍液，或15%安打悬浮剂3 000倍液，或20%抑食肼（虫死净）可湿性粉剂1 000倍液，或10%氯氰菊酯乳油2 000倍液，采收前3 d停止用药。

3. 萝卜地种蝇

【症状识别】 分布于我国北方地区，是大白菜主要害虫。蝇蛆蛀食菜株根部及周围菜帮，受害株在强日照下，老叶呈萎垂状。受害轻的，菜株发育不良，呈畸形或外帮脱落，产量降低，品质变劣，不耐贮藏。受害重的，蝇蛆蛀入菜心，不堪食用，甚至因根部完全被蛀而枯死。此外，蛆害造成的大量伤口，导致软腐病的侵染与流行。

【防治方法】

（1）预测预报。地蛆孵化后即钻入菜株，不易防治，因此，加强测报，抓住成虫产卵高峰及地蛆孵化盛期，及时防治是关键。通常采用诱测成虫的方法，诱剂的配方是：1份糖、1份醋、2.5份水，加少量敌百虫拌匀。诱蝇器用大碗或小盆，先放入少许锯末，然后倒入适量诱剂，加盖。每天在成虫活动时间开盖，及时检查诱杀效果和补充或更换诱剂。当盆内诱蝇数量突增或雌雄比近1∶1时，即为成虫发生盛期，应立即防治。

（2）农业防治。种蝇对生粪有趋性，因此禁止使用生粪作肥料；即使使用充分腐熟的有机肥，也要做到均匀、深施(最好做底肥)，种子与肥料要隔开，可在粪肥上覆一层毒土；地蛆严重的地块，应尽可能改用活性有机肥或酵素菌沤制的堆肥；在地蛆已发生的地块，要勤灌溉，必要时可大水漫灌，能阻止种蝇产卵，抑制地蛆活动及淹死部分幼虫。

（3）化学防治。在成虫发生期，喷洒75%灭蝇胺可湿性粉剂5 000倍液，或10%灭蝇胺悬浮剂1 000倍液，隔7 d 1次，连续喷2～3次；已发生地蛆的菜田可用48%毒死蜱（乐斯本）乳油1500倍液，或50%辛硫磷乳油1 000倍液，或90%敌百虫晶体1 000倍液，或50%乐果乳油1 000倍液灌根，每亩用药0.5～1.0 kg。使用毒死蜱的采收前7 d停止用药。

4. 甜菜夜蛾

【症状识别】 初孵幼虫群集叶背，吐丝结网，在其内取食叶肉，留下表皮，成透明的小孔。3龄后可将叶片吃成孔洞或缺刻，严重时仅余叶脉和叶柄，致使菜苗死亡，造成缺苗断垄，甚至毁种。

【防治方法】

（1）生物防治。用赤眼蜂防治甜菜夜蛾。产卵初期亩释放拟澳洲赤眼蜂1.5万头，放蜂后7 d，卵寄生率80%左右；提倡用灭幼脲防治甜菜夜蛾。用20%灭幼脲1号胶悬剂200 mg/kg和25%灭幼脲3号胶悬剂200 mg/kg等量混合液，防效90%以上；喷洒Bt乳剂300倍液加50%辛硫磷乳油2 000倍液，或0.5%印楝素乳油800倍液，或毒死蜱·阿维乳油1 000倍液，或2.5%多杀菌素（菜喜）悬浮剂1 300倍液。

（2）人工采卵和捕捉幼虫。甜菜夜蛾的卵块在叶背，且卵块上有黄白色鳞毛，易于识别。3龄以前的幼虫多集中在心叶上，比较集中。有条件的地方，可以采取这项措施。

（3）化学防治。幼虫3龄前，选晴天于日落时喷洒30%安打悬浮剂3 500～4 500倍液，或30%蛾螨灵乳油1 500倍液，或10%高效氯氰菊酯（歼灭）乳油1 500倍液，或5%顺式氯氰菊酯（快杀敌）乳油3 000倍液等进行喷雾。该虫有假死性、避光性，喜在叶背为害，喷药时要均匀，采用“三绕一扣，四面打透”的方法，并注意轮换交替用药，防止产生抗药性。

5. 蚜虫

【症状识别】 在蔬菜叶背或留种株的嫩梢、嫩叶上为害，成虫及若虫在菜叶上刺吸汁液，造成节间变短、弯曲，幼叶向下畸形卷缩，使植株矮小，影响包心或结球，造成减产。同时传播病毒病，造成的为害远远大于蚜害本身。

【防治方法】 防治蚜虫宜尽早用药，将其控制在点片发生阶段。

（1）农业防治。蔬菜收获后及时清理田间残株败叶，铲除杂草；菜地周围种植玉米屏障，可阻止蚜虫迁入。

（2）物理防治。利用蚜虫对黄色有较强趋性的原理，在田间设置黄板，上涂机油或其他黏性剂诱杀蚜虫；还可利用蚜虫对银灰色有负趋性的原理，在田间悬挂或覆盖银灰膜，每亩用膜5 kg，在大棚周围挂银灰色薄膜条（10～15 cm宽），每亩用膜1.5 kg，可驱避蚜虫；提倡采用防虫纱网，主防蚜虫，兼防小菜蛾、菜青虫、甘蓝夜蛾、斜纹夜蛾、猿叶虫、黄条跳甲等。全棚覆盖有困难时，在棚室入口或通风口处，安装防虫网也有效。

（3）化学防治。由于蚜虫繁殖快，蔓延迅速，多在心叶及叶背皱缩处，药剂难于全面喷到。所以，除要求在喷药时要周到细致之外，在用药上应尽量选择兼有触杀、内吸、熏蒸三重作用的农药，如国产50%高渗抗蚜威，或英国的辟蚜雾（成分为抗蚜威）50%可湿性粉剂1 000倍液，上述药剂选择性强，仅对蚜虫有效，对天敌昆虫及桑蚕、蜜蜂等益虫无害，有助于田间的生态平衡；其他可选用10%吡虫啉（蚜克西、一片青、蚜虱净、广克净、蚜虱必净）可湿性粉剂1 500倍液，或20%氰戊菊酯乳油2 000倍液，或25%吡·辛（一击）乳油1 500倍液，或5%吡·丁（马灵）乳油1 500倍液，或50%辛硫磷乳油1 000倍液，亩喷兑好的药液70 L。使用抗蚜威的采收前11 d停止用药。使用氰戊菊酯的，采收前10 d停止用药。

6. 黄条跳甲

【症状识别】 成虫食叶，以幼苗期为害最严重。可将叶片咬成许多小孔，严重时，叶片成筛网状；刚出苗的幼苗子叶被害后，整株死亡，造成缺苗断垄。成虫也为害种株花蕾和嫩种荚。幼虫只食菜根，蛀食根皮，咬断须根，造成植株萎蔫甚至死亡。

【防治方法】

（1）农业防治。选用抗虫品种；清除菜地残株落叶，铲除杂草，消灭其越冬场所和食料基地；播前深耕晒土，造成不利于幼虫生活的环境并消灭部分蛹。

（2）物理防治。提倡采用防虫网，防治跳甲，兼治其他害虫；铺设地膜，避免成虫把卵产在根上。

（3）化学防治。可用2.5%鱼藤酮乳油500倍液，或0.5%川楝素杀虫乳油800倍液，或1%苦参碱醇溶液500倍液，或10%高效氯氰菊酯乳油2 000倍液等喷雾防治成虫。

（三）生理性病害——大白菜干烧心病

【症状识别】 大白菜莲座期即可发病，发病时边缘干枯，向内卷，生长受到抑制，包心不紧实；结球初期，球叶边缘出现水渍状，并呈黄色透明，逐渐发展成黄褐色焦叶，向内卷曲，结球后期发病株外表未见异常，剖视其内部叶片可见其黄化，叶脉呈暗褐色，叶内干纸状，叶片组织水渍状，具有发黏的汁液，但不出现软腐，也不发臭，反而有一定的韧性，病健组织间具有明晰的界线。干烧心病影响大白菜品质，病叶有苦味，不宜食用，且叶球不耐贮藏。

【发生规律】 大白菜干烧心病是由于某些不良环境条件造成植株体内生理缺钙而引起的生理性病害。它不仅在酸性缺钙的土壤中形成，也会在石灰性富含钙素的土壤中形成。诱导干烧心病发生的因素多与以下条件有关：①气候条件。空气湿度与干烧心病关系密切；其次是降水量。在大白菜莲座期，干旱少雨的年份发病较重。②土壤通透性差。土壤水分供应不均匀，土壤中大量硫酸根的存在，长期施用化肥等，造成土壤板结、盐渍化，破坏了土壤结构，降低渗透力，使植株根系吸收不到足够的钙素。另外，天气干燥时土表累积的盐分，使根区盐分浓度增大，而使钙的比例减少，在水分过多时钙又被淋溶出根区，从而产生缺钙。③氮肥施用。偏施氮肥对钙的吸收产生不良影响而引起干烧心病。

【防治方法】 应该掌握干烧心病的发生规律，采取相应措施，以避免或减轻干烧心病的发生和为害。具体措施为：①合理施肥。底肥以有机肥为主，化肥为辅。增施优质有机肥作基肥，使土壤的有机质含量保持在2.5%～3.0%为宜，减少化肥用量。每亩施农家肥5 000 kg，过磷酸钙50 kg，硫酸钾15 kg及少量的尿素，以改善土壤结构，促使植株健壮生长。同时要求土壤平整，浇水均匀。②加强田间管理。苗期及时中耕，促进根系发育，适期晚播的不再蹲苗，应肥水猛攻，一促到底，田间始终保持湿润状态，防止干旱，及时防治病虫害。莲座初期及包心前期分别喷洒0.7%氯化钙或1%过磷酸钙溶液，7～10 d后再喷洒1次0.7%硫酸锰溶液。

四、大白菜主要栽培品种

（一）秋播极早熟大白菜

1. 早熟五号

【品种来源】 浙江省农业科学院研制的极早熟杂种一代。

【特征特性】 生长期为50～55 d，耐热、耐湿，特抗炭疽病，适于高温、多雨时期做小白菜栽培，也可早秋做结球白菜栽培。叶无毛，净菜率高，风味佳。

【产量表现】 每亩产净菜3 000～4 000 kg。

2. 夏阳50

【品种来源】 由日本引进的大白菜一代杂交种。

【特征特性】 极早熟，生长期为50～55 d。生长旺盛，株形直立，可密植。外叶少，叶片稍有皱缩，结球紧实，耐储运，品质优良。单株重2 kg左右。耐湿，抗热性强，在30～35℃高温下仍生长正常。较抗软腐病和病毒病。

【产量表现】 每亩产净菜4 000～4 500 kg。

（二）秋播早熟大白菜

1. 津绿55

【品种来源】 天津市蔬菜研究所育成的早熟结球白菜一代杂种。

【特征特性】 生长期55 d左右，株形直立紧凑，株高45 cm，开展度46 cm，为高桩直筒青麻叶类型。外叶少，叶色深绿，叶柄浅绿色，叶球拧抱，球顶花心，球高36 cm，净菜率78%。品质极佳，抗病毒病和霜霉病。

【产量表现】 单株净菜重1.5～2.0 kg，每亩产净菜4 500～6 500 kg。

【栽培要点】 天津地区适宜播种期为8月上旬，10月1日前后收获，行株距45 cm×40 cm，种植密度每亩3 500株左右。适宜全国各地种植。

2. 小杂56

【品种来源】 北京市蔬菜研究中心育成的早熟杂交种。

【特征特性】 生长期为50～60 d。株高40～45 cm，开展度为60 cm。外叶浅绿色，心叶浅黄，耐贮藏，品质好。我国北方、南方均可栽培。

（三）秋播中熟大白菜

1. 津绿75

【品种来源】 天津市农业科学院蔬菜研究所最新育成的中熟大白菜一代杂交种。

【特征特性】 生育期75 d左右，为高桩直筒青麻叶类型。株高55 cm，球高50 cm，开展度62 cm，株形直立紧凑，外叶少，叶色深绿，中肋浅绿色，球顶花心，叶纹适中，品质佳。抗霜霉病和病毒病。

【产量表现】 单株重3.0～3.5 kg，亩产净菜6 500～8 000 kg。

【栽培要点】 种植密度每亩2 400株，京津地区适宜播期为立秋前后。10月20日前后收获，极适于无霜期较短的地区种植。

2. 辽白八号

【品种来源】 辽宁省农业科学院蔬菜研究所选育的杂交种。

【特征特性】 植株为直筒形，生长势强。叶色绿，青白帮。株高53 cm，株幅61.4 cm。叶球呈长筒形，色白嫩，褶抱，叶球高48.4 cm，球粗15 cm，净球重2.7 kg。生长期70～75 d，抗逆性好，苗期抗热能力强，生育后期耐低温能力强，即使在积温较低的年份，也能够结球良好。抗病能力强，较抗病毒病、白斑病、霜霉病。纤维含量少，风味品质好。

【产量表现】 单株毛菜重3.7 kg，平均每亩产7 000～9 000 kg。

【适宜范围】 辽宁、吉林、黑龙江、河北、内蒙古等地秋季栽培。

（四）秋播中晚熟大白菜

1. 北京新三号

【品种来源】 北京市蔬菜研究中心育成的中晚熟杂交种。

【特征特性】 生长期为80 d左右。叶柄绿色，叶球中桩叠抱，球高33 cm，球粗19.3 cm，球形指数为1.7。结球速度快，紧实。

【产量表现】 单株净菜重4.2 kg，每亩产7 500～8 500 kg。

2. 辽白12

【品种来源】 辽宁省农业科学院园艺研究所选育的秋结球晚熟大白菜杂交种。

【特征特性】 生育期82 d。植株高度整齐，株高54.1 cm，株幅60.7 cm，最大叶长55.4 cm，最大叶宽29.5 cm，叶色深绿，中肋色绿白，叶球长筒形，叶球色泽黄白，球高44.4 cm，球粗15.0 cm，商品品质好，风味品质中。结球率99.77%，结球指数81.02。

【产量表现】 平均亩产8 366.9 kg。

（五）春播大白菜

1. 金峰

【品种来源】 又名春黄大白菜，是由韩国兴农种苗株式会社与东亚种子集团公司合作育成的黄心大白菜新品种。

【特征特性】 ①适应性强，播期范围广；抗寒性极强，早春种植不易抽薹，春栽最低温度高于10℃即可定植，在夏季凉爽的山区及寒带区5—6月可夏播；在冬季常温10℃左右的地区可四季种植，高抗软腐病及病毒病。②棵大高产。③品质优、产值高。外叶绿色，净菜上市时叶球呈金黄色，太阳晒后，又变成橘红色，十分艳丽、美观。生食脆嫩爽口，熟食细嫩，形如蛋黄。定植后55 d便可上市。

【产量表现】 一般单株重3～5 kg，亩产量高达6 000～8 000 kg。

2. 春大将

【品种来源】日本米可多种苗公司育成的杂种一代。

【特征特性】中熟，外叶浓绿，叶球合抱，炮弹形，球高30 cm，球径20 cm左右，有叶片55片，品质中等，生长速度较快，定植后60～65 d即可采收。抽薹晚，短期低温不易引起花芽分化。较耐病毒病、黑斑病、白斑病。

【产量表现】单球重3 kg左右，亩产3 500～4 500 kg。

3. 春宝黄

【品种来源】北京世农种苗有限公司育成的春播杂交品种。

【特征特性】中熟，生长期80 d。生长势强，整齐，株高约35 cm，绿色，全缘，少毛，稍皱，绿白帮，叶形指数为1.4，叶球合抱，内叶黄色，矮桩，紧实，球形指数1.5，中心柱占球高比例15%，净菜率72%。冬性强，抗霜霉病、软腐病、病毒病。

【产量表现】单球重2.1 kg，亩产净菜7 000 kg左右。

4. 强势

【品种来源】从韩国种苗公司引进品种。

【特征特性】生长期70 d左右，矮桩叠抱，生长势强，结球能力强，株形为炮弹形，紧实，外叶少，呈深绿色，叶全缘，叶面光滑、平整，中肋浅绿，内叶黄色，品质佳，抗寒性强，能耐短时间8℃左右低温，耐抽薹。

【产量表现】单株重2～3 kg，亩产4 000 kg左右。

第三节　大葱需水规律

大葱是百合科葱属二年生蔬菜作物。为适应原产地的气候特点，大葱形成了不发达的根系，短缩的营养茎，耐旱的管状叶型。

大葱叶片比较耐旱，而根系喜湿，生长期间要求较高的土壤湿度和较低的空气湿度。大葱的各个生育阶段对水分的要求有一定的差异。发芽期需要潮湿的环境，所以必须保持土壤湿润；幼苗生长前期，应适当控制水分，保持畦面见干见湿；越冬前浇足冻水，防止苗床失水，苗子冻干死掉；春天返青后，为促进幼苗生长要浇返青水；定植后的缓苗阶段，应以中耕保墒为主，促进根系生长；进入葱白形成期是大葱生长高峰期，需水量较多，生长速度快，应增加浇水次数和浇水量，保持土壤湿润；收获前10 d，减少灌水，有利于养分回流，提高耐贮性。一般来说，水分不足，植株较小，辛辣味浓；水分过多容易沤根，涝死。总之，生育期间应根据不同生育阶段的需水规律和气候特点，进行合理的水分管理，获得大葱的高产丰收。

大葱适宜的田间持水量为70%～80%。定植后遇高温条件，大葱处于生长停滞状态，对肥水需求不多，天不过旱不宜灌水，通过中耕保墒，促进新根发生。雨后注意排水防涝，以免发生沤根，叶片干尖、黄化甚至死苗现象。

发叶盛期，大葱对水肥的需求明显增加，灌水应掌握轻浇、早晚浇的原则，浇水时要看天、看地、看苗情而定。生产上通过观察心叶与最长叶片的长度差来判断大葱是否缺水，一般差在15 cm左右为水分适宜，若超过20 cm，说明缺水，心叶生长速度变缓，应及时浇水。

葱白形成盛期，也是水肥管理的关键时期。灌水应掌握勤浇、重浇的原则，增加浇水次数和每次灌水量。一般6～7 d浇水1次，每次浇足浇透，经常保持土壤湿润。沙壤土透水性强，保水肥能力较差，应视情况缩短浇水间隔，壤土和黏壤则应适当延长浇水间隔。

植株成熟期，叶面水分蒸腾量减小，应逐渐减少灌水量和灌水次数。收获前7～10 d停止灌水，以利收获、贮藏。

第四节　大葱节水高产种植技术

一、露地大葱高产栽培技术

（一）播前准备

1. 整地做苗床

大葱苗床地应选择靠近水源、背风向阳、土质疏松、有机质丰富、肥沃平坦的田块，但切忌在同一地块连茬育苗，应选3～5年内未种植过葱蒜类蔬菜的地块。并应精细整地以保证苗齐、苗壮，注意清除前茬作物的枯枝落叶和杂草并深翻细耙。在翻地的同时，每亩苗床地施入4 000～5 000 kg充分腐熟的优质农家肥，随深翻使肥料与土壤均匀混合。也可适量掺入磷肥，如每亩施20～30 kg过磷酸钙。秋播苗床整地时，可每亩施尿素20 kg。

大葱苗床与大田栽培面积的比例一般为1：6～1：8。苗床做成宽1 m、长8～10米的畦，畦埂宽度25 cm左右，育苗畦要求做到畦平、埂直、土松。一般秋播育苗播种前7 d，将畦面浇水漫灌润透苗床。春播育苗的冬前在畦面浇1次冻水，做到底墒充足。

2. 种子准备

（1）发芽试验。大葱一般应用新种子，并做好种子发芽试验。12 d内发芽种子的百分数率为发芽率，原种和一级良种应不低于93%，二级良种不低于85%，三级良种不低于75%。发芽率低于50%的种子不能在生产上使用，发芽率达不到二级良种标准的种子可酌情加大播种量使用。一般干籽播种，如因上茬作物倒不下来或其他原因延迟了播种期时，可催芽播种。

（2）用种量的确定。发芽率在90%以上的种子，播种量一般为每亩地3～4 kg，稀播不间苗的播种量1.5～2.0 kg为宜。要根据计划播种量和计划生产面积，确定用种量。

（3）浸种催芽。大葱可干籽播种，也可浸种催芽后播种。浸种催芽可采取常规浸种催芽或温汤浸种的方法，促进种子萌发、杀灭病原菌。

常规浸种催芽的方法是，先用30℃左右的温水浸泡12 h，并用清水将种子淘洗干净。然后将种子沥干水装入布袋或瓦盆中，在15～70℃温度下催芽3～4 d，种皮拱破即可播种。浸种期间每12 h换1次水，保持水的清洁，可以稀释和消除萌发抑制物质的影响。催芽期间每天淘洗种子1次，并经常翻动种子，避免种子积热腐烂。还可以用500倍高锰酸钾溶液浸种20～30 min，进行种子消毒。药剂浸种后再用清水冲洗种子，即可播种。

温汤浸种的方法是先用凉水将种子浸泡10 min，捞去秕子和杂物，然后将种子捞出放入65℃的温水中烫种20～30 min，期间不断搅动。水量为种子的4～5倍，待水温降到30℃左右时停止搅拌，再浸泡种子8～12 h，捞出后沥干水即可播种。温汤浸种可起到出芽迅速整齐的作用。温汤浸种还能杀死附着在大葱种子表面和种子内部的病原菌，起到种子消毒的作用，一般可提早1～2 d出苗。

（二）播种

应根据生产地区和生产条件，确定播种时间和播种方法。

1. 播种时间

生产大葱，应根据当地生产实际情况及市场消费需求确定播种时间。冬贮大葱育苗要求在不抽薹或少量抽薹的前提下，尽量提早播种，育成粗壮的大苗，为丰产打下基础。

2. 播种方法

（1）撒播。撒播又叫畦播或平播。在事先做好的畦内，将表土起出1～2 cm，过筛堆在畦埂或畦外，起土后力求保持畦面平整。如果土壤墒情不足，可畦面灌水，或喷水湿润畦面，待水渗入土壤后播种。为了使种子撒播均匀，播前可将种子按1∶5的比例掺入干净细土或细砂，混合均匀后再播种。播完后将原来起出的表土，均匀地撒回原畦，覆土厚度1.0～1.5 cm。大葱种子是嫌光种子，在见光的条件下，发芽不良，因此覆土应均匀，防止种子裸露地面。为了利于地面保墒，播后用铁锨轻拍畦面或脚踩镇压（俗称踩顶格子）。

（2）条播。条播又叫沟播。在做好的畦内，用多齿钩子开沟，沟深1.5～2.0 cm，沟距10～15 cm。根据土壤墒情确定是否踩底格子，如果春季土壤干旱又没有浇水条件就必须踩底格子，加大种子与土壤的接触面，防止干芽。

（三）播种后管理

播种后3 d左右，畦面覆土略有干燥并出现裂缝，能站住人时，可用钉耙将畦面耧平耧细，保持上干下湿，上松下实，有利于出苗整齐。秋播6～8 d出齐苗。春播由于地温低，10～20 d才能出苗，浸种催芽可提早出苗，提倡地膜覆盖育苗，可以苗齐、苗壮。在即将出苗时要浇蒙头水，在子叶未伸腰前也要浇水，以免畦面板结。

萌发初期子叶首先伸长，迫使胚根和胚轴首先顶出种皮，当胚根露出种皮4～6 mm后向下伸长，这时子叶继续伸长，但先端仍然留在种壳中吸收胚乳中贮藏的养分，因此子叶弯曲露出地面，俗称拉弓。以后由于胚轴伸长，才把子叶先端引出来，随之子叶伸出地面而直立，俗称伸腰。

1. 间苗

间苗是培育壮苗的重要管理工作，尤其是在播种量大或播种不均匀的情况下，结合间苗，可以淘汰杂苗、弱苗、病苗。无论秋播或春播，间苗一般均在春季分两次进行。秋播育苗第一次间苗在春季返青水浇后进行，撒播的保持苗距2～4 cm；第二次在苗高18～20 cm时，保持苗距6～7 cm。条播的适当缩小苗距。春播的间苗时期参照秋播进行。

2. 除草

大葱幼苗生长缓慢，苗期各种杂草滋生很快，杂草与葱苗争夺养分和遮蔽阳光，容易引起草荒，应重视除草工作。手工除草一般结合间苗和中耕进行，也可采用除草剂除草。

3. 中耕保墒

大葱幼苗生长缓慢，根系又浅，为了减少地面蒸发水分和满足幼苗生长对土壤水分的要求，应注意中耕保墒。条播的，在每次浇水后或雨后应及时中耕，用小锄等将畦面表土疏松，防地面板结；撒播的，也可结合除草、间苗，适当中耕。播种后出苗阶段，还可采用地面覆盖的措施保墒。如春播后用地膜覆盖，既可以保墒，又可以增温，但要注意防止高温烤苗，一般地膜覆盖不宜超过20 d。

4. 灌水

大葱子叶弓形出土时顶土能力弱，且根系浅、吸收能力差，应加强苗期水分管理。尤其北方地区春季风大、干旱，春播幼苗即将出土时，苗床表面易干结，严重影响拱土，应酌情浇水，促进子叶伸腰、扎根稳苗。为防止畦面龟裂和板结，保持畦面湿润，播种后也可用草帘等将畦面覆盖，并经常浇水湿润覆盖物，待葱苗出土70%后撤去覆盖物。幼苗生长期，一般应少浇水，利于提高地温，促进根系生长，防止幼苗徒长。秋播苗冬前也应少浇水，以防幼苗徒长和冬前幼苗过大。秋播育苗的及时浇足封冻水，露地用粪土覆盖或风障保温越冬，开春浇返青水，返青水浇得过早易降低地温，引起叶片发黄。当小葱已长到3片叶时，可结合间苗浇水。随着气温回升和葱苗生长加快，增加浇水次数和浇水量。至5月葱苗长至30～40 cm高即可定植，定植前10 d停止浇水，进行炼苗。

5. 追肥

苗期追肥一般结合灌水进行。秋播育苗的，越冬前应该控制水肥，结合灌冻水进行追肥，越冬期间做好保温防寒工作。从返青到定植，结合灌水追肥2～3次，每次每亩地施尿素10～15 kg，注意少用碳铵作追肥，否则易烧坏葱叶及导致葱苗细软，易倒伏。为加强葱苗抗病能力，可用草木灰过滤水溶液进行叶面喷施补充钾肥，能有效减少葱叶干尖、黄叶现象。具体做法是：取7.5 kg草木灰，用15 kg水过滤后再兑水150 kg，然后进行叶面喷洒，每7 d喷1次，连续喷2～3次。喷过草木灰水的葱苗，生长势好，抗病能力和抗风能力都显著增强。也可喷施0.2%磷酸二氢钾溶液补充钾肥。

（四）定植

1. 定植时间

播种后60～70 d，大葱即可以定植。

2. 定植方法

大葱定植有湿栽法和干栽法两种方法。把分级的葱苗在垄上每隔2 m放1堆，每堆30～40株，同一地段要放同级的葱苗。

（1）湿栽法。先在定植沟里灌水，使沟底土壤湿润，然后人站在另一未灌水的沟内或垄上，用食指或葱插子（可用直径1.5 cm左右的圆铁扦、圆木杆或双股8号铁线制成）按株距将葱苗的根插入土内。这种方法速度快，省工省时，定植效果好，大葱秧苗直立性好。但栽植前要把栽植沟土刨松，以利插苗。

（2）干栽法。有摆葱和插葱之分。摆葱是先将大葱苗靠在沟壁一侧，按要求株距摆好，然后覆土盖根，踩实，最后灌水。插葱时左手攥住7～8株葱苗，根须朝下，右手用葱插子的分叉部位抵住须根插入沟底土中，再微微往上提起，使根须下展，保持葱苗挺直。以沟底中线为准单行插葱，插完把葱苗两侧的松土踩紧即可浇水。

定植深度以心叶处高出沟底面7～10 cm为宜，当葱苗的假茎高度不一致时，要掌握上齐下不齐的原则。干栽法的优点是，不受灌水时间的约束，利于根系发育，缺点是缓苗慢，也较费工。摆葱葱白不顺直，商品性差。

3. 定植密度

大葱株形紧凑而直立，适合密植，合理密植是高产、优质的重要措施。合理密植必须根据大葱的品种特征、土壤肥力、秧苗大小以及栽植时间的早晚而定。一般长葱白型大葱每亩定植18 000 ~ 23 000株，短葱白型品种每亩栽植20 000 ~ 30 000株，株距4 ~ 6 cm。定植早的可适当稀一些，定植晚的可适当密一些。大苗适当稀植、小苗适当密植。为了使植株生长整齐，便于密植和田间管理，减少以后培土时损伤葱叶，栽植时根据管理需要应使葱叶展开方向与行向垂直或成45°。

（五）田间管理

田间管理的重点是促进葱白生长。主要措施是促根、壮棵和培土软化，加强肥水管理，为葱白形成创造适宜的环境条件。

1. 缓苗期管理

大葱定植后原有的须根不继续生长，很快腐朽，4 ~ 5 d后开始萌发新根，新根萌发后心叶开始生长。大葱缓苗较慢，尤其处在高温条件下，需20 d左右才能缓苗。大葱对高温和干旱有较强的忍耐力，所以宁干勿涝。管理重点是促进根系生长，锄松垄沟，提高通透性特别重要。随着植株生长，每次浇水后，及时松土。

2. 缓苗后管理

（1）中耕除草。及时中耕、除草可以保持土壤有良好的通透性，有利于大葱根系发育，植株生长。

（2）水分管理。大葱适宜的田间持水量为70% ~ 80%。定植后遇高温条件，大葱处于生长停滞状态，对肥水需求不多，天不过旱不宜灌水，通过中耕保墒，促进新根发生。雨后注意排水防涝，以免发生沤根、叶片干尖黄化甚至死苗现象。

发叶盛期，大葱对水肥的需求明显增加，灌水应掌握轻浇、早晚浇的原则，浇水时要看天、看地、看苗情而定。生产上通过观察心叶与最长叶片的长度差来判断大葱是否缺水，一般差在15 cm左右为水分适宜，若超过20 cm，说明缺水，心叶生长速度变缓，应及时浇水。

葱白形成盛期，也是水肥管理的关键时期。灌水应掌握勤浇、重浇的原则，增加浇水次数和每次灌水量。一般6 ~ 7 d浇水1次，每次浇足浇透，经常保持土壤湿润。沙壤土透水性强，保水肥能力较差，应视情况缩短浇水间隔，壤土和黏壤则应适当延长浇水间隔。

植株成熟期，叶面水分蒸腾量减小，应逐渐减少灌水量和灌水次数。收获前

7～10 d停止灌水，以利收获、贮藏。

（3）追肥。大葱生长期长，为了满足不同生长时期对矿质营养的需求，除定植前施足基肥外，还应根据大葱生长发育特点分次追肥。为了尽快发挥肥效和提高肥效，追肥应结合灌水进行。定植后如遇高温条件，大葱处于恢复生长和半休眠状态，可不再追肥。当开始进入葱白形成盛期，对营养需求量加大，应及时追肥。可每亩撒施农家肥2 000 kg，尿素10 kg，施后浅锄1遍。如无农家肥，应增加化肥施用量，注意补充磷钾肥。当大葱进入生长盛期，进行第二次追肥，补充速效性氮肥和钾肥，每亩撒施尿素15～20 kg，硫酸钾20 kg，施肥后破垄培土并浇水。当葱白生长加速，施肥仍以速效氮肥和钾肥为主，追施氮肥2次，每次每亩施尿素15～20 kg，结合2次追肥施入草木灰150～250 kg，或硫酸钾20 kg，以促进叶身的养分向葱白转移，并增强植株的抗病能力。当大葱植株生长缓慢时，一般不再追肥。大葱须根趋肥、趋温、趋水性很强，因此施肥结合培土一起进行，一般不必开沟施肥，将肥施在葱白附近地表面上，培土覆盖。

大葱生长期的追肥，应针对各生长期大葱生长和气候特点，分期追施，不可松懈。尤其应重视后期追肥，一般最后1次追肥以收获前20 d为宜。追施氮肥要根据大葱的长势、土壤性质、露地气候等因素来选择尿素、硫铵等速效化肥，如湿度大时用碳铵比较合适，而后期使用尿素比较合适，肥效快而持久。氮素化肥与草木灰同时施用时，应分开部位，以免发生反应而降低肥效。大葱生长期间，还可根据生长表现进行营养诊断，判断各种营养元素的多少及需求。如氮素供应过多，大葱叶片深绿、生长旺盛，但叶片机械组织不发达，脆嫩、易折，易发生病害，遇风易倒伏。氮素不足则葱叶呈淡绿色或黄色，叶片细小，植株低矮、老化。磷素供应不足时，会导致根系发育减弱，植株矮小。钾素供应不足时，葱叶的机械组织发育不良，抗病虫及抗风能力下降，光合作用减弱。

（4）培土软化。大葱葱白的伸长以叶鞘基部的细胞分裂和延伸生长为基础，培土是软化叶鞘和增加葱白硬度、长度的重要措施，也可使大葱直立，防止倒伏。培土主要在葱白形成期进行。培土应适当，一般在追肥浇水后进行，应掌握前松后紧的原则，生长前期培土不能太紧实，否则易出现葱白基部过细，中上部变粗的现象，影响质量。培土过早，环境温度高，不利于发新根、生长缓慢，容易引起烂根；培土过晚则使葱白形成的有效时期缩短，影响产量和质量。

露地大葱生产，可根据大葱的品种及葱白长短来确定培土的次数和高度，一般整个葱白生长期培土3～7次，培土高度为3～4 cm。培土时取土的总深度不宜超过开沟深度的1/2，取土的宽度不得超过行距的1/3，否则会影响根系生长。大葱根系趋肥性强，可随培土高度向上伸展，土培多高，须根伸多长。但切不可一次培土过高，更不能埋没葱心，以免因培土过高而抑制叶鞘的伸展和呼吸，阻止心叶的发生。露地大葱生产以人工挖土培垄为主。培土应在土壤水分含量适宜时进行，以土壤松软、无土块为好。如果土壤过于板结，应先将沟上刨松后再进行培土。

二、大葱主要病虫害防治

（一）主要病害及防治方法

1. 小苗立枯病

【症状识别】 多发生在发芽后半个月之内。1～2叶期幼苗近地面的部位软化、凹陷缢缩，白色至浅黄色，病株枯黄死亡。严重的幼苗成片倒伏而死亡。湿度大时，病部及附近地面长出稀疏的褐色蛛丝状菌丝。

【防治方法】

（1）农业防治。种子处理：可用3.5%咯菌腈·甲霜灵（满地金）悬浮种衣剂拌种；苗床处理：可用30%多·福（苗菌敌）可湿性粉剂进行药土处理或40%拌种双粉剂苗床施药；加强管理，稀播壮苗及时间苗，尽量避免高温高湿环境条件。

（2）生物防治。苗期喷洒植宝素7 500～9 000倍液，或喷施0.2%磷酸二氢钾溶液增强抗病力。

（3）化学防治。发病初期喷淋20%甲基立枯磷乳油（利克菌）1 200倍液，或95%恶霉灵原药（绿亨一号）3 000倍液，或72.2%霜霉威水剂800倍液加50%福美双可湿性粉剂800倍液，或30%苯噻氰（倍生）乳油1 200倍液等，每平方米1～3 mL。每隔7～10 d 1次，连续防治2～3次。

2. 霜霉病

【症状识别】 主要为害叶身及采种株花梗，叶身病斑不规则形，边缘不明显，黄白色或淡黄色。斑面产生稀疏的灰白色霉状物，后变为淡黄色或灰紫色，后期变为暗紫色。中下部叶片染病，病部以上渐干枯下垂，干燥后病斑枯黄。葱白染病多破裂，弯曲。病株矮缩，叶片畸形或扭曲，湿度大时，表面长出大量霉层。

【防治方法】

（1）农业防治。地块选择：选择地势高、易排水的地块种植，并与葱类以外的作物实行2～3年轮作；选用抗病品种：一般蜡粉层厚重品种较抗病，如掖辐1号、辽葱1号、五叶齐、日本大葱等；种子处理：用35%雷多米尔拌种，或用50℃温水浸种25 min，晾干后播种；清理田园，收获时清理病残株，带出田外深埋或烧毁。

（2）化学防治。发病初期喷洒78%波·锰锌（科博）可湿性粉剂500倍液，或50%多菌灵磺酸盐（溶菌灵）可湿性粉剂800倍液，或50%锰锌·乙铝可湿性粉剂500倍液，或72%锰锌·霜脲可湿性粉剂600倍液等。隔7～10 d 1次，连续防治2～3次。

3. 锈病

【症状识别】 主要为害叶片。发病初期表皮上产出椭圆形稍隆起的橙黄色疱斑，后表皮破裂散出橙黄色粉末，即病菌夏孢子堆及夏孢子。秋后疱斑变为黑褐色，破裂时散出暗褐色粉末，即冬孢子堆和冬孢子，严重时地面被散落的孢子染成褐色。

【防治方法】

（1）农业防治。施足有机肥，增施磷钾肥，提高植株抗病力。

（2）化学防治。发病初期喷洒15%三唑酮可湿性粉剂2 000倍液，或50%萎锈灵乳油700～800倍液，或25%敌力脱乳油2 000倍液，隔10 d左右1次，连续防治2～3次。采收前7～10 d停止用药。

4. 紫斑病

【症状识别】 主要为害叶片，初呈水渍状白色小点，后变淡褐色圆形或纺锤形稍凹陷斑。褐色或暗紫色，周围常具黄色晕圈，病部长出深褐色或黑灰色具同心轮纹状排列的黑色霉层。多雨湿度高，缺乏营养，生长衰弱易感病。

【防治方法】

（1）农业防治。施足基肥，加强管理，增强植株抗病力；与葱类以外的作物实行2年以上轮作；种子处理，选用无病种子，必要时种子用30%苯噻氰（倍生）乳油1 000倍液，浸种6 h，并带药液直播；适时收获，低温贮藏，防止病害在贮藏期继续蔓延。

（2）化学防治。发病初期喷洒3%多氧清水剂800倍液，或78%科博可湿性粉剂500倍液，或41.5%咪酰胺（扑霉灵）乳油1 500倍液，或15%百菌清可湿性粉剂500～600倍液，或50%异菌脲可湿性粉剂1 500倍液，隔7～10 d 1次，连续防治3～4次，采收前7 d停止用药。

5. 灰霉病

【症状识别】 初在叶上生白色斑点，椭圆或近圆形，直径1～3 mm，多由叶尖向下发展，逐渐连成片，使葱叶卷曲枯死。湿度大时，在枯叶上生出大量灰霉。

【防治方法】

（1）农业防治。清洁田园，大葱收获后及时清除病残体，防止病菌蔓延；加强葱田管理，采用配方施肥技术，增施磷、钾肥，增强植株抗病力；合理密植，使葱田通风透光，防止高湿低温条件出现。

（2）化学防治。发病初期喷洒6.5%甲硫·霉威，或5%腐霉利粉尘剂，或5%异菌脲粉尘剂每亩1 kg；此外，也可喷洒65%甲硫·霉威（克得灵）可湿性粉剂1 000倍液，或25%咪酰胺乳油1 000倍液，或40%嘧霉胺（施佳乐）悬浮剂1 200倍液等，隔10 d 1次，连续2～3次。由于灰霉病菌易产生抗药性，应尽量减少用药量和施药次数，必须用药时，要注意轮换或交替及混合施用。

（二）主要虫害及防治方法

1. 葱地种蝇

【症状识别】 幼虫蛀入葱蒜等鳞茎，引起腐烂、叶片枯黄、萎蔫，甚至成片死亡。

【防治方法】

（1）农业防治。提倡施用酵素菌沤制的堆肥或充分腐熟有机肥或饼肥，以减少发生；加强水肥管理，控制蛆害。

（2）生物防治。成虫发生盛期后10 d内，进入防治卵和幼虫适期。防治成虫可喷淋90%晶体敌百虫1 000倍液，或10%灭蝇胺悬浮剂1 000倍液；发现幼虫时，也可浇灌90%晶体敌百虫1 000倍液，或50%辛硫磷乳油1 000～1 500倍液。采收前10 d停止用药。

2. 葱斑潜蝇

【症状识别】 幼虫终生在叶组织内潜食叶肉，叶片上可见其曲折穿行成的隧道，呈曲线状或乱麻状。叶肉被害，只留上下两层白色透明的表皮。严重时，每叶片可遭到十几条幼虫潜食，受害重的葱田有虫株率达40%，严重的达100%，叶片枯萎，影响光合作用和产量。

【防治方法】

（1）农业防治。清洁田园，前茬收获后清除残枝落叶，深翻、冬灌，消灭虫源；及时锄草，与非百合科作物尤其葱蒜类作物轮作，减少虫源。

（2）生物防治。应以产卵前消灭成虫为主。可在成虫盛发期喷洒50%辛硫磷乳油1 000～1 500倍液，或10%灭蝇胺悬浮剂1 500倍液，或0.9%爱福丁乳油、10%吡虫啉（一遍净）乳油2 500倍液。采收前17 d停止用药。

3. 葱蓟马

【症状识别】 成虫、若虫以锉吸式口器吸食寄主的汁液，葱叶上密密麻麻形成许多长1～2 mm的黄褐色或黄白色斑点，严重时，葱叶扭曲枯黄，无法生食。

【防治方法】

（1）农业防治。及时清除杂草，增加灌溉，调节棚室小气候，压低虫头基数。

（2）生物防治。可喷洒99.1%敌死虫乳油300倍液，或5%氟虫腈悬浮剂2 500倍液，或2.5%菜喜悬浮剂1 300倍液，或50%乐果乳油1 000倍液，或50%辛硫磷乳油1 000倍液，或20%菊·杀乳油1 500倍液，或10%吡虫啉可湿性粉剂2 000倍液等。使用辛硫磷采收前17 d停止用药。

4. 甜菜夜蛾

【症状识别】 初孵幼虫群集叶片背部，吐丝结网，在叶内取食叶肉，留下表皮，成透明的小孔。3龄后可将叶片吃成孔洞或缺刻，严重时仅剩叶脉和叶柄，致使葱苗死亡。

【防治方法】

（1）农业防治。加强棚室管理，铲除田内外杂草，消除产卵场所，减少虫源；大葱收获后及时将残株落叶收集起来集中处理，并进行深耕翻土，消灭在浅土层内的幼虫和越冬蛹。

（2）化学防治。幼虫3龄前，选晴天落日时分或早上8时以前喷洒30%毒死蜱·阿维乳油1 000倍液，或2.5%多杀菌素（菜喜）悬浮剂1 300倍液，或15%杜邦安打悬浮剂3 500～4 500倍液，或10%虫螨腈（除尽）悬浮剂500倍液，或5%抑太保2 000倍液等。由于长期使用化学农药，加之盲目乱施农药，增加防治次数，加大农药用量，导致甜菜夜蛾抗药性大增，常规农药防治十分困难，已成为大葱上的主要害虫。为了减轻和延缓甜菜夜蛾抗药性的产生，要注意不同农药轮换和交替使用。

三、大葱主要栽培品种

1. 章丘大梧桐

【品种来源】 山东省章丘市地方品种，长葱白类型的典型代表，我国最著名的大葱优良品种。目前已在大葱集中生产区得到广泛推广，是国内大葱栽培的主要品种之一。

【特征特性】 生长势强，植株高大，株高100 cm以上，最高植株可达200 cm，葱白长50～70 cm，葱白横径1～4 cm，不分蘖，少数植株双蘖对生。叶身细长，叶色鲜绿，叶肉较薄，叶直立，叶间距较大。葱白细长，圆柱形，质地细嫩，纤维少，含水分多，味甜，微辣，商品性好。适宜生食、炒食、做馅均可。生长速度快，产量高，品质好。缺点是不抗风，耐贮性较差。该品种适宜全国各地露地及棚室种植。

【产量表现】单株重500 g左右，最重者可达1 kg。亩产鲜葱3 000～5 000 kg。

2. 掖选1号

【品种来源】山东省莱州市利用辐射诱变技术，将章丘五叶大葱品种进行辐射诱变，从变异后代中选育而成。

【特征特性】该品种生长势旺盛、抗病性强，产量高。株高100 cm，葱白长30～40 cm，葱白横径3～4 cm，叶片5～6片。葱白质地脆嫩，味甜微辣，商品性较好。适宜生食。耐高肥水，性喜凉爽，抗寒性强，返青早。

【产量表现】单株重500 g左右，一般每亩产量5 000 kg以上。

3. 寿光八叶齐

【品种来源】山东省寿光市地方品种。因生长期间功能叶片（新叶叶片长度超过成龄叶的一半）数保持8个而得名。

【特征特性】株高1 m以上，不分蘖，葱白长40～50 cm，葱白横径4～5 cm。叶身粗管状，叶色绿，叶面蜡粉较多，生长势、抗病性较强。风味较章丘大梧桐稍辣，生熟食均可。

【产量表现】单株重400～600 g，一般亩产鲜葱4 000 kg左右。

4. 北京高脚白

【品种来源】北京市地方品种，1987年经天津市农作物品种审定委员会认定。

【特征特性】株高80～100 cm，葱白长40～50 cm，葱白横径3 cm左右，功能叶片数6～8个，品质好。

【产量表现】单株重500～750 g，一般亩产5 000 kg左右。

5. 华县谷葱

【品种来源】陕西省华县农家品种，又称孤葱。

【特征特性】株高90～120 cm，葱白长50～65 cm，葱白横径2.5～3.6 cm。耐寒、耐旱、抗病、耐贮藏，香味浓，品质好，生、熟食皆宜。

【产量表现】单株重300 g左右，亩产鲜葱3 000～4 000 kg。

6. 海阳大葱

【品种来源】河北省抚宁县海阳镇地方品种。

【特征特性】株高80～90 cm，葱白长40 cm以上，葱白横径5～7 cm，功能叶片数6～8个。叶色深绿，叶粗管状，叶肉厚，叶面蜡粉多，叶间距小，叶序整齐扇形。植株抗风、抗病、耐贮藏。

【产量表现】单株重200～300 g，亩产鲜葱2 500～3 500 kg。

7. 辽葱一号

【品种来源】 由辽宁省农业科学院蔬菜研究所以冬灵白为母本，三叶齐为父本杂交选育的大葱新品种。

【特征特性】 生长速度快，生长势强，是麦茬葱和马铃薯等菜茬葱的理想品种。商品性好，葱白长度适宜，紧密、质地细嫩，葱白较粗。对病毒病、霜霉病、锈病的抗性较强。比较稳产。株高120 cm左右，葱白长45 ~ 50 cm，葱白横径3 ~ 4 cm，叶片深绿色，蜡粉层较厚。叶片上冲，较抗风。生长期间功能叶片（常绿叶片）4 ~ 6片。营养生长期间植株不分蘖。春育苗和秋育苗均可。

【产量表现】 最大单株鲜重可达700 g，每亩产量为3 000 ~ 4 000 kg，最高的可达6 000 kg。

【栽培要点】 辽沈及相邻各省、市定植较晚的麦茬葱和多种菜茬葱一般为春季育苗，播种期不能晚于4月上旬，每平方米播种量不可超过3 g。秋育苗在9月上旬（白露前后）播种，应尽量早定植，行距65 ~ 70 cm，株距5 cm。

【适宜范围】 辽宁、黑龙江、吉林、河北、河南、甘肃、北京、天津、内蒙古和新疆等省、市、自治区露地及棚室栽植。

8. 营口三叶齐

【品种来源】 辽宁省营口市蔬菜研究所利用地方品种系统选育而成。

【特征特性】 株高120 ~ 140 cm，葱白长60 ~ 70 cm，葱白横径2.0 ~ 2.6 cm，葱白外膜紫红色。功能叶片数3 ~ 4片，叶色深绿，叶身细长，叶面蜡质厚。较抗紫斑病，叶鞘包含紧，抗倒伏。

【产量表现】 单株重300 g以上，一般亩产鲜葱3 000 kg以上。

【适宜范围】 辽宁省营口市以南及铁岭、阜新、锦州、本溪等地区露地及棚室种植。

9. 中华巨葱

【品种来源】 河南省通许县果树蔬菜研究所葱研究室从章丘大梧桐与章丘气煞风的杂交后代中选育而成。

【特征特性】 基本性状介于两亲本之间，属长葱白类型大葱。葱白粗细均匀，长度适中，质地坚实。抗病，抗倒伏，长势快，产量高。不分蘖，质地细嫩、洁白，品质好，生食、炒食均宜。甜、辣适中，商品性状极好，是近年来出口大葱的首选品种。植株高大，株高100 ~ 150 cm，葱白长70 ~ 75 cm，葱白横径4 cm。

【产量表现】 单株重600 g左右，一般每亩产量10 000 kg。

10. 郑研寒葱

【品种来源】 河南省郑州市蔬菜研究所从日本宏大朗寒葱中系统选育而成的

丰产、优质型大葱新品种。

【特征特性】 丰产潜力大，耐寒性强，可耐-15～-10℃低温，保持3～5片绿叶越冬。当山东大葱70%叶片枯黄时，该品种仍有95%以上叶片郁郁葱葱，表现出独特的抗寒性。该品种品质优良，生食辣味浓且散发着清香，贮藏后风味不减，适合加工。商品性好，一般葱白长60～80 cm，株高130～150 cm，其叶色深绿，比山东大葱更受消费者青睐。耐贮耐运，葱白紧实致密，贮藏损失率低，长途运输中，叶片长期绿而不枯黄。兼具耐寒、耐热特性，可做四季栽培，周年上市。

【产量表现】 最大单株重达500 g，平均每亩产量1 120 kg。

【栽培要点】 春育夏栽在3—4月育苗，6—7月移栽，11月下旬收获上市直到春节。秋育夏栽在9月中下旬育苗，翌年5—7月移栽，10月开始上市，直至春节前后。夏育秋栽在6—7月育苗，10—11月移栽，翌年3—7月上市。栽培技术同一般大葱管理。

第十章 苜蓿节水与高产栽培技术

牧草是发展畜牧业的物质基础，紫花苜蓿是世界上栽培面积最大的饲草之一，其饲用价值高、营养丰富，是各种畜禽及鱼类喜食的饲草；同时，它生长年限长，地下根瘤多，根系发达，也是优良的防风护土植物，节水高效种植可获得较高经济和生态效益。

第一节　苜蓿需水规律

一、气象因素对苜蓿需水量的影响

苜蓿需水的强弱取决于气候条件，表10-1所示不同气候条件下苜蓿的需水量，表明气候条件不同对苜蓿需水量的影响，一般规律为丰水年型需水量较干旱年型低，气候干旱、气温越高，日照时数越多，相对湿度越小，且风速越大，苜蓿需水量就高。

表10-1　不同气候条件下对苜蓿需水量的影响

水文型	生育期气象指标					需水量（mm）	灌溉定额（mm）	产量（kg/hm²）
	日均气温（℃）	日照时数（h）	相对湿度（%）	平均风速（m/s）	降水量（mm）			
丰水	18.5	943	52.4	0.78	310.5	598	337	11 925
干旱	14.1	957	42.7	0.84	100.5	613	352	12 750
平水	16.1	1003	44.3	0.80	126.0	583	309	12 000

二、苜蓿计划湿润深度与适宜土壤含水量

苜蓿吸收水分与养分需要发育良好的根系，多年生豆科苜蓿大部分须根和根毛密集分布在耕层40～50 cm范围内，该层是苜蓿根系吸水的主要区域。因此，应保证根系密集层内土壤水分供应，以满足苜蓿根系吸水需要。计划层深度是计算灌水量的重要参数，表10-2为苜蓿不同生育阶段计划湿润深度。

表10-2　苜蓿计划湿润深度与适宜土壤含水量

生育阶段	计划湿润深度(cm)	适宜土壤含水量(%)
返青	30	70 ~ 95
分蘖	40 ~ 50	70 ~ 95
拔节	40 ~ 50	70 ~ 95
抽穗	50	70 ~ 95
成熟	50 ~ 60	65 ~ 90

苜蓿在生长发育全过程中，必须保持适宜的土壤水分，为高产、稳产创造良好生育条件。要求土壤水分处于一定范围之内，其上限为田间持水量，下限为苜蓿正常生长对土壤水分的最低要求。当土壤水分接近或达到这一范围时需要补充灌溉，不同生育阶段对水分要求不同，如表10-2所示为苜蓿的适宜土壤水分含量。

第二节　苜蓿节水高产种植技术

一、品种选择

优良的品种是苜蓿种植实现高产高效的前提。在生产中要选择高产、优质、抗病性好、抗倒伏的品种，辽宁地区品种的秋眠级一般应为2 ~ 4级。目前较为适宜的品种有中苜一号、阿尔冈金、金皇后、敖汉苜蓿、巨人、费纳尔和CW系列等品种。

二、 地块选择与整地

1. 选地

紫花苜蓿适于土质疏松的沙质壤土，土层厚度在20 cm以上，地下水位在1.5 m以下，pH 6.5 ~ 8.0，年降水量400 ~ 800 mm的环境，不足400 mm的地区需要灌溉，降雨量超过1 000 mm则要配置排水设施。紫花苜蓿具有较强的耐盐碱性，在土壤含盐量0.3%的盐碱地上也能良好生长。

2. 整地

紫花苜蓿种子小，苗期生长慢，易受杂草为害，种植前要精细整地，使土壤颗粒细匀，孔隙度适宜，田内暄土层不能超过3 cm。紫花苜蓿是深根型植物，适宜深翻，深翻深度为25 ~ 30 cm。在翻地基础上，采用圆盘耙、钉齿耙耙碎土块，平整地面。

三、播种

1. 播前种子处理

自产种子中含有较多的杂质和秕种子，必须经过清选。要求种子净度和发芽率均达到85%以上，必要时还要进行硬实种子处理和根瘤菌接种工作，目的在于提高种子的萌发能力，保证播种质量，为苜蓿的壮苗打下基础。

硬实种子处理：硬实种子水分不易浸透，发芽率低。当年收获的种子当年秋播时，必须进行硬实处理。具体方法主要有：①擦破种皮法。用石碾碾压，或在种子中掺入一定量的碎石、沙砾在砖地轻轻摩擦，或在搅拌器中搅拌、震荡，使种皮粗糙起毛而不压碎种子。②变温浸种法。将种子放入50～60℃热水中浸泡0.5 h后捞出来，白天放在阳光下暴晒，夜间移到阴凉处，并经常加水使种子保持湿润，一般2～3 d后种皮开裂，当大部分种子略有膨胀时，即可播种。此种方法适用于土壤墒情较好的情况，墒情不好的地块不宜采用。

根瘤菌接种：紫花苜蓿是适宜接种根瘤菌的植物。特别是从未种过苜蓿的田地接种根瘤菌效果更明显。据试验，接种后的苜蓿产量可提高10%～30%。苜蓿根瘤菌可在市场上购买，也可从老苜蓿地刨出苜蓿根，阴干后把根瘤取下来，压成末，然后拌到苜蓿种子里。经根瘤菌拌种的种子应避免阳光直射；避免与农药、化肥等接触；已接种的种子不能与生石灰接触；接种后的种子如不马上播种，3个月后应重新接种。

2. 适时播种

应依据当地的气候条件、土壤水分条件、杂草状况、人力及机械情况、轮作制度及栽培用途确定适宜的播种期。在辽宁省春播、夏播和秋播3个时期皆可，有时也可采用临冬寄籽播种，或开春顶凌播种。

春播一般在4月中旬至5月末利用早春解冻时土壤中的返浆水分抢墒播种。夏季播种一般在6—7月，播前先施用除草剂消灭杂草，然后播种。要尽可能避开播后遇暴雨和暴晒。沈阳以南地区可以采用秋播。秋播对紫花苜蓿种子发芽及幼苗生长有利，出苗齐，保苗率高，杂草为害轻。秋播在8月中旬以前进行，以使冬前紫花苜蓿株高达5 cm以上，具备一定的抗寒能力，便于幼苗安全越冬。冬季播种一般在上冻之前1周左右进行。

3. 播种量

播种量因自然条件、土壤条件、播种方式、利用目的、种子本身的净度和发芽率的高低而异。土壤不肥沃，紫花苜蓿分枝较少，可以多播一些；干旱地区水分不足，要适当增加播量；条播少些，撒播则多些；盐碱地应适当增加播种量。

紫花苜蓿种子在较高的净度和发芽率水平时，播种量一般为10～20 kg/hm^2。

4. 播种方式

苜蓿常见播种方法有平作条播、平作撒播和垄作条播3种。

（1）平作条播。平作条播就是在平作整地的基础上按一定行距开沟播种并覆土的播种方法。一般饲草田行距在15～30 cm之间，种子田行距50～70 cm最适。平作条播优点是成苗率高，通风透光好，便于中耕除草、施肥灌水和机械化作业，利于产草量的提高。

（2）平作撒播。是将种子撒在整好的地表，再用耙耧一遍，浅覆土，随即镇压。可用在山区坡地、果树行间及干旱半干旱地区的苜蓿草地补播或建立人工半人工草地。

（3）垄作条播。是沿袭传统农作物耕作的苜蓿播种方法，垄距一般为40~50 cm，播种带尽量加宽，一般为10～15 cm。

5. 播种深度

播种深度一般为1～2 cm。既要保证种子接触到潮湿土壤，又要保证子叶能破土出苗。沙质土壤宜深，黏土宜浅；土壤墒情差的宜深，墒情好的宜浅；春季宜深，夏、秋季宜浅。

6. 播后镇压

一般播种后需要镇压，使种子紧密接触土壤，有利于发芽；但水分过多时，则不宜镇压。播种后镇压对改善苜蓿苗情有效，特别当春季土壤墒情不足时更是如此。

四、施肥

由于产草量高，每年收割多次，对土壤养分的消耗也比粮食作物要多，所以施肥是提高苜蓿产量的重要措施。

基肥主要以农家肥为主，播前结合整地施入农家肥30～50 t/hm^2，过磷酸钙750 kg/hm^{2}作基肥。

追肥一般在春季返青后、分枝期、现蕾期或每次刈割后进行，以磷、钾肥为主，氮肥为辅，氮磷钾比例为1：5：5。

五、除草

播种当年需除草1～2次，杂草多的地块可选用化学除草剂。播后苗前选用都尔、乙草胺(禾耐斯)、普施特等苗前除草剂。苗后除草剂可选用豆施乐、精禾草克等，除草剂宜在紫花苜蓿出苗后15～20 d，杂草3～5叶期施用。

六、灌溉排水

紫花苜蓿是深根植物，根系发达，其主根入土深度可以达到2～6 m，能吸收深层土壤水分，所以苜蓿比较耐旱。同时，苜蓿又是一种需水较多的植物，对水分的需要高于禾本科牧草。在干旱和半干旱区，苜蓿产量与降水量呈正相关，提供充足的水分，是稳产高产的前提条件。此外，紫花苜蓿不耐水淹，在生长过程中遇涝会造成烂根而大量死亡，因此在多雨的季节应及时注意防涝排水。

七、适时收获及越冬防寒

1. 收获

（1）刈割时间。现蕾末期至初花期收割。收割前根据气象预测，须5 d内无降雨，以避免雨淋霉烂损失。

（2）收获方法。采用人工收获或专用牧草收割机收获。割下的紫花苜蓿在田间晾晒使含水量降至18%以下方可打捆贮藏。

（3）留茬高度。紫花苜蓿留茬高度在5～7 cm，秋季最后一茬留茬高度可适当高些，一般在7～9 cm。

（4）收获制度。辽宁地区一年可收2～4茬。秋季最后一次刈割距初霜期30～45 d。若最后一茬不能保证收获后至越冬期有足够生长期，则可推迟到入冬后紫花苜蓿已停止养分回流之后再收割。

2. 越冬防寒

（1）中耕培土。在紫花苜蓿越冬困难的地区，可采用大垄条播，垄沟播种，秋末中耕培土，厚度为3～5 cm，以减轻早春冻融变化对紫花苜蓿根颈的伤害。

（2）冬前灌水。在霜冻前后灌水1次（大水漫灌），以提高紫花苜蓿越冬率。

八、病虫害防治

（一）主要病害防治方法

紫花苜蓿主要病害有褐斑病、锈病、霜霉病、白粉病、黄萎病、根腐病等。

1. 褐斑病

【防治方法】 在病害发生初期，喷施75%百菌清可湿性粉剂500～600倍液，或50%苯菌灵可湿性粉剂1 500～2 000倍液，或70%代森锰锌可湿性粉剂600倍液，或70%甲基托布津可湿性粉剂1 000倍液，或50%福美双可湿性粉剂500～700倍液进行防治。

2. 锈病

【防治方法】 增施磷、钾肥和钙肥，少施氮肥；合理排灌，勿使草层湿度过大；发病严重的草地尽快刈割。药剂防治可在锈病发生前喷施70%代森锰锌可湿性粉剂600倍液；发病初期至中期喷施20%粉锈宁乳油1 000 ~ 1 500倍液。

3. 霜霉病

【防治方法】 草地积水时，应及时排涝，防止草层湿度过大；增施磷肥、钾肥和含硼、锰、锌、铁、铜、钼等微量元素的微肥；药剂防治可用0.5：1：100波尔多液，或45%代森铵水剂1 000倍液，或65%代森锌可湿性粉剂400 ~ 600倍液，或70%代森锰可湿性粉剂600 ~ 800倍液，或40%乙磷铝可湿性粉剂400倍液，均匀喷洒。上述药液需7 ~ 10 d喷施1次，视病情连续喷施2 ~ 3次。

4. 白粉病

【防治方法】 牧草收获后，在入冬前清除田间枯枝落叶，以减少翌年的初侵染源；发病普遍的草地提前刈割，减少菌源，减轻下茬草的发病；少施氮肥，适当增施磷、钾肥及含硼、锰、锌、铁、铜、钼等微量元素的微肥；药剂防治可用70%甲基托布津1 000倍液，或40%灭菌丹800 ~ 1 000倍液，或50%苯菌灵可湿性粉剂1 500 ~ 2 000倍液，或20%粉锈宁乳油3 000 ~ 5 000倍液喷雾。

5. 黄萎病

【防治方法】 播前用多菌灵、福美双或甲基托布津等药物进行种子处理；在病害发生前用50%福美双可湿性粉剂500 ~ 700倍液喷雾；病害发生后可用50%多菌灵可湿性粉剂700 ~ 1000倍液喷雾。

6. 根腐病

【防治方法】 播前用50%苯菌灵可湿性粉剂1 500 ~ 2 000倍液，或70%代森锰锌可湿性粉剂600倍液，或70%甲基托布津可湿性粉剂1 000倍液喷雾。

（二）主要虫害防治方法

紫花苜蓿主要虫害有蚜虫、蓟马、小地老虎和华北蝼蛄等。

1. 蚜虫

【防治方法】 利用苜蓿田间蚜虫的天敌（如瓢虫、草蛉、食虫蝽、食蚜蝇和蚜茧蜂等）进行生物防治；虫害将要大发生时，尽快提前收割；药剂防治可采用50%抗蚜威可湿性粉剂150 ~ 240 g/hm^2，或4.5%高效氯氰菊酯乳油450 mL/hm^2，或5%凯速达乳油450 mL/hm^{2}加入适量水后均匀喷雾。

2. 蓟马

【防治方法】 可在紫花苜蓿返青前烧茬进行防治；虫害大发生前尽快收割；药剂防治可用4.5%高效氯氰菊酯乳油1 000倍液，或50%甲萘威可湿性粉剂

800～1 200倍液，或 10%吡虫啉可湿性粉剂300～450 g/hm^{2}兑水喷雾。

3. 小地老虎

【防治方法】 可利用天敌（如寄生螨、寄生蜂等）进行防治；在小地老虎发生后，及时灌水，可取得一定的防治效果；药剂防治可用50%辛硫磷乳油750 mL/hm^{2}加水适量，与300 kg细土混拌后撒于幼苗基部，或用50%辛硫磷乳油1 000倍液施在幼苗根际处，防效良好；或用50%辛硫磷乳油750 mL/hm^{2}拌棉籽饼75 kg，制成毒饵撒放于田埂或垄沟。

4. 华北蝼蛄

【防治方法】 利用栽培技术措施改变蝼蛄的生存环境；及时灌水灭虫；药剂防治可用50%辛硫磷乳油，以0.1%～0.2% 有效剂量拌种；或用50%辛硫磷乳油与蝼蛄喜食的多汁的鲜菜、块根、块茎或用炒香的麦麸、豆饼等混拌制成毒饵或毒谷。

参考文献

[1] 白伟，孙占祥，郑家明，等. 辽西地区不同种植模式对春玉米产量形成及其生长发育特性的影响[J]. 作物学报, 2014, 40(1):181–189.

[2] 席晓玲. 辽宁省玉米生产布局变迁以及影响因素研究[D]. 沈阳：沈阳农业大学, 2016.

[3] 亢振军, 尹光华, 刘作新,等. 辽西玉米需水规律及灌溉预报研究[J]. 中国科学院大学学报, 2010, 27(5):614–620.

[4] 肖俊夫, 刘小飞, 刘祖贵,等. 我国春玉米产区灌溉问题分析与研究[C]. 玉米产业技术大会, 2008.

[5] 宫亮, 孙文涛, 包红静,等. 不同耕作方式对土壤水分及玉米生长发育的影响[J]. 玉米科学, 2011, 19(3):118–120.

[6] 张雯, 侯立白, 张斌,等. 辽西易旱区不同耕作方式对土壤物理性能的影响[J]. 干旱区资源与环境, 2006, 20(3):149–153.

[7] 李旭, 闫洪奎, 曹敏建,等. 不同耕作方式对土壤水分及玉米生长发育的影响[J]. 玉米科学, 2009, 17(6):76–78.

[8] 高盼, 刘玉涛, 杨慧莹,等. 半干旱地区不同耕作方式对土壤水分含量和温度及玉米产量的影响[J]. 黑龙江农业科学, 2016(10):19–22.

[9] 刘洋, 孙占样, 白伟,等. 不同耕法对土壤含水量、玉米生长发育及产量的影响[J]. 辽宁农业科学, 2011(2):10–14.

[10] 刘洋, 孙占祥, 冯良山,等. 实行保护性耕作技术,促进旱作农业可持续发展[J]. 辽宁农业科学, 2009, 2009(3):41–43.

[11] 张宇, 于海秋, 蒋春姬,等. 辽宁中西部地区6种保护性耕作措施玉米生长发育状况比较[J]. 干旱地区农业研究, 2007, 25(3):7–10.

[12] 王丽学, 汪可欣, 吴琼,等. 保护性耕作措施在辽宁地区节水保肥增产效应的分析[J]. 灌溉排水学报, 2009, 28(3):000112–128.

[13] 张丽仁. 保护性耕作技术在辽宁西北部地区的应用与发展[J]. 农机使用与维修, 2017(10):67–67.

[14] 姜森严. 辽宁节水农业分区及玉米灌溉方式适宜性研究[D]. 沈阳：沈阳农业大学, 2016.

[15] 何铁光, 王灿琴, 黄卓忠. 玉米节水栽培技术研究进展[J]. 节水灌溉, 2005(6):14–16.

[16] 靖凯, 邓林军, 侯志研,等. 辽西北半干旱地区玉米膜下滴灌技术优势及存在问题[J]. 农业科技与装备, 2014(3):4–5.

[17] 侯志研, 王大为, 郑家明,等. 辽西地区玉米高产品种和技术模式筛选研究[J]. 玉米科学, 2011, 19(2):101–104.

[18] 冯良山, 孙占祥, 曹敏建,等. 半干旱区坐水播种条件下玉米高产栽培措施研究[J]. 干旱地区农业研究, 2009, 27(1):73–77.

[19] 孙占祥, 郑家明. 发展节水农业,保证食物供给[J]. 辽宁农业科学, 2001(4):24-25.
[20] 侯志研, 吴硕, 李开宇. 辽西风沙半干旱区玉米施用钾肥试验初报[J]. 杂粮作物, 2001, 21(3):52-52.
[21] 杜桂娟, 孙占祥, 于希臣,等. 辽西风沙半干旱区种植业几项高产稳产栽培技术[J]. 辽宁农业科学, 2002(3):40-41.
[22] 杨宁, 孙占祥, 郑家明,等. 化感作用与种植制度的关系研究进展[C]. 中国农作制度研究进展, 2008.
[23] 石洁, 王振营. 玉米病虫害防治彩色图谱[M]. 北京：中国农业出版社, 2011.
[24] 付俊, 张玉雷, 杨海龙,等. 辽宁省近10年审定玉米品种分析[J]. 中国种业, 2015(3):17-19.
[25] 冯良山, 孙占祥, 曹敏建,等. 科尔沁沙地南缘地区主要作物耗水规律及水分利用评价[J]. 作物杂志, 2010(4):10-14.
[26] 苏君伟, 王慧新, 吴占鹏,等. 辽西半干旱区膜下滴灌条件下对花生田土壤微生物量碳、产量及WUE的影响[J]. 花生学报, 2012, 41(4):37-41.
[27] 周顺新, 王慧新, 吴占鹏,等. 膜下滴灌不同肥料种类对花生生理性状与产量的影响[J]. 花生学报, 2014(2):27-30.
[28] 陈高明. 辽西半干旱地区花生膜下滴灌灌溉制度研究[D]. 沈阳：沈阳农业大学, 2016.
[29] 康涛, 李文金, 张艳艳,等. 不同生育时期膜下滴灌对花生生长发育及产量的影响[J]. 花生学报, 2015(3):35-40.
[30] 夏桂敏, 褚凤英, 陈俊秀,等. 基于膜下滴灌的不同灌水量对黑花生产量及水分利用效率的影响[J]. 沈阳农业大学学报, 2015, 46(1):119-123.
[31] 程亮, 曲杰, 高建强,等. 膜下滴灌对花生施肥农学效率及肥料利用率的影响[J]. 花生学报, 2016, 45(3):53-56.
[32] 王铁生. 辽宁地区花生高产栽培技术研究[J]. 农业科技与装备, 2013(4):3-4.
[33] 娄春荣, 王秀娟, 董环,等. 辽宁花生测土配方施肥技术参数研究[J]. 土壤通报, 2011, 42(1):151-153.
[34] 赵立仁, 王慧新, 蔡立夫,等. 风沙土花生平衡施肥技术应用研究[J]. 农业科技通讯, 2015(6):97-99.
[35] 于洪全. 半干旱地区花生抗旱高产平衡施肥技术研究[J]. 辽宁农业科学, 2008(3):71-72.
[36] 于艳茹. 辽西地区花生主要病害防治措施[J]. 农业科技通讯, 2012(4):181-182.
[37] 李喜国. 花生科学施肥及病虫害综合防治技术[J]. 现代农业, 2010(11):17-17.
[38] 傅俊范. 图说花生病虫害防治关键技术[M]. 北京：中国农业出版社, 2013.
[39] 于振文. 作物栽培学各论[M]. 北京：中国农业出版社, 2013.
[40] 曹广才, 魏湜, 于立河. 北方旱田禾本科主要作物节水种植[M]. 北京：气象出版社, 2006.
[41] 梁亚超, 梁彦春, 李惊波. 高粱需水规律与灌水技术[J]. 农业科技通讯, 1977(4):14.
[42] 卢庆善, 孙毅. 杂交高粱遗传改良[M]. 北京：中国农业科学技术出版社, 2005.
[43] 丁国祥, 赵甘霖, 何希德. 高粱栽培技术集成与应用[M]. 北京：中国农业科学技术出版社, 2010.
[44] 曹昌林, 董良利, 宋旭东,等. 交替隔沟灌溉对春播高粱光合特性及其水分利用的影响[J]. 中国农学通报, 2011, 27(12):96-100.
[45] 张晓娟, 周福平, 张一中,等. 高粱抗旱节水栽培技术[J]. 山西农业科学, 2009, 37(10):93-95.

[46] 李志华, 王艳秋, 邹剑秋. 中国高粱品种资源分析与再利用[J]. 江苏农业科学, 2015, 43(6):109–112.
[47] 宋鸿元, 范洪奎, 李照明. 北方干旱地区旱田节水灌溉技术[J]. 东北水利水电, 1993(9):32–36.
[48] 古世禄, 马建萍, 刘子坚,等. 谷子(粟)的水分利用及节水技术研究[J]. 干旱地区农业研究, 2001, 19(1):40–47.
[49] 古世禄, 马建萍, 郭志利,等. 提高谷子水分利用效率的研究[J]. 中国生态农业学报, 1999, 7(4):30–33.
[50] 王玉强, 魏玲. 谷子地膜覆盖栽培技术[J]. 辽宁农业科学, 2011(6):88–88.
[51] 王凯玺. "朝谷系列"谷子新品种[J]. 新农业, 2015(21):35–36.
[52] 侯志研, 孙占祥, 郑家明,等. 风沙半干旱地区大豆节水高产优质栽培技术规程[J]. 园艺与种苗, 2006, 26(6):418–420.
[53] 刘玉成. 阜新地区大豆抗旱节水栽培技术模式[J]. 现代农业, 2016(12):27–27.
[54] 徐正飞, 夏桂敏, 郑丽丽,等. 不同灌溉方式对大豆性状、产量及品质的影响[J]. 灌溉排水学报, 2011, 30(6):128–130.
[55] 李恒士, 杨忠林, 王彦,等. 大豆节水灌溉技术[J]. 水利天地, 1994(4):20–20.
[56] 王超, 魏永霞, 王立敏,等. 节水抗旱技术集成对大豆产量及干物质积累影响研究[J]. 土壤与作物, 2005, 21(3):204–206.
[57] 李德永. 辽西半干旱区优质大豆高产栽培技术[J]. 黑龙江农业科学, 2009(6):177–178.
[58] 任立宏, 宋远平, 阎凤云. 辽西半干旱区高油大豆高产栽培技术[J]. 大豆科技, 2005(1):18–18.
[59] 赵国磐, 佟屏亚. 绿豆小豆栽培技术[M]. 北京：金盾出版社, 1993.
[60] 辽宁省科学技术协会. 杂粮优质高产栽培技术[M]. 沈阳：辽宁科学技术出版社, 2010.
[61] 商鸿生, 王凤葵. 小杂粮病虫害防治技术[M]. 北京：金盾出版社, 2014.
[62] 苏君伟, 赵艳, 王海新. 辽西风沙半干旱区发展马铃薯膜下滴灌的探讨[J]. 黑龙江农业科学, 2012(3):48–50.
[63] 刘玉成. 马铃薯抗旱节水栽培技术模式[J]. 现代农业, 2017(1):47–47.
[64] 董福玲, 王建中. 辽宁省马铃薯种薯生产供应现状与对策[J]. 中国马铃薯, 2008, 22(6):378–379.
[65] 邱振波, 刘朋然. 辽宁省马铃薯高产高效栽培技术模式[J]. 中国马铃薯, 1999(1):44–45.
[66] 商鸿生. 马铃薯病虫害防治[M]. 北京：金盾出版社, 2001.
[67] 周芳, 贾景丽, 刘兆财,等. 不同马铃薯品种在辽宁地区的适应性研究[J]. 园艺与种苗, 2017(3):26–28.
[68] 刘慧颖. 脱毒甘薯高产栽培技术[J]. 吉林蔬菜, 2013(7):6–7.
[69] 周凤平, 揣艳君. 甘薯育苗栽培技术[J]. 杂粮作物, 2006, 26(3):219–220.
[70] 李启辉, 于希臣, 董俊,等. 辽宁省彰武县甘薯品种引进筛选试验[J]. 园艺与种苗, 2012(4):72–74.
[71] 殷宏阁. 甘薯病虫害综合防控技术[J]. 河北农业, 2015(5).
[72] 任华中, 邓莲, 刘丽英. 葱蒜类蔬菜栽培技术问答[M]. 北京：中国农业大学出版社, 2008.
[73] 山东农学院. 蔬菜栽培学各论:北方本[M]. 北京：农业出版社, 1979.
[74] 张爱民. 葱蒜类蔬菜生产配套技术手册[M]. 北京：中国农业出版社, 2012.
[75] 张彦萍. 无公害葱蒜类蔬菜标准化生产[M]. 北京：农业出版社, 2006.

[76] 张景华, 齐玉英. 葱蒜类生产200问[M]. 北京：中国农业出版社, 1995.
[77] 房德纯, 姜华, 王海鸿,等. 葱蒜类蔬菜病虫害诊治[M]. 北京：中国农业出版社, 2002.
[78] 顾智章. 韭菜、葱、蒜栽培技术[M]. 北京：金盾出版社, 1991.
[79] 程智慧. 葱蒜类蔬菜周年生产技术[M]. 北京：金盾出版社, 2003.
[80] 程玉琴, 徐践. 葱洋葱无公害高效栽培[M]. 北京：金盾出版社, 2003.
[81] 苏保乐. 葱姜蒜出口标准与生产技术[M]. 北京：金盾出版社, 2002.
[82] 高莉敏. 提高大葱商品性栽培技术问答[M]. 北京：金盾出版社, 2012.
[83] 房德纯, 姜华, 王海鸿,等. 葱蒜类蔬菜病虫害诊治[M]. 北京：中国农业出版社, 2002.
[84] 宋元林, 张峰. 蔬菜茬口安排技术问答[M]. 北京：金盾出版社, 2009.
[85] 北京农业大学. 蔬菜栽培学:保护地栽培[M]. 北京：农业出版社, 1980.
[86] 吕佩珂. 中国蔬菜病虫原色图谱[M]. 北京：中国农业出版社, 1992.
[87] 佚名. 中国现代蔬菜病虫原色图鉴[J]. 中国蔬菜, 2008, 1(8):31-31.
[88] 马根章, 孟爱民. 棚室蔬菜栽培技术[M]. 安徽：安徽科学技术出版社, 2010.
[89] 徐道东, 赵章忠. 葱蒜类蔬菜栽培技术[M]. 上海：上海科学技术出版社, 1996.
[90] 王鑫. 大白菜无公害标准化栽培技术[M]. 北京：化学工业出版社，2011.
[91] 高菊青. 紫花苜蓿栽培技术[J]. 山西林业, 2006(6):13-13.
[92] 杜桂娟, 庄文发, 郑家明,等. 紫花苜蓿栽培技术规程[J]. 现代畜牧兽医, 2005(9):22-24.
[93] 车晋滇. 紫花苜蓿栽培与病虫草害防治[M]. 北京：中国农业出版社, 2002.
[94] 冀宏杰，张怀志，张维理，等.我国农田土壤钾平衡研究进展与展望[J].中国生态农业学报，2017，25（6）：920-930.